江苏省"十四五"时期重点出版物出版专项规划项目

宽禁带功率半导体器件可靠性

孙伟锋　刘斯扬　魏家行　李　胜　张　龙　著

U0379813

东南大学出版社
SOUTHEAST UNIVERSITY PRESS
·南京·

图书在版编目(CIP)数据

宽禁带功率半导体器件可靠性 / 孙伟锋等著. -- 南京：东南大学出版社，2024.9

ISBN　978-7-5766-0153-4

Ⅰ. ①宽… Ⅱ. ①孙… Ⅲ. ①禁带—半导体器件—可靠性—研究 Ⅳ. ①TN303

中国国家版本馆 CIP 数据核字(2024)第 053699 号

责任编辑:夏莉莉　　责任校对:韩小亮　　封面设计:王　玥　　责任印制:周荣虎

宽禁带功率半导体器件可靠性

Kuanjindai Gonglü Bandaoti Qijian Kekaoxing

著　　者	孙伟锋　刘斯扬　魏家行　李　胜　张　龙
出版发行	东南大学出版社
出 版 人	白云飞
社　　址	南京市四牌楼 2 号
网　　址	http://www.seupress.com
电子邮箱	press@seupress.com
经　　销	全国各地新华书店
印　　刷	广东虎彩云印刷有限公司
开　　本	787 mm×1092 mm　1/16
印　　张	13.5
字　　数	279 千字
版　　次	2024 年 9 月第 1 版
印　　次	2024 年 9 月第 1 次印刷
书　　号	ISBN　978-7-5766-0153-4
定　　价	58.00 元

本社图书若有印装质量问题,请直接与营销部联系,电话:025 - 83791830。

前　言

随着新能源交通、智能电网、航空航天、军事装备等领域的快速发展,功率半导体器件需要更高的工作电压、更大的工作电流、更高的工作频率,以及更高的工作温度。经过半个多世纪的发展,基于硅材料的功率半导体器件的性能已接近物理极限,而以碳化硅(SiC)、氮化镓(GaN)为代表的第三代宽禁带功率半导器件发展日趋重要。《中华人民共和国国民经济和社会发展第十四个五年规划和 2035 年远景目标纲要》已将推动"碳化硅、氮化镓等宽禁带半导体发展"写入了"科技前沿领域攻关"部分,计划在教育、科研、开发、融资、应用等各方面,大力支持宽禁带功率半导体产业的发展,以实现产业的自主可控。

目前,国内外 SiC 二极管、MOSFET 以及 GaN HEMT 等宽禁带功率器件设计及制备的关键技术已逐步突破,但是高温高压偏置、大电流冲击及开关瞬时尖峰等恶劣电热应力造成的器件过早失效已成为制约其进一步发展的瓶颈,严重限制了宽禁带功率器件在终端的推广应用。宽禁带功率器件的可靠性问题已成为国内外研究机构和产业界关注的焦点。

作者所在的东南大学国家 ASIC 工程技术研究中心长期从事功率半导体器件及集成电路相关基础理论和关键技术的研究。十多年来,团队围绕国家重大战略需求,在宽禁带功率器件可靠性技术方面取得了一定研究进展,已在 IEEE T-PE、IEEE T-ED、IEEE EDL 及 IEDM、ISPSD 等功率半导体领域权威期刊和顶级会议上发表论文 70 余篇,获得中国、美国、日本发明专利授权 50 余项,相关成果也获得了较好的转化应用。由于成果散落于各个期刊、会议论文集中,且限于篇幅,有些内容不能在论文中详细展开讨论,相互间的关联性也无法详尽阐明,因此,作者及团队人员一直想基于我们的研究成果,并结合目前宽禁带功率器件可靠性领域的国际最新研究进展,进行系统归纳、整理并编书成册。一方面,是对我们的研究工作做一个阶段性的总结,另一方面,希冀能对从事宽禁带功率器件研究的同行提供一点参考和借鉴,为推动我国功率半导体行业发展略尽绵薄之力。此次,恰逢东南大学出版社盛情邀请的良机,几经揣摩修改,终使《宽禁带功率半导体器件可靠性》一书得以与读者见面。

本书内容共分 5 章。第 1 章介绍碳化硅、氮化镓等宽禁带半导体材料特性、宽禁带功率器件结构发展及面临的可靠性挑战。第 2 章阐述宽禁带功率器件在电热应力下的可靠性损伤探测表征方法,力求从宏观和微观两个角度提供对器件损伤位置和机理的有效分析手段。第 3 章重点讨论了 SiC 功率 MOSFET 器件的可靠性,揭示了器件在高温偏置、雪崩冲击、短路冲击、体二极管续流等恶劣电热冲击下的可靠性机理,同时介绍了台阶栅氧、浮空浅 P 阱等若干高可靠 SiC 功率 MOSFET 器件新结构。第 4 章围绕 GaN 功率 HEMT 器件可靠性,阐述了高温偏置、阻性和感性负载开关、短路冲击等电热应力下的器件可靠性机理,同时也讨论了混合栅、极化超结等若干高可靠 GaN 功率 HEMT 器件新结构。第 5 章构建了碳化硅、氮化镓功率器件电学特性 SPICE 模型,同时,基于上述可靠性研究成果建立了两类宽禁带器件的可靠性寿命模型,最后介绍了寿命模型与电学特性 SPICE 模型的 EDA 软件集成。本书一方面可以作为功率半导体相关专业的高年级本科生和研究生的教材,另一方面,也可作为功率器件研发人员的参考书籍。

　　本书的研究工作得到了国家重点研发计划、国家自然科学基金、国家装备预先研究、江苏省重点研发计划等项目的资助,在此表示衷心的感谢! 同时,衷心感谢中国电子科技集团公司第五十五研究所、江苏能华微电子科技发展有限公司、巨霖科技(上海)有限公司等合作企业对本书研究成果的转化应用给予的全力支持! 衷心感谢东南大学研究生马岩锋、曹钧厚、付浩、张弛、隗兆祥、陆伟豪、吴团庄、李明飞、朱旭东、孙佳萌等同学对本书的编写、整理工作所付出的辛勤劳动!

　　本书主要基于作者所在研究团队多年来的研究工作,然而由于水平有限,加之时间仓促,书中难免有疏漏和不妥之处,恳请读者批评指正!

作者

2024 年 3 月于南京·东南大学

目　录

第 1 章　绪　论

1.1　宽禁带半导体材料特性

20 世纪 90 年代以来,以碳化硅(SiC)和氮化镓(GaN)为代表的第三代半导体材料逐渐进入人们的视野。相比于第一、第二代半导体材料,第三代半导体材料的最大特点是禁带宽度大,因此也被称为宽禁带半导体材料。宽禁带半导体材料还具有击穿场强高、热导率高、载流子饱和迁移率高、抗辐照能力强等突出优点,尤其适合现代功率电子系统涉及的高温、高压、大电流、高频、高辐照的恶劣应用环境,在轨道交通、新能源汽车、光伏发电、航空航天等领域具有广阔前景,是近年来功率电子研究的重点和热点。在第三代半导体材料中,SiC 材料和 GaN 材料发展较为成熟。

1.1.1　SiC 材料特性

经过多年的工业化努力,商用 SiC 单晶外延衬底直径达到了 6 in(1 in=2.54 cm),并且 SiC 衬底中位错、微管等缺陷的密度得到了有效抑制,这使得 SiC 功率器件的大规模商业化生产成为可能。GaN 材料的性能虽然优异,但是受目前器件制备工艺和自身结构限制,GaN 功率器件的可靠性问题突出,还不能广泛应用于中高压大功率领域。

根据图 1.1 直观对 SiC 材料和 Si 材料的典型特性作对比。可以看出,除了迁移率略低于 Si 材料以外,SiC 材料的优势明显:(1) 禁带宽度大,约是 Si 材料的 3 倍;(2) 临界击穿场强高,约是 Si 材料的 10 倍;(3) 热导率高,约是 Si 材料的 3 倍;(4) 电子饱和速率大,约是 Si 材料的 2 倍。因此 SiC 半导体材料是制造高功率密度、低功耗、高温及抗辐射功率器件的理想材料。SiC 材料被认为有望在中高功率电子领域全面取代 Si,成为生产功率电子器件的最主流材料之一。

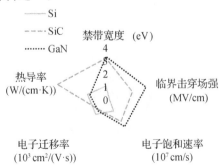

图 1.1　SiC、GaN 材料与 Si 材料的典型参数对比

正是由于 SiC 材料具有诸多优势，近年来 SiC 基功率器件成为学术界和产业界的研究热点。目前美国、日本、德国等发达国家都已掌握了生产 SiC 基功率器件必备的 SiC 单晶制备、同质外延、离子注入等工艺流程。Cree(现为 Wolfspeed 公司)、Rohm、Infineon 等国外半导体厂商相继报道了 600 V~15 kV 等多个电压等级的 SiC 基肖特基势垒二极管(Schottky Barrier Diode，SBD)、SiC 基结势垒肖特基二极管(Junction Barrier Schottky Diode，JBS)以及 SiC 基功率 MOSFET(以下简称 SiC 功率 MOSFET)样品和产品。国内 SiC 基功率器件的研制工作起步稍晚，经过多年的研究与发展，我国与发达国家的技术差距逐渐缩小。目前，已有公司实现了 SiC 外延衬底以及 SiC SBD 和 SiC JBS 产品的量产，并有 SiC 功率 MOSFET 样品被报道。

1.1.2 GaN 材料特性

氮化镓(GaN)材料是第三代半导体材料之一，相较于以硅(Si)为代表的第一代半导体和以砷化镓(GaAs)为代表的第二代半导体，其材料特性有明显的优势，特点是禁带宽度大，具有高击穿电场强度、高热导率、高电子饱和速率等优点。图 1.1 和表 1.1 分别显示了 GaN 材料特性和 Si 材料特性的对比。由图 1.1 可见，GaN 材料的临界击穿场强和电子饱和速率都优于 Si 和 SiC。同时，GaN 材料的热导率优于传统 Si 材料。表 1.1 数据显示，GaN 材料的禁带宽度(E_g)约是硅的 3 倍，临界击穿电场强度(E_c)是 Si 材料的 10 倍有余，代表 GaN 器件比 Si 器件有着更强的耐压能力。本征 GaN 材料的电子迁移率(μ_n)相对较高，同时，GaN 和氮化铝镓(AlGaN)接触会发生极化效应，从而产生二维电子气(2DEG)，根据此特性，可以将 GaN 和 AlGaN 制作成高电子迁移率晶体管(HEMT)。此时 GaN 器件内的电子迁移率将达到 2 000 cm^2 · V^{-1} · s^{-1}，因此 GaN 器件可以有更高的开关速度。GaN 材料同时拥有很高的电子饱和速率(v_{sat})，该特性可以使得 GaN 器件的电流密度更高，输出电流更大。虽然 GaN 材料的热导率(λ)较差，但因其禁带宽度大，其仍然有着出色的热特性。另外，GaN 材料有着最小的介电常数(ε)，使得 GaN 器件的电容小，从而可以进一步提高器件的开关速度。为直观体现 GaN 材料的优势，可以引入材料的品质因子来衡量材料在高压领域的优劣。三种半导体材料的归一化的品质因子如表 1.2 所示，表中 JM、BM、BHM 分别为 Johnson 功率因数(figure of merit)、Baliga 功率因数、Baliga 高速功率因数。可见三种材料中，GaN 的品质因子最优，因此它是功率半导体领域内的颇具应用潜力的材料。在功率电子系统领域，这些优点有助于突破硅半导体器件的发展瓶颈，帮助电子系统实现更快的工作频率、更低的损耗，以及使系统体积更小。因此，GaN 材料在电子系统中具有广阔的应用前景。

表 1.1　Si、4H-SiC、GaN 材料参数

	Si	4H-SiC	GaN
禁带宽度 E_g/(eV)	1.12	3.2	3.39
临界击穿场强 E_c/(MV/cm)	0.23	2.2	3.3
电子迁移率 μ_n/(cm^2·V^{-1}·s^{-1})	1 500	460~980	1 000 2 000(2DEG)
电子饱和速率 v_{sat}/(cm·s^{-1})	1×10^7	2×10^7	2.5×10^7
相对介电常数 ε_r	11.7	9.7	12
热导率 λ/(W·cm^{-1}·K^{-1})	1.5	3.8	1.3

表 1.2　归一化的品质因子

材料	JM($E_c v_{sat}/\pi)^2$	BM($\varepsilon_r \mu_n E_c^3$)	BHM($\mu_n E_c^2$)
Si	1	1	1
4H-SiC	410	400	50
GaN	760	650	77.8

1.2　SiC 功率器件发展

1.2.1　SiC 功率二极管发展

相比 Si 二极管，SiC JBS/MPS（混合式 PIN 肖特基）二极管有着更短的开通时间、关断时间，更小的峰值反向恢复电流，更低的反向漏电流，将传统电力电子装置中的 Si PIN 二极管替换为 SiC JBS/MPS 二极管，可以减小二极管的关断损耗和开关管的开通损耗，且 SiC JBS/MPS 二极管的关断损耗随着频率的增加保持相对恒定，可有效提升系统效率。目前，SiC JBS 二极管成为在 600~3 500 V 范围内 SiC 肖特基二极管最常用的形式。SiC JBS 二极管的基本结构如图 1.2 所示，在 JBS 二极管中，阳极金属下方的肖特基接触部分和 P$^+$ 区部分交错排列，在正偏时，仅有肖特基接触部分参与导电，器件的特性类似纯肖特基二极管；在反偏时，肖特基结两侧的 P$^+$ 区和 N$^-$ 外延层构成的 P$^+$/N$^-$ 结形成的耗尽区相互接触，对肖特基接触形成了屏蔽，显著降低了其下方的电场强度，从而降低了漏电流。1998 年，Zetterling C M 等人在外延参数为 7×10^{15} cm^{-3}/10 μm 的 6H-SiC 晶圆上，以 Ti 作为肖特基金属，以 B$^+$ 和 Al$^+$ 注入形成 P$^+$ 区，研制了第一款 SiC JBS 二极管。该器件采用直径 100 μm 的圆形结构设计，P$^+$ 区和肖特基区的宽度都为 10 μm；它实现的特征导通电阻为20 mΩ·cm^2，电流密度 100 A/cm^2 下的压降为 2.6 V，阻断电压达到了 1 100 V。同年，Held 等人在外延参数为 5×10^{15} cm^{-3}/9μm 的 4H-SiC 晶圆上，以 Ti 作为肖特基金属，以 Al$^+$ 注入形成 P$^+$ 区，研制了 700 V/1 A 等级的 SiC JBS 二极管。他们同时测试了器件的关断性能，发现 SiC JBS 二极管和纯肖特基二极管一样，几乎没有反向恢复过程，非常适合高频应用。2001 年，首只商用 SiC JBS 二极管面世。

2008年,美国Cree公司报道了10 kV碳化硅结势垒肖特基二极管。

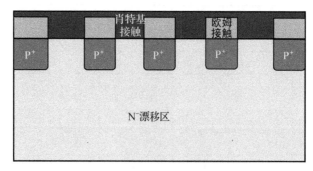

图1.2　JBS二极管基本结构

为了充分发挥SiC材料的优势,SiC功率器件被广泛用于高温、高压、大电流等极端场合,所以器件的可靠性逐渐成为一个重要的议题。在各种二极管的可靠性性能中,抗浪涌电流冲击能力是非常重要的一个可靠性指标。为了提高器件的浪涌可靠性,人们在JBS二极管的基础上开发出了MPS(Merged PIN Schottky,混合式PIN肖特基)二极管。如图1.3所示,在MPS二极管中,除了小尺寸P^+区外,还有用于提高器件浪涌可靠性的大尺寸P^+区。其中小P^+区的作用和JBS二极管中的P^+区完全相同,而大P^+区的作用在于提高器件在大电流下的导通能力。在大电流下,大P^+区对应的PN结将会开启,并向器件的漂移区注入少数载流子,由此产生的电导调制效应将会极大地降低器件的电阻。目前在国际厂商中,Infineon凭借自身先进的工艺水平和器件设计能力,推出的SiC MPS二极管产品性能处于世界领先地位。早在2006年,Infineon就推出了第一款商业化的600 V/4 A等级SiC MPS二极管,测试结果显示其可以承受的最大浪涌电流为额定电流的8~9倍。2010—2012年间,Infineon相继使用了当时最新的芯片焊接工艺和SiC衬底减薄工艺,可以有效地降低器件的热阻,极大地提高了器件的浪涌鲁棒性;同时还可以在一定程度上优化SiC MPS二极管的导通电阻。2015年,Infineon的第五代SiC MPS二极管,已经推广到1 200 V电压量级,通过优化器件的元胞区和版图设计,这一代产品可以承受高达14倍额定电流的浪涌电流。到了2018年,Infineon在其第六代SiC MPS二极管中应用了全新的金属材料——钼(Mo)作为肖特基接触的电极材料。通过先进的工艺技术,第六代SiC MPS二极管在开启压降方面又得到了飞跃式的进步,在保证二极

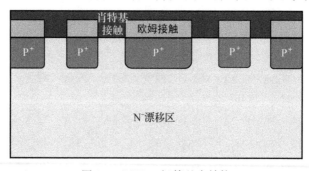

图1.3　MPS二极管基本结构

管 12 倍浪涌电流鲁棒性的基础上,和普遍使用 Ti 金属作为肖特基接触的电极材料相比,使用 Mo 金属可以将二极管的开启压降降低 0.3 V。对于综合性能已经非常优良、设计上折中范围已经较为狭窄的 SiC MPS 二极管而言,这又是一次新的突破。

1.2.2 SiC 功率 MOSFET 器件发展

基于 SiC 材料制造的 SiC 功率 MOSFET 样品首次出现于 1986 年,采用的是基于 3C-SiC 衬底的垂直平栅结构。首只 6H-SiC MOSFET 样品和 4H-SiC MOSFET 样品则分别出现于 1994 年和 1996 年。随后各电压等级的 SiC 功率 MOSFET 器件样品不断涌现。但是受外延材料质量和表面处理工艺的限制,在接近二十余年的时间里 SiC 功率 MOSFET 都处于研发阶段。随着外延技术、表面处理、离子注入等关键技术不断成熟,SiC 外延材料的体缺陷几乎被消灭,表面迁移率逐渐提升。如今 4H-SiC 材料的(0001)晶面的迁移率已经高于 3C-SiC 材料和 6H-SiC 材料,使得 4H-SiC 功率 MOSFET 逐渐成为主流。SiC 基功率器件产品领导者美国 Cree 公司(现 Wolfspeed 公司)于 2012 年率先推出了第一款 4H-SiC 功率 MOSFET 产品。目前该公司已经有电压范围 900～3 300 V,电流范围 5～100 A 的 SiC 功率 MOSFET 产品在销售,另有 6.5 kV、10 kV、15 kV 电压范围的样品被报道。Rohm、Infineon、ST 等公司也相继推出不同电压范围的 SiC 功率 MOSFET 产品,SiC 功率 MOSFET 已经正式进入民用时代。国内关于 SiC 功率 MOSFET 的研发起步较晚,但是经过科研人员十几年的不懈努力,目前我国也已经研发出了多个电压等级的性能优良的 SiC 功率 MOSFET 样品。近年来,得益于电动汽车/混合电动汽车(EV/HEV)、电动汽车大功率电源和光伏(PV)逆变器的需求,SiC 功率器件将占据第三代半导体器件的主要份额。根据 Yole 和 Omdia 数据显示,截至 2021 年底,SiC 电力电子市场规模约为 10 亿美元,未来 SiC 市场规模的扩张速度将不断加快,预计到 2024 年将再增加 10 亿美元,年均增加 3.3 亿美元,从 2024 年到 2029 年将增加 30 亿美元,年均增加 6 亿美元。

图 1.4 为典型的平面型 SiC 功率 MOSFET 的结构示意图。在 N^+ 衬底上通过同质外延得到 N^- 漂移区,漂移区的厚度和浓度由不同的耐压需求决定。外延层表面通过氧

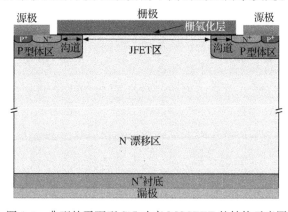

图 1.4 典型的平面型 SiC 功率 MOSFET 的结构示意图

化和光刻形成栅氧化层;利用栅氧化层作为阻挡层,通过两次离子注入分别形成 P 型体区和 N⁺ 源接触区;为了保持 P 型体区和源极电位的一致性,防止 NPN 寄生三极管开启,同样需要通过离子注入在 P 型体区表面形成 P⁺ 源接触区;接着在衬底背面和正面源极区域淀积金属,分别形成漏极和源极的欧姆接触;在栅氧化层上方淀积重掺杂的多晶硅,形成栅极,最终完成器件的电气连接。为了降低器件电阻,在栅下方通常还留有一个较宽的区域,由两个对称的 P 型体区和 N⁻ 漂移区组成,形似结型场效应晶体管(Junction Field-Effect Transistor,JFET)的结构,该区域称为 JFET 区。

为减小由 JFET 区引入的电阻,SiC 功率 MOSFET 开始朝着沟槽结构发展。图 1.5 为典型的沟槽型 SiC 功率 MOSFET 结构示意图,栅极电极位于源极电极下方,在半导体材料中形成一个"沟槽",沟道在沟槽侧壁形成,与衬底垂直。沟槽结构在性能上具有可以增加单元密度、不存在 JFET 效应、寄生电容更小、开关速度快、开关损耗低等优点,因此已逐步得到科研界和产业界的重视,成为目前功率 MOSFET 的发展趋势。

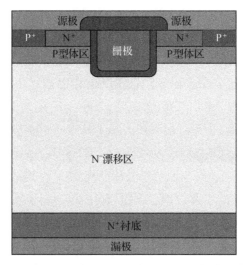

图 1.5　典型的沟槽型 SiC 功率 MOSFET 结构示意图

早在 1997 年,美国诺斯洛普·格鲁曼科学技术中心首次报道了 1 100 V 沟槽型 SiC MOSFET 样品。该样品采用单栅槽结构,具备了基本的正反向特性,但是由于未对沟槽底部进行可靠性保护,该样品的反向漏电流较大。2003 年,英国剑桥大学研究了槽底注入 P⁺ 掩蔽区对沟槽型 SiC MOSFET 栅槽底部氧化层的保护作用,并指出减小沟槽底部拐角的曲率可避免该处电场集聚并提升器件击穿电压。然而,受当时的 SiC 材料质量、工艺、市场需求等限制,学术界研究重点仍然主要集中于平栅结构 SiC MOSFET 的研究,沟槽型器件整体发展缓慢。2012 年以来,随着 SiC 外延材料质量大幅提升,器件工艺趋于成熟稳定,Cree、ST、Rohm、Microsemi、Infineon 等国际半导体公司相继推出的平栅结构 SiC 基功率 MOSFET 产品占领市场,而更具优势的沟槽型 SiC 器件也逐渐被业界重视,迎来发展高峰。

　　沟槽型 SiC 功率 MOSFET 的导通电阻、电容性能均有一定程度优化,但也由于沟槽底角的存在引入了一系列可靠性问题。因此,目前沟槽型 SiC 功率 MOSFET 的研究重点主要集中在提升器件击穿电压及优化沟槽底部氧化层可靠性等问题上。针对沟槽型 SiC 功率 MOSFET 器件沟槽底部电场强度高的问题,目前,沟槽型 SiC 功率 MOSFET 器件的技术演进方向就是采用优化的内部结构,减小沟槽底部氧化层工作电场强度。目前比较典型的结构主要有三种,即英飞凌半包沟槽碳化硅器件结构、罗姆双边沟槽碳化硅器件结构、沟槽底部屏蔽碳化硅器件结构。

　　英飞凌采用半边导通结构的沟槽型 SiC 功率 MOSFET 器件,如图 1.6(a)所示,在栅极沟槽的一边形成导电沟道,另一边则通过深注入和侧壁注入形成 P$^+$ 阱区。该结构可保护沟槽拐角不受电场峰值影响,提高器件可靠性。罗姆采用双边沟槽结构的沟槽型 SiC 功率 MOSFET 器件,如图 1.6(b)所示,该结构同时具有栅极沟槽和源极沟槽,源极沟槽底部形成 P 掩蔽层,通过改变耗尽层形状,改变电场方向,缓解沟槽拐角处的电场集中,但可能会在一定程度上重新引入 JFET 效应。此外如图 1.6(c)所示的沟槽底部屏蔽结构的沟槽型 SiC 功率 MOSFET 器件是另一种被业界广泛应用的结构,这种结构通过在沟槽底部添加 P$^+$ 型电场屏蔽结构,降低沟槽底部氧化层电场,保护栅极介质层不受强电场的影响。

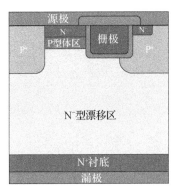
(a) 单边沟槽结构

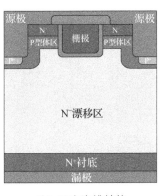
(b) 双边沟槽结构

(c) 使用槽底屏蔽层沟槽结构

图 1.6　沟槽型 SiC 功率 MOSFET 器件结构示意图

1.2.3　SiC 功率 IGBT 器件发展

　　IGBT(绝缘栅双极晶体管)器件可以看做是功率场效应晶体管(MOSFET)和双极结型晶体管(BJT)的复合。图 1.7 为典型的 SiC 功率 IGBT 的结构示意图。SiC IGBT 结构与 SiC MOSFET 结构基本相似,所不同的是背面使用 P$^+$ 型衬底代替了 N$^+$ 材料。SiC 功率 IGBT 的导通机理也与 Si 基 IGBT 器件基本相同,但是,传统 Si 基 IGBT 性能已逼近器件物理极限,其电压等级一般低于 6.5 kV,开关频率低于 1 kHz,使得 Si 基 IGBT 在新兴领域应用时,经常需采用串联或拓扑级联的方式,这会极大增加电子系统的成本、体积和功耗。

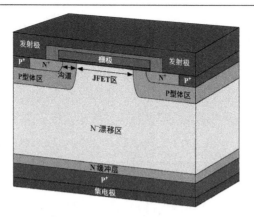

图1.7 典型的 SiC 功率 IGBT 器件结构示意图

SiC 基 IGBT 具有高击穿电压、高功率密度、高开关频率、高热导率、强抗辐照等优点,图1.8 所示为 15 kV SiC-IGBT 在功率密度、最大开关频率、工作耐受结温等方面与传统 Si 器件的对比结果。可以看出,SiC-IGBT 功率密度可达 Si 器件的 4.5 倍,最大开关频率可达 Si 器件的 10 倍,安全工作结温可达 225 ℃。因此,SiC-IGBT 器件对突破 Si 基 IGBT 及其系统损耗大、重型化、成本高的局限具有重要意义,将成为下一代高压大功率电子技术的重要发展方向。

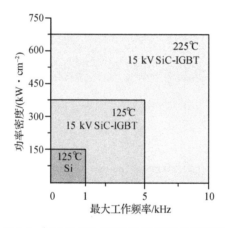

图1.8 15 kV SiC-IGBT 与 Si 器件性能对比

注:功率密度 $= J_{dc} \cdot BV$,J_{dc} 为电流密度,BV 为击穿电压。

2016 年,美国 Cree 公司报道了耐压 22 kV、特征导通电阻 55 mΩ·cm² 的高电导调制能力 SiC-IGBT 器件。2019 年日本先进工业科技研究院报道了耐压 17 kV、特征导通电阻仅 15 mΩ·cm² 的 SiC-IGBT 器件。2020 年,中国电子科技集团第 55 研究所联合东南大学、电子科技大学、山东大学等采用载流子寿命增强技术,研制了耐压 20 kV、特征导通电阻为 27 mΩ·cm² 的 SiC-IGBT 器件。目前,SiC-IGBT 器件击穿能力、导通特性及开关延时等电学性能已逐步满足高压大功率电子系统应用需求。然而,由于 SiC/SiO₂ 界面势垒低、质量及致密性差,且 SiC-IGBT 面临比 Si-IGBT 更高的功率密度、更强的峰值电场及更快的开关速度,因此其在承受高温栅偏、高温反偏、雪崩、短路、功率循环开关等与实际系统应用密切相关的电应力冲击时,极易发生器件电学性能退化甚至失效现象,可靠性问题已成为制约 SiC-IGBT 进一步发展的瓶颈。然而,与单一载流子工作的 SiC-MOS 器件不同,SiC-IGBT 器件存在电子和空穴两种载流子导电,且含有 PNPN 四层三结结构,因此,其损伤探测难度大,可靠性退化、失效机理更加复杂。目前,仅有美国北卡罗莱纳州立大学、日本广岛大学、英国剑桥大学、美国阿肯色大学等对 SiC-IGBT 电应力下的可靠性机理及相关模型展开了初步探索。

1.3　GaN 功率器件发展

1.3.1　GaN 功率二极管发展

　　基于 GaN 材料特性和现有的外延工艺,GaN 功率二极管主要包括横向异质结二极管,准纵向二极管和纵向二极管。

　　根据材料的极化特性,GaN 与 AlGaN 形成的异质结界面处存在二维电子气,其具有较高的电子迁移率,因此利用二维电子气沟道制备的二极管具有高电流密度,可实现较低的导通电压,图 1.9 为典型的 GaN 异质结肖特基势垒二极管(SBD)结构示意图,阴极为欧姆接触,阳极为肖特基接触。2004 年,日本 Yoshida S 等人报道了 GaN 基场效应肖特基势垒二极管(FESBD),FESBD 实现了 0.2 V 的开启电压和 400 V 的阻断电压,如图 1.10 所示。该器件的阴极欧姆接触通过 N^+ 掺杂实现,阳极肖特基接触通过两种功函数不同的金属实现,其中功函数较高的金属确保了器件的耐压,功函数较低的金属确保了器件的低开启电压。2005 年,韩国 Lee S C 等人报道了具有浮空金属场限环(FMR)结构的 GaN 异质结二极管,该器件实现了 930 V 的耐压,如图 1.11 所示,该结构同时制备了 GaN 帽层提高器件耐压并减少了器件漏电流,FMR 结构有效降低了肖特基主结处的峰值电场,从而提高了器件的击穿电压。2008 年,日本 Kamada A 等人同样通过生长 GaN 帽层工艺制备了 GaN 异质结 SBD,实现了 1 000 V 耐压的突破,并大幅减小了关态漏电流,如图 1.12 所示。通过刻蚀阳极下方的 GaN 帽层,可有效降低器件开启电压。同时得益于帽层结构,该器件也没有明显的电流崩塌现象。2012 年,韩国 Ha M W 等人通过 GaN 帽层表面氧化处理,使得制备的异质结 SBD 耐压突破 1.5 kV,特征导通电阻为 1.1 $m\Omega \cdot cm^2$,如图 1.13 所示。然而,表面氧化处理会造成欧姆接触的电阻率增加,从而增大器件的导通电阻。2016 年,Tsou C W 等人制备的沟槽阳极异质结 SBD 耐压突破 2 kV,特征导通电阻为 3.8 $m\Omega \cdot cm^2$,如图 1.14 所示。通过优化 ICP-RIE 刻槽工艺,阳极沟槽可以有效提高器件的耐压并降低了漏电流。2021 年,Xu R 报道了 3.4 kV,3.7 $m\Omega \cdot cm^2$ 的阳极沟槽异质结 SBD,如图 1.15 所示。通过 KOH 表面处理,阳极沟槽的表面平整度得到大幅改善,从而提高了器件的耐压并降低了漏电。同年,Xiao M 等人报道了 10 kV 的多沟道异质结 SBD,其特征导通电阻为 39 $m\Omega \cdot cm^2$,如图 1.16 所示。该器件在表面制备 P-GaN 降低表面电场(RESURF)结构以优化表面电场,提升了器件的耐压,同时采用了多异质结沟道结构,有效平衡了缓冲层的电场分布,提高了器件缓冲层耐压,同时降低了导通电阻。

图 1.9　典型的 GaN 异质结二极管结构示意图

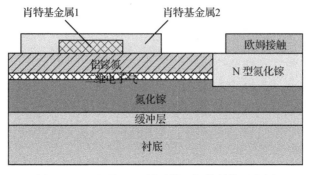

图 1.10　双阳基 GaN 异质结二极管结构示意图

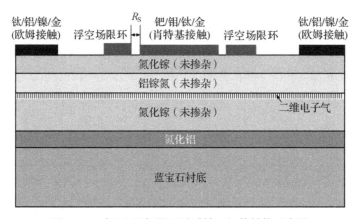

图 1.11　浮空金属场限环异质结二极管结构示意图

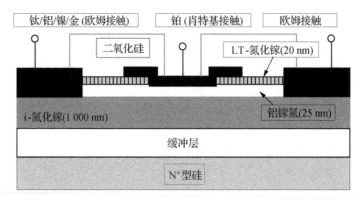

图 1.12　带有 GaN 帽层的异质结二极管结构示意图

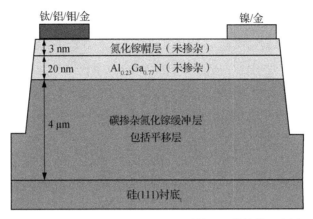

图 1.13 氧化处理 GaN 帽层的异质结二极管结构示意图

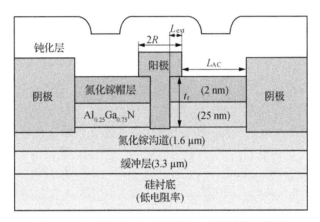

图 1.14 沟槽阳极 GaN 异质结二极管结构示意图

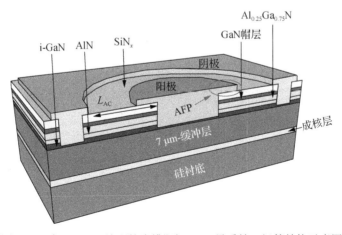

图 1.15 表面 KOH 处理的沟槽阳极 GaN 异质结二极管结构示意图

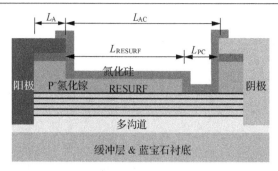

图 1.16　多沟道 GaN 异质结二极管结构示意图

　　垂直功率二极管可分为 PN 二极管和肖特基势垒二极管(SBD)。2015 年,Nomoto K 等人报道了垂直击穿电压为 3.48 kV 的垂直 GaN PN 二极管,其特征导通电阻为 0.95 mΩ·cm²,该器件通过长场板结构的设计,有效提升了器件的击穿电压,如图 1.17 所示。上述器件的品质因子已接近理论极限。尽管垂直 GaN PN 二极管具有高击穿电压和低漏电流的特性,但是其开启电压往往大于 3 V,会导致功率损耗增加,限制了其应用。因此开发低导通电压的垂直 GaN SBD 具有重要意义。2010 年,Saitoh Y 等人报道了 1.1 kV 的垂直 GaN SBD 器件,其特征导通电阻达到 2 mΩ·cm²。然而,SBD 的肖特基结处的电场较大,造成了较大的反向漏电流。因此需要在高反向偏压下将峰值电场从肖特基结转移至二极管体区。一些新型二极管结构可以提高器件的耐压并保持较低的导通压降,例如,沟槽型金属-绝缘层-半导体(MIS)势垒肖特基(TMBS)二极管,结势垒肖特基(JBS)二极管,混合式肖特基(MPS)二极管,沟槽型 MPS 等,如图 1.18 所示。TMBS 利用沟槽底部和侧壁的 MIS 结构来减少顶部肖特基势垒接触处的电场,JBS 利用横向的 PN 结耗尽层减少肖特基接触处的电场,MPS 与 JBS 类似,但阳极金属与 P 型区域形成欧姆接触,可以承受大的冲击电流。2016 年,Zhang Y 等人报道了垂直 GaN TMBS 二极管,该器件的漏电流是传统垂直 GaN SBD 的 1/104,TMBS 的击穿电压也得到显著提高。2017 年,Koehler A D 等人通过选择性 P 型离子注入工艺制备了垂直 JBS 二极管。由于 P 型氮化镓掺杂在 GaN 材料中激活困难,JBS 中的横向 PN 结可以通过在外延工艺制备的 P-GaN 层中注入 N 型硅离子来实现。2017 年,Hayashida T 等人报道的沟槽型 GaN MPS 器件的击穿电压接近 2 kV。虽然上述二极管有良好的特性,但是相比较于 PN 二极管,GaN 材料的特性仍未得到很好的发挥,垂直 GaN SBD 仍需进一步发展。

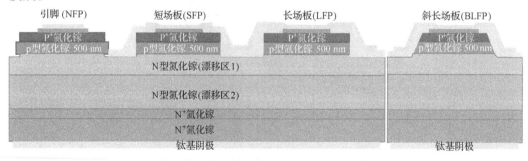

图 1.17　长场板结构垂直 GaN PN 二极管

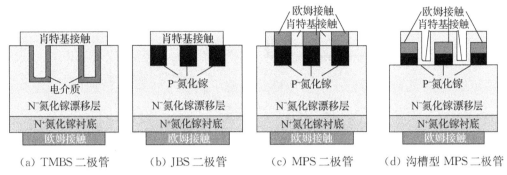

图 1.18 新型纵向 GaN 二极管结构

　　垂直 GaN 器件使用的 GaN 自支撑衬底价格昂贵,目前垂直 GaN 器件难以形成市场竞争力,采用 Si 衬底的 GaN 二极管价格相对便宜,因此更易形成一定的市场规模。基于 GaN-on-Si 工艺制备二极管,需要采用准垂直的概念。关于准垂直 GaN 功率二极管的首次报道可以追溯到 2000 年。2014 年,Zhang Y H 等人报道了第一个准垂直 GaN-on-Si 功率二极管,如图 1.19 所示。准垂直器件侧壁的工艺优化可以降低器件的漏电流,提高耐压。通过增加漂移区的厚度、降低漂移区的载流子浓度等措施可以有效提高器件的击穿电压。

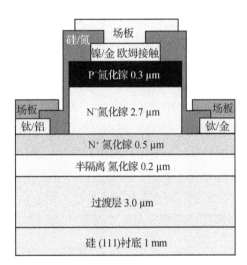

图 1.19 准垂直 GaN 二极管结构

　　2015 年,麻省理工学院和 Synopsys 公司发布了垂直 GaN 功率器件中的泄漏电流仿真模型,并通过实验数据进行了校准。通过仿真,可以评估出垂直 GaN 功率器件的漏电流设计空间,如图 1.20 所示。此外,垂直 GaN-on-Si PN 二极管可以承受浪涌电流和电压的重复雪崩测试,具有较好的可靠性。这些结果均证实了准垂直 GaN-on-Si 器件在高压应用中的巨大潜力。

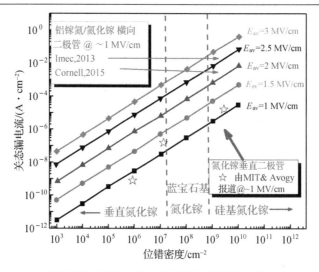

图 1.20　纵向 GaN 二极管漏电流设计空间

1.3.2　GaN 纵向 FET 器件发展

基于垂直 GaN 的功率器件有望克服横向 GaN HEMT（高电子迁移晶体管）的不足。垂直 GaN 器件的击穿电压可以通过增加漂移区的厚度来提升,同时保持器件面积不变。垂直 GaN 器件中的电场峰值往往远离表面,从而有效降低了表面陷阱效应导致的动态导通电阻。此外,垂直 GaN 器件具有比横向器件更高的电流密度以及更优越的热性能。

图 1.21 给出了自支撑 GaN 衬底上制备的四种垂直 GaN 晶体管结构。2004 年,Ben-Yaacov I 等人提出了一种电流孔径垂直晶体管（CAVET）结构。CAVET 主要通过插入电流阻挡层（CBL）来降低垂直方向的漏电流。CBL 由外延 P-GaN 形成,孔径区域采用干法蚀刻 P-GaN 层,N-GaN 沟道采用再生长工艺。2016 年,Shibata D 等人提出了一种沟槽型 CAVET 垂直 GaN 晶体管。该器件的特点是在 V 型沟槽上通过再生长工艺外延 P-GaN/AlGaN/GaN 层,如图 1.21(b)所示。沟槽 CAVET 器件的阈值电压可达到 2.5 V。通过外延 P-GaN 层以及局部刻槽工艺,同样可以实现沟槽栅 MOS 结构,器件施加正栅压时,沟槽栅附近的 P-GaN 外延层反型从而形成沟道。然而由于 P-GaN 浓度难以提高,沟槽质量亦存在问题,提高该器件的耐压是一个挑战。

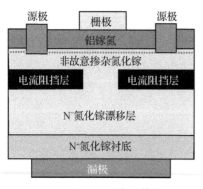

（a）电流孔径垂直晶体管

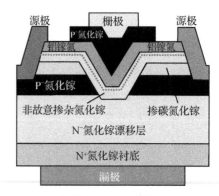

（b）沟槽电流孔径垂直晶体管

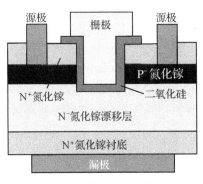
（c）沟槽 MOSFET

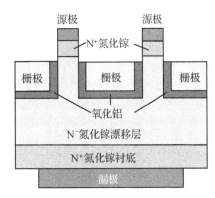
（d）鳍式 MOSFET

图 1.21　自支撑衬底垂直 GaN 晶体管器件

　　针对 P 掺杂浓度难以提高的问题，Sun M 等人于 2017 年证实了一种常关型鳍式 GaN 垂直 MOSFET 器件结构，如图 1.21(d)所示。这种鳍式垂直 MOSFET 特点是仅使用 N 型 GaN 外延层，无需使用再生长工艺或外延工艺制备 P-GaN 层。虽然这种鳍式垂直 MOSFET 可实现常关，但是其阈值电压较低，关态漏电流亦较难控制，阻断特性有待进一步提升。另外，鳍式沟道宽度较小，对制备工艺要求极高。

1.3.3　GaN 功率 HEMT 器件发展

　　1993 年 Asif Khan M 等人证实了 AlGaN/GaN 高电子迁移率晶体管(HEMT)结构，为 GaN 功率器件的快速发展奠定了结构基础。Zhang N Q 等人率先制备出高压 GaN 器件，其击穿电压达 1 300 V，特征导通电阻达到 1.7 m$\Omega \cdot$ cm^2。标志着 GaN 功率器件的发展步入快车道。上文所述传统的功率 HEMT 器件的基本结构如图 1.22 所示。在制作功率 GaN HEMT 器件时，首先在 Si 衬底上外延成核层或者超晶格结构，隔绝衬底失配带来的材料缺陷蔓延问题；随后外延缓冲层，进一步减小缺陷的蔓延，缓冲层可以是碳(C)掺杂的 GaN 材料，以制备高阻缓冲层；然后，在缓冲层上外延非故意掺杂(UID)的 GaN 层，以得到高质量的沟道层。沟道层上面是几十纳米厚的 AlGaN 势垒层，从而在沟道层自然形成二维电子气。势垒层上方需要高质量的钝化层以实现高耐压和低表面缺陷。

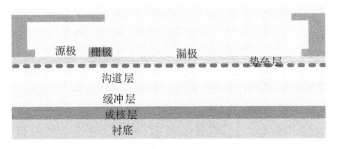

图 1.22　传统 HEMT 结构

由器件结构可见,普通 HEMT 为耗尽型。然而在功率领域,通常要求使用常关的功率器件,因此制造增强型的功率 GaN HEMT 器件是必要的。目前增强型功率 GaN HEMT 器件有 4 种。第一种是凹槽绝缘栅 MIS HEMT 结构,如图 1.23 所示,2006 年日本 Saito W 将该技术应用到高压增强型凹槽绝缘栅 MIS HEMT 结构。该技术通过刻蚀将栅电极下方的 AlGaN 材料去除,从而使自然形成的沟道断开,然后在沟槽上方淀积绝缘材料,以减小器件的栅极漏电流。这种器件的最大问题在于,其栅界面质量不容易控制,容易造成阈值电压不稳定的问题,虽然目前学术界有很多方法可提高栅界面质量,但是采用这些方法实现量产还有比较漫长的路程。再者栅极拐角电场峰值比较高,并且栅极拐角的界面质量较差,容易造成提前击穿的现象,从而影响器件的耐压能力。第二种是栅氟离子注入的 GaN HEMT 器件结构,如图 1.24 所示。2005 年,香港科技大学 Cai Y 提出实现增强型 GaN 器件的方法,即在栅电极下方注入氟离子,形成负电中心,从而使得沟道断开。这种结构最大的问题同样在于工艺不稳定,阈值电压波动较大,特别是在高温状态下,氟离子会扩散,从而使得沟道重新形成,采用该方法亦很难实现量产。第三种是级联型 Cascode GaN HEMT 功率器件,如图 1.25 所示,通过级联一个低压、低导通电阻的 Si 基金属氧化物半导体场效应晶体管(MOSFET),实现整体器件的常关状态。在将常开器件(如 JFET)转换为常关时,常采用此方法。这种级联型 GaN 器件的栅极控制电路容易实现,然而其开关特性由硅器件决定,并且器件仍然具有一定的反向恢复电荷,因此 GaN HEMT 本身的优势并没有完全发挥出来,在高频开关电源领域,其发展受到很大限制。第四种是 P 型 GaN(或 AlGaN 等)栅帽层结构,2000 年 Hu X 等人首次制作出此类增强型 GaN 器件。通过在势垒层上方、栅电极下方插入一层 P 型 GaN 帽层来耗尽下方沟道内的二维电子气,使得器件成为常关状态。P 型 GaN 栅的电极金属接触有两种方式,即欧姆接触和肖特基接触,采用欧姆栅接触的产品(HD-GIT)主要由 Infineon、Panasonic 公司推出,如图 1.26 所示,其特点是阈值电压稳定性好,同时由于采用混合漏电极结构,电流崩塌可得到抑制。但是由于其栅极漏电流很大,驱动电路较为复杂,欧姆栅接触技术并没有得到大规模采用。P-GaN 栅帽层采用肖特基接触的器件简称 P-GaN HEMT,如图 1.27 所示,其最大的特点在于栅极漏电流较小。在栅帽层 GaN 中进行 P 型掺杂时激活效率较低,通常使用镁元素(Mg)实现 GaN 材料的 P 型掺杂,一般 Mg 掺杂浓度是 $2×10^{19}$ cm^{-3},而 Mg 在 GaN 中的电离能一般为 0.17 eV,常温状态下不易完全电离,因此最终的空穴浓度仅为 $4×10^{17}$ cm^{-3} 左右。然而,栅肖特基接触界面存在内建电场,使得金属接触附近的 Mg 完全电离,因此栅金属接触附近空穴浓度较高。虽然 P-GaN HEMT 的肖特基栅接触势垒有效抑制了栅极漏电流,但是接触附近的高空穴浓度会造成载流子隧穿现象,仍然会带来一定量级的栅极漏电流。同时,P-GaN HEMT 的肖特基栅接触附近存在内建电场,当器件被施加栅或者漏偏置应力时,P-GaN 层内部电场变化复杂,会带来可靠性问题。总之,P-GaN HEMT 制备工艺相对简单,栅驱动策略相对简单,得到很多公司的采用,无论是在分立功率 GaN 器件领域,还是在全集成 GaN 功率器件领域,都极具应用前景。2009 年,EPC 公司成功实现了 200 V 以下的增强型 P-GaN HEMT 功率器件的量产,从此 GaN 材料在功率器件领域内的规模化应用正式拉开帷幕。其他公司如 GaN System 公司实现了 650 V P-GaN HEMT 器件的量产。越来越多的厂家逐渐推出了各种其他结构的 GaN 功率器件。

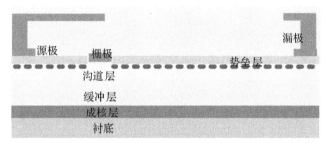

图 1.23　MIS HEMT 结构

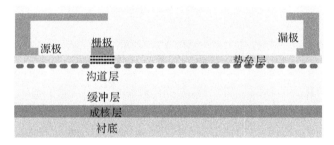

图 1.24　氟离子注入结构

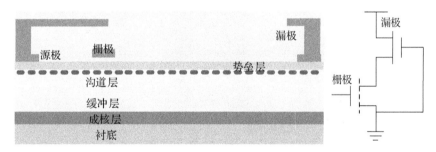

图 1.25　Cascode 结构

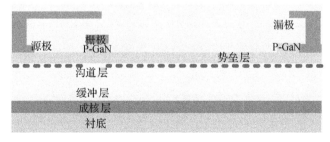

图 1.26　HD-GIT 结构

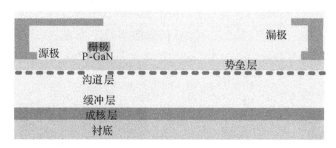

图 1.27　P-GaN HEMT 结构

1.4　SiC 功率 MOSFET 器件应用及可靠性挑战

　　Si、GaN 和 SiC 三种半导体材料在功率电子领域的典型电压电流应用范围如图 1.28 所示。可以看到,Si 基功率器件由于具有可靠性高、价格低、工艺兼容性好等优点,在传统低压领域还占据优势,GaN 基功率器件目前应用于中压领域,尤其是通信、照明、电机驱动等中高频领域,而 SiC 基功率器件主要应用于中高压(大于 1 kV)领域。SiC 功率 MOSFET 以其优异的电学和热学特性,在光伏逆变、轨道交通、新能源汽车、不间断供电、变电传输、航空航天等领域拥有广阔的应用前景。

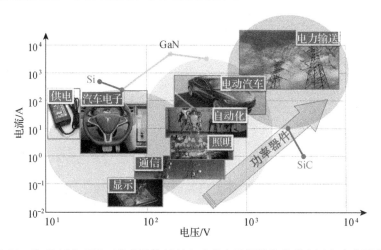

图 1.28　Si、GaN 与 SiC 三种半导体材料在功率电子领域的典型电压电流应用范围

　　电动汽车(EV)行业带动的 SiC 功率器件市场份额占 SiC 功率器件市场总份额的 60% 以上,是 SiC 功率 MOSFET 器件最主要的应用领域之一。为了满足电动汽车长续航、快充电、高能效的需求,电动汽车正由 400 V 系统升级为 800 V 系统。2022 年,Lucid、Tesla、BYD 等高端电动汽车企业都已发布了 800 V 全 SiC 模块,其中 1 200 V SiC MOSFET 器件被全面应用在主驱牵引逆变器、DC-DC、OBC、Charging Infrastructure 等核心模块。可以说 1 200 V SiC MOSFET 器件是 800 V EV 系统最核心的功率器件,同时也将是未来 10 年增长最快、高端应用需求量最大的 SiC 器件。

　　随着功率电子系统不断向着更高温度、更高功率密度以及更高频率等应用领域拓展,SiC 功率 MOSFET 器件在工作时将承受更高的反偏电压,更大的导通电流,更快的开关速度,更强的体内及表面电场。这些恶劣工作条件使 SiC 功率 MOSFET 器件面临严峻的可靠性挑战,具体如下:

　　(1) SiC/SiO$_2$ 界面作为 SiC 功率 MOSFET 的薄弱点,是应力过程中最易损伤的部位,在研究过程中需要重点关注。然而目前还没有一套完整的适用于 SiC 功率 MOSFET 的界面损伤探测方法,以做到同时区分损伤位置和界面损伤类型。因此在进行针对某一应力的具体可靠性研究之前,迫切需要建立完善的 SiC 功率 MOSFET 界面损伤探测方法,以做到精确定位界面损伤位置并确定界面注入电荷的类型,在可靠性研究过程中帮助确定主要退化机理。

　　(2) SiC 功率 MOSFET 在功率系统中多被当作开关器件使用,其栅极在高电平与低电平之间频繁切换,长期承受高速动态栅应力,使阈值电压(V_{th})退化。因此,有必要深入探究不同动态栅应力条件对器件 V_{th} 漂移情况的影响,同时考虑高电平退化和零电平恢复的作用效果,建立可以预测 V_{th} 漂移量的退化表征模型。

　　(3) 当应用于包含寄生电感的功率系统负载回路时,抑或在正常工作状态下与负载电感并联的续流二极管发生短路时,SiC 功率 MOSFET 器件将会承受非钳位感应负载开关(Unclamped Inductive Switching,UIS)应力的冲击,此时雪崩击穿产生的瞬时高压以及负载电流同时作用于器件本身,使其面临退化甚至失效风险。因此,迫切需要对 SiC 功率 MOSFET 的电学参数在重复 UIS 应力下的退化情况进行探究,并深入研究其退化机理。同时建立 SiC 功率 MOSFET 的电学参数在重复 UIS 应力下的退化表征模型,以预测器件的退化趋势,为系统设计提供指导。

　　(4) 当 SiC 功率 MOSFET 器件连接的负载发生短路时,负载供电电压(V_{DD})将全部加载在器件的漏极,它与饱和电流共同作用,产生瞬时超高功率,使结温急剧上升。短路状态下的高温与高电场应力使 SiC 功率 MOSFET 器件面临失效和退化风险,因此急需对该器件的电学参数在短路应力下的退化趋势及退化机理进行深入研究。

　　(5) SiC 功率 MOSFET 器件作为开关使用时,在正向导通状态和反向阻断状态之间频繁切换,由于高电压与大电流的交叠而产生的瞬时高功率同样会使器件产生退化。因此有必要对该器件在重复开关应力下的退化趋势及退化机理进行深入研究,这对衡量 SiC 功率 MOSFET 器件在长时间工作后对功率系统的影响具有实际意义。

1.5　GaN 功率 HEMT 器件应用及可靠性挑战

　　基于上述突出的电学特性,GaN 功率 HEMT 器件可显著提高功率系统的能源转换效率,减小系统体积,在新能源、家电、电动汽车、数据中心等领域具有广阔的应用前景。据 Yole 统计,到 2027 年功率 GaN 市场规模将突破 20 亿美元。目前,功率 GaN 器件的市场主要集中于快充、光伏等领域,以 650 V 量级为主。

P-GaN HEMT 没有栅氧层,取而代之的是 P-GaN 栅帽层,P-GaN HEMT 也不依赖 PN 结实现耐压,而是靠场板结构平衡电场分布以实现高耐压。传统 Si 器件的可靠性研究理论与成果并不能完全引入 P-GaN HEMT 的可靠性研究,比如 TDDB(Time Dependent Dielectric Breakdown,时间相关电介质击穿)中栅氧层击穿相关理论,以及单脉冲雪崩能量(E_{AS})的概念并不适用于 P-GaN HEMT。因此,相比较成熟的 Si 功率器件而言,P-GaN HEMT 器件是一种新型功率半导体器件,学术界对 P-GaN HEMT 的可靠性研究还严重不足,相关的可靠性国际标准的研究还处于起步阶段。

增强型功率 P-GaN HEMT 面临的可靠性问题大致可以分为环境应力(如温度、湿度等)和电应力(如电压偏置、动态电压变化、短路等)带来可靠性问题,如图 1.29 所示。结合功率 P-GaN HEMT 在功率电子系统中应用的实际情况,并结合实际应用场景,研究以下可靠性问题:

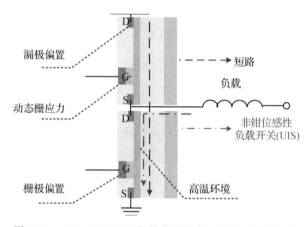

图 1.29　P-GaN HEMT 器件在系统中面临的可靠性问题

(1) 高温可靠性问题。P-GaN HEMT 功率器件在功率电子系统中难免遇到高温的工作环境,此时器件的电学参数将会发生变化。对于高温特性的研究,可以为系统应用工程师提供电学参数的漂移情况,以便在设计时留有余量,判断最高工作温度;也可以为器件设计工程师提供理论支持,以便改进器件设计。同时,高温可靠性问题通常伴随其他电学应力导致的可靠性问题的发生,了解 P-GaN HEMT 器件在高温环境下电学参数变化的机理有助于理解复杂综合应力导致电学参数变化的机理。

(2) 电压偏置可靠性问题。P-GaN HEMT 功率器件在功率电子系统中承受着栅压和漏压的偏置应力。栅压偏置应力会导致栅结构的损伤,比如载流子注入、介质击穿等。漏压应力会在器件内部产生高电场,导致热载流子注入问题,过高的电压会导致晶格损伤。长期电压偏置应力会导致电学参数的持续变化,高压加速应力考核对器件的寿命预测有着重要意义。

(3) 非钳位感性负载开关可靠性问题。在功率电子系统中存在感性负载或者感性寄生参数,非钳位条件下,P-GaN HEMT 功率器件在关断时会遭受来自电感的能量冲击,给器件带来失效风险。

(4) 短路可靠性问题。在功率电子系统中,在受到外部干扰和芯片突发故障情况下,驱动控制难免发生错误,此时器件有发生短路风险。当短路发生时,P-GaN HEMT 同时承受着大电流、高电压,器件上产生的热量巨大,晶格极易烧毁,导致永久失效。多次的短路情况也会使得 P-GaN HEMT 功率器件性能发生变化。

以上各种应力给 P-GaN HEMT 带来的损伤大致有以下几种:

(1) 栅区域界面损伤。由前面介绍过 P-GaN HEMT 器件栅结构,易知栅接触附近存在强电场,在各种应力条件下,栅界面电场发生变化会加速界面的损伤。

(2) 载流子注入。由于 P-GaN 层上下均存在势垒,因此在载流子注入 P-GaN 层之后很难恢复原位,这会对部分电学参数产生影响。

(3) 陷阱效应。由于 P-GaN HEMT 制造过程中不可避免存在异质外延工艺,这就给器件各个部分带来大量的陷阱,载流子在高电场中加速并被陷阱捕获,成为带电中心,这会对器件的电学参数带来影响。

在进行可靠性问题研究时,除了要理解各种应力造成的参数退化机理,对电应力损伤进行定性定量表征也成为必要,有助于工程师评估器件可靠性。同时,研究简单便捷的器件损伤表征方法也成为必要。最后,针对长期应力下的电学参数退化建立参数退化模型是应用工程师最为关注的,建立准确有效的电学参数退化模型具有现实意义。

参考文献

[1] Rupp R, Laska T, Häberlen O, et al. Application specific trade-offs for WBG SiC, GaN and high end Si power switch technologies[C]//2014 IEEE International Electron Devices Meeting. San Francisco, CA, USA. IEEE, 2014: 2.3.1 - 2.3.4.

[2] Chow T P. High-voltage SiC and GaN power devices[C]//Bipolar/BiCMOS Circuits and Technology, 2004. Proceedings of the 2004 Meeting. Montreal, QC, Canada. IEEE, 2004: 199 - 200.

[3] Hudgins J L, Simin G S, Santi E, et al. An assessment of wide bandgap semiconductors for power devices[J]. IEEE Transactions on Power Electronics, 2003, 18(3): 907 - 914.

[4] Yoder M N. Wide bandgap semiconductor materials and devices[J]. IEEE Transactions on Electron Devices, 1996, 43(10): 1633 - 1636.

[5] Millán J, Godignon P, Perpiñà X, et al. A survey of wide bandgap power semiconductor devices[J]. IEEE Transactions on Power Electronics, 2014, 29(5): 2155 - 2163.

[6] Spaziani L, Lu L. Silicon, GaN and SiC: There's room for all: An application

space overview of device considerations[C]//2018 IEEE 30th International Symposium on Power Semiconductor Devices and ICs (ISPSD). Chicago, IL, USA. IEEE, 2018: 8-11.

[7] Huang A Q. Wide bandgap (WBG) power devices and their impacts on power delivery systems[C]//2016 IEEE International Electron Devices Meeting (IEDM). San Francisco, CA, USA. IEEE, 2016: 20.1.1-20.1.4.

[8] Okuda T, Miyazawa T, Tsuchida H, et al. Carrier lifetimes in lightly-doped p-type 4H-SiC epitaxial layers enhanced by post-growth processes and surface passivation [J]. Journal of Electronic Materials, 2017, 46(11): 6411-6417.

[9] Kimoto T. Material science and device physics in SiC technology for high-voltage power devices[J]. Japanese Journal of Applied Physics, 2015, 54(4): 040103.

[10] Stockman A, Tajalli A, Meneghini M, et al. The effect of proton irradiation in suppressing current collapse in AlGaN/GaN high-electron-mobility transistors[J]. IEEE Transactions on Electron Devices, 2019, 66(1): 372-377.

[11] 郝跃, 张金风, 张进成, 等. 氮化物半导体电子器件新进展[J]. 科学通报, 2015, 60(10): 874-881.

[12] Moens P, Banerjee A, Uren M J, et al. Impact of buffer leakage on intrinsic reliability of 650V AlGaN/GaN HEMTs[C]//2015 IEEE International Electron Devices Meeting (IEDM). Washington, DC, USA. IEEE, 2015: 35.2.1-35.2.4.

[13] Chandrasekar H, Uren M J, Eblabla A, et al. Buffer-induced Current collapse in GaN HEMTs on highly resistive Si substrates[J]. IEEE Electron Device Letters, 2018, 39(10): 1556-1559.

[14] Shenai K, Scott R S, Baliga B J. Optimum semiconductors for high-power electronics[J]. IEEE Transactions on Electron Devices, 1989, 36(9): 1811-1823.

[15] Elasser A, Chow T P. Silicon carbide benefits and advantages for power electronics circuits and systems[J]. Proceedings of the IEEE, 2002, 90(6): 969-986.

[16] Biela J, Schweizer M, Waffler S, et al. SiC versus Si—Evaluation of potentials for performance improvement of inverter and DC-DC converter systems by SiC power semiconductors[J]. IEEE Transactions on Industrial Electronics, 2011, 58(7): 2872-2882.

[17] 盛况, 郭清. 碳化硅电力电子器件在电网中的应用展望[J]. 南方电网技术, 2016, 10(3): 87-90.

[18] 张波, 邓小川, 张有润, 等. 宽禁带半导体 SiC 功率器件发展现状及展望[J]. 中国电子科学研究院学报, 2009, 4(2): 111-118.

[19] Hazra S, De A K, Cheng L, et al. High switching performance of 1 700-V, 50-a SiC

power MOSFET over Si IGBT/BiMOSFET for advanced power conversion applications [J]. IEEE Transactions on Power Electronics, 2016, 31(7): 4742 – 4754.

[20] Mori S, Aketa M, Sakaguchi T, et al. High-temperature characteristics of 3-kV 4H-SiC reverse blocking MOSFET for high-performance bidirectional switch[J]. IEEE Transactions on Electron Devices, 2017, 64(10): 4167 – 4174.

[21] Hosoi T, Azumo S, Kashiwagi Y, et al. Reliability-aware design of metal/high-k gate stack for high-performance SiC power MOSFET[C]//2017 29th International Symposium on Power Semiconductor Devices and IC's (ISPSD). Sapporo, Japan. IEEE, 2017: 247 – 250.

[22] Puschkarsky K, Reisinger H, Aichinger T, et al. Understanding BTI in SiC MOSFETs and its impact on circuit operation[J]. IEEE Transactions on Device and Materials Reliability, 2018, 18(2): 144 – 153.

[23] Millán J, Friedrichs P, Mihaila A, et al. High-voltage SiC devices: Diodes and MOSFETs[C]//2015 International Semiconductor Conference (CAS). Sinaia, Romania. IEEE, 2015: 11 – 18.

[24] Hull B A, Henning J, Jonas C, et al. 1 700 V 4H-SiC MOSFETs and Schottky diodes for next generation power conversion applications[C]//2011 Twenty-Sixth Annual IEEE Applied Power Electronics Conference and Exposition (APEC). Fort Worth, TX, USA. IEEE, 2011: 1042 – 1048.

[25] Sabri S, Brunt E V, Barkley A, et al. New generation 6. 5 kV SiC power MOS-FET[C]//2017 IEEE 5th Workshop on Wide Bandgap Power Devices and Applications (WiPDA). Albuquerque, NM, USA. IEEE, 2017: 246 – 250.

[26] Vechalapu K, Bhattacharya S, Brunt E V, et al. Comparative evaluation of 15-kV SiC MOSFET and 15-kV SiC IGBT for medium-voltage converter under the same dv/dt conditions[J]. IEEE Journal of Emerging and Selected Topics in Power Electronics, 2017, 5(1): 469 – 489.

[27] 张玉明，汤晓燕，宋庆文. 碳化硅功率器件研究现状[J]. 新材料产业，2015(10): 26 – 30.

[28] Lidow A, Strydom J, Rooij M, et al. GaN Transistors for Efficient Power Conversion[M]. [S. l.]: Wiley, 2014.

[29] Meneghini M, Meneghesso G, Zanoni E. Power GaN Devices[M]. Switzerland: Springer, 2017.

[30] Huang S, Jiang Q M, Yang S, et al. Mechanism of PEALD-grown AlN passivation for AlGaN/GaN HEMTs: Compensation of interface traps by polarization charges[J]. IEEE Electron Device Letters, 2013, 34(2): 193 – 195.

[31] Aminbeidokhti A，Dimitrijev S，Hanumanthappa A K，et al. Gate-voltage independence of electron mobility in power AlGaN/GaN HEMTs[J]. IEEE Transactions on Electron Devices，2016，63(3)：1013 – 1019.

[32] Zhang N Q，Moran B，DenBaars S P，et al. Effects of surface traps on breakdown voltage and switching speed of GaN power switching HEMTs[C]//International Electron Devices Meeting. Technical Digest (Cat. No. 01CH37224). Washington, DC，USA. IEEE，2002：25. 5. 1 – 25. 5. 4.

[33] Zetterling C M，Dahlquist F，Lundberg N，et al. Junction barrier Schottky diodes in 6H SiCs[J]. Solid-State Electronics，1998，42(9)：1757 – 1759.

[34] Held R，Kaminski N，Niemann E. SiC merged p-n/schottky rectifiers for high voltage applications[J]. Materials Science Forum，1998，264 – 268：1057 – 1060.

[35] Rupp R，Treu M，Voss S，et al. "2nd Generation" SiC Schottky diodes：A new benchmark in SiC device ruggedness[C]//2006 IEEE International Symposium on Power Semiconductor Devices and IC's. Naples，Italy. IEEE，2006：1 – 4.

[36] Draghici M，Rupp R，Gerlach R，et al. A new 1200V SiC MPS diode with improved performance and ruggedness[J]. Materials Science Forum，2015，821 – 823：608 – 611.

[37] Hull B A，Sumakeris J J，O'Loughlin M J，et al. Performance and stability of large-area 4H-SiC 10-kV junction barrier Schottky rectifiers[J]. IEEE Transactions on Electron Devices，2008，55(8)：1864 – 1870.

[38] Lutz J，Baburske R. Some aspects on ruggedness of SiC power devices[J]. Microelectronics Reliability，2014，54(1)：49 – 56.

[39] Kimoto T，Yamada K，Niwa H，et al. Promise and challenges of high-voltage SiC bipolar power devices[J]. Energies，2016，9(11)：908.

[40] Rupp R，Gerlach R，Kabakow A，et al. Avalanche behaviour and its temperature dependence of commercial SiC MPS diodes：Influence of design and voltage class [C]//2014 IEEE 26th International Symposium on Power Semiconductor Devices and IC's (ISPSD). Waikoloa，HI，USA. IEEE，2014：67 – 70.

[41] Palanisamy S，Kowalsky J，Lutz J，et al. Repetitive surge current test of SiC MPS diode with load in bipolar regime[C]//2018 IEEE 30th International Symposium on Power Semiconductor Devices and ICs (ISPSD). Chicago，IL，USA. IEEE，2018：367 – 370.

[42] Banu V，Soler V，Montserrat J，et al. Power cycling analysis method for high-voltage SiC diodes[J]. Microelectronics Reliability，2016，64：429 – 433.

[43] Friedrichs P. SiC power devices as enabler for high power density — aspects and

prospects[J]. Materials Science Forum, 2014, 778: 1104 - 1109.

[44] Palanisamy S, Fichtner S, Lutz J, et al. Various structures of 1200V SiC MPS diode models and their simulated surge current behavior in comparison to measurement[C]//2016 28th International Symposium on Power Semiconductor Devices and ICs (ISPSD). Prague, Czech Republic. IEEE, 2016: 235 - 238.

[45] Rupp R, Treu M, Voss S, et al. "2nd Generation" SiC Schottky diodes: A new benchmark in SiC device ruggedness[C]//2006 IEEE International Symposium on Power Semiconductor Devices and IC's. Naples, Italy. IEEE, 2006: 1 - 4.

[46] Rupp R, Björk F, Deboy G, et al. A new generation of SiC Schottky diodes with improved thermal management and reduced capacitive losses[J]. Materials Science Forum, 2010: 885 - 888.

[47] Rupp R , Gerlach R , Kirchner U ,et al. Performance of a 650V SiC diode with reduced chip thickness[C]//ICSCRM 2011. International conference on silicon carbide and related materials, 2012.

[48] Draghici M, Rupp R, Gerlach R, et al. A new 1200V SiC MPS diode with improved performance and ruggedness[J]. Materials Science Forum, 2015: 608 - 611.

[49] Rupp R, Elpelt R, Gerlach R, et al. A new SiC diode with significantly reduced threshold voltage[C]//2017 29th International Symposium on Power Semiconductor Devices and IC's (ISPSD). Sapporo, Japan. IEEE, 2017: 355 - 358.

[50] Elpelt R, Draghici M, Gerlach R, et al. SiC MPS devices: One step closer to the ideal diode[J]. Materials Science Forum, 2018, 924: 609 - 612.

[51] Shibahara K, Saito T, Nishino S, et al. Fabrication of inversion-type n-channel MOSFET's using cubic-SiC on Si[J]. IEEE Electron Device Letters, 1986, 7 (12): 692 - 693.

[52] Sheppard S T, Melloch M R, Cooper J A. Characteristics of inversion-channel and buried-channel MOS devices in 6H-SiC[J]. IEEE Transactions on Electron Devices, 1994, 41(7): 1257 - 1264.

[53] Pan J N, Cooper J A, Melloch M R. Self-aligned 6H-SiC MOSFETs with improved current drive[J]. Electronics Letters, 1995, 31(14): 1200.

[54] Cooper J A, Tamaki T, Walden G G, et al. Power MOSFETs, IGBTs, and thyristors in SiC: Optimization, experimental results, and theoretical performance [C]//2009 IEEE International Electron Devices Meeting (IEDM). Baltimore, MD, USA. IEEE, 2009: 1 - 4.

[55] Rescher G, Pobegen G, Aichinger T, et al. On the subthreshold drain current sweep hysteresis of 4H-SiC nMOSFETs[C]//2016 IEEE International Electron Devices Meet-

ing (IEDM). San Francisco, CA, USA. IEEE, 2016: 10. 8. 1 – 10. 8. 4.

[56] Ueno K, Asai R, Tsuji T. 4H-SiC MOSFETs utilizing the H2 surface cleaning technique[J]. IEEE Electron Device Letters, 1998, 19(7): 244 – 246.

[57] Hazra S, De A K, Cheng L, et al. High switching performance of 1 700-V, 50-a SiC power MOSFET over Si IGBT/BiMOSFET for advanced power conversion applications [J]. IEEE Transactions on Power Electronics, 2016, 31(7): 4742 – 4754.

[58] 黄润华, 陶永洪, 柏松, 等. 1200 V 碳化硅 MOSFET 设计[J]. 固体电子学研究与进展, 2016, 36(6): 435 – 438.

[59] 柏松, 黄润华, 陶永洪, 等. SiC 功率 MOSFET 器件研制进展[J]. 电力电子技术, 2017, 51(8): 1 – 3.

[60] Wang J, Huang A, Sung W, et al. Smart grid technologies[J]. IEEE Industrial Electronics Magazine, 2009, 3(2): 16 – 23.

[61] Han L B, Liang L, Kang Y, et al. A review of SiC IGBT: Models, fabrications, characteristics, and applications[J]. IEEE Transactions on Power Electronics, 2021, 36(2): 2080 – 2093.

[62] Madhusoodhanan S, Mainali K, Tripathi A, et al. Harmonic analysis and controller design of 15 kV SiC IGBT-based medium-voltage grid-connected three-phase three-level NPC converter[J]. IEEE Transactions on Power Electronics, 2017, 32 (5): 3355 – 3369.

[63] Brunt E V, Cheng L, O'Loughlin M, et al. 22 kV, 1 cm², 4H-SiC n-IGBTs with improved conductivity modulation[C]//2014 IEEE 26th International Symposium on Power Semiconductor Devices & IC's (ISPSD). IEEE, 2014.

[64] Matsunaga S, Mizushima T, Takenaka K, et al. Low von 17kV SiC IGBT assisted n-MOS thyristor[C]//2019 IEEE International Electron Devices Meeting (IEDM). San Francisco, CA, USA. IEEE, 2019: 20. 2. 1 – 20. 2. 4.

[65] Yang X L, Li S Y, Liu H, et al. Low Ron, sp. diff and Ultra-high Voltage 4H-SiC n-channel IGBTs with carrier lifetime enhancement process[C]//2020 17th China International Forum on Solid State Lighting & 2020 International Forum on Wide Bandgap Semiconductors China (SSLChina: IFWS). Shenzhen, China. IEEE, 2020: 42 – 44.

[66] Yoshida S, Ikeda N, Li J, et al. A new GaN based field effect Schottky barrier diode with a very low on-voltage operation[C]//2004 Proceedings of the 16th International Symposium on Power Semiconductor Devices and ICs. Kitakyushu, Japan. IEEE, 2004: 323 – 326.

[67] Lee S C, Ha M W, Her J C, et al. High breakdown voltage GaN Schottky barrier

diode employing floating metal rings on AlGaN/GaN hetero-junction[C]//Proceedings of ISPSD'05. The 17th International Symposium on Power Semiconductor Devices and ICs. Santa Barbara, CA. IEEE, 2005: 247 - 250.

[68] Kamada A, Matsubayashi K, Nakagawa A, et al. High-voltage AlGaN/GaN Schottky barrier diodes on Si substrate with low-temperature GaN cap layer for edge termination[C]//2008 20th International Symposium on Power Semiconductor Devices and IC's. Orlando, FL, USA. IEEE, 2008: 225 - 228.

[69] Ha M W, Woo H, Roh C H, et al. 1. 5-kV (reverse breakdown) AlGaN/GaN lateral Schottky barrier diode on a Si substrate by surface-O_2 treatment[C]//25th International Vacuum Nanoelectronics Conference. Jeju, Korea (South). IEEE, 2012: 1 - 2.

[70] Tsou C W, Wei K P, Lian Y W, et al. 2. 07 kV AlGaN/GaN Schottky barrier diodes on silicon with high Baliga's figure-of-merit[J]. IEEE Electron Device Letters, 2016, 37(1): 70 - 73.

[71] Xu R, Chen P, Liu M H, et al. 3. 4 kV AlGaN/GaN Schottky barrier diode on silicon substrate with engineered anode structure[J]. IEEE Electron Device Letters, 2021, 42(2): 208 - 211.

[72] Xiao M, Ma Y W, Liu K, et al. 10 kV, 39 mΩ • cm^2 multi-channel AlGaN/GaN Schottky barrier diodes[J]. IEEE Electron Device Letters, 2021, 42(6): 808 - 811.

[73] Nomoto K, Hu Z, Song B, et al. GaN-on-GaN p-n power diodes with 3. 48 kV and 0. 95 mΩ-cm^2: A record high figure-of-merit of 12. 8 GW/cm^2 [C]//2015 IEEE International Electron Devices Meeting (IEDM). Washington, DC, USA. IEEE, 2015: 9. 7. 1 - 9. 7. 4.

[74] Saitoh Y, Sumiyoshi K, Okada M, et al. Extremely low on-resistance and high breakdown voltage observed in vertical GaN Schottky barrier diodes with high-mobility drift layers on low-dislocation-density GaN substrates[J]. Applied Physics Express, 2010, 3(8): 081001.

[75] Zhang Y, Sun M, Liu Z, et al. Novel GaN trench MIS barrier Schottky rectifiers with implanted field rings[C]//2016 IEEE International Electron Devices Meeting (IEDM). San Francisco, CA, USA. IEEE, 2016: 10. 2. 1 - 10. 2. 4.

[76] Koehler A D, Anderson T J, Tadjer M J, et al. Vertical GaN junction barrier Schottky diodes[J]. ECS Journal of Solid State Science and Technology, 2016, 6 (1): Q10 - Q12.

[77] Zhang Y H, Liu Z H, Tadjer M J, et al. Vertical GaN junction barrier Schottky rectifiers by selective ion implantation[J]. IEEE Electron Device Letters, 2017,

38(8): 1097 - 1100.

[78] Hayashida T, Nanjo T, Furukawa A, et al. Vertical GaN merged PiN Schottky diode with a breakdown voltage of 2 kV[J]. Applied Physics Express, 2017, 10 (6): 061003.

[79] Dang G T, Zhang A P, Ren F, et al. High voltage GaN Schottky rectifiers[J]. IEEE Transactions on Electron Devices, 2000, 47(4): 692 - 696.

[80] Zhang Y, Sun M, Piedra D, et al. GaN-on-Si vertical Schottky and p-n diodes[J]. IEEE Electron Device Letters, 2014, 35(6): 618 - 620.

[81] Zhang Y, Wong H Y, Sun M, et al. Design space and origin of off-state leakage in GaN vertical power diodes[C]//2015 IEEE International Electron Devices Meeting (IEDM). Washington, DC, USA. IEEE, 2015: 35.1.1 - 35.1.4.

[82] Hu J, Zhang Y H, Sun M, et al. Materials and processing issues in vertical GaN power electronics[J]. Materials Science in Semiconductor Processing, 2018, 78: 75 - 84.

[83] Zou X B, Zhang X, Lu X, et al. Breakdown ruggedness of quasi-vertical GaN-based piN diodes on Si substrates[J]. IEEE Electron Device Letters, 2016, 37 (9): 1158 - 1161.

[84] Ben-Yaacov I, Seck Y K, Mishra U K, et al. AlGaN/GaN current aperture vertical electron transistors with regrown channels[J]. Journal of applied physics, 2004, 95(4): 2073 - 2078.

[85] Shibata D, Kajitani R, Ogawa M, et al. 1.7 kV/1.0 mΩ·cm^2 normally-off vertical GaN transistor on GaN substrate with regrown P-GaN/AlGaN/GaN semipolar gate structure[C]//2016 IEEE International Electron Devices Meeting (IEDM). San Francisco, CA, USA. IEEE, 2016: 10.1.1 - 10.1.4.

[86] Sun M, Zhang Y H, Gao X, et al. High-performance GaN vertical fin power transistors on bulk GaN substrates[J]. IEEE Electron Device Letters, 2017, 38(4): 509 - 512.

[87] Asif Khan M, Bhattarai A, Kuznia J N, et al. High electron mobility transistor based on a GaN-AlxGa1-xN heterojunction[J]. Applied Physics Letters, 1993, 63 (9): 1214 - 1215.

[88] Zhang N Q, Moran B, DenBaars S P, et al. Effects of surface traps on breakdown voltage and switching speed of GaN power switching HEMTs[C]//International Electron Devices Meeting. Technical Digest (Cat. No.01CH37224). Washington, DC, USA. IEEE, 2002: 25.5.1 - 25.5.4.

[89] Yamaoka Y, Ito K, Ubukata A, et al. Relationship between Al content of AlGaN

buffer layer on top of initial AlN nucleation layer on Si and vertical leakage current of AlGaN/GaN high-electron-mobility transistor structures[C]//2016 Compound Semiconductor Week (CSW). Toyama, Japan. IEEE, 2016: 1 - 2.

[90] Heuken L, Kortemeyer M, Ottaviani A, et al. Analysis of an AlGaN/AlN super-lattice buffer concept for 650 V low-dispersion and high-reliability GaN HEMTs [J]. IEEE Transactions on Electron Devices, 2020, 67(3): 1113 - 1119.

[91] Mukherjee S, Kanaga S, DasGupta N, et al. Optimization of C doped buffer layer to minimize current collapse in A10. 83 I n0. 17 N/GaN HEMT by studying drain lag transients[C]//2020 IEEE Workshop on Wide Bandgap Power Devices and Applications in Asia (WiPDA Asia). Suita, Japan. IEEE, 2020: 1 - 6.

[92] Romero M F , Jimenez A , Miguel-Sanchez J ,et al. Effects of N2 plasma pre-treatment on the SiN passivation of AlGaN/GaN HEMT[J]. Electron Device Letters IEEE, 2008, 29(3):209 - 211

[93] Nakano K, Hanawa H, Horio K. Analysis of breakdown characteristics of Al-GaN/GaN HEMTs with double passivation layers[C]//2018 1st Workshop on Wide Bandgap Power Devices and Applications in Asia (WiPDA Asia). Xi'an, China. IEEE, 2018: 131—134.

[94] Lanford W B, Tanaka T, Otoki Y, et al. Recessed-gate enhancement-mode GaN HEMT with high threshold voltage[J]. Electronics Letters, 2005, 41(7): 449.

[95] Cai Y, Zhou Y G, Chen K J, et al. High-performance enhancement-mode AlGaN/GaN HEMTs using fluoride-based plasma treatment[J]. IEEE Electron Device Letters, 2005, 26(7): 435 - 437.

[96] Saito W, Takada Y, Kuraguchi M, et al. Recessed-gate structure approach toward normally off high-Voltage AlGaN/GaN HEMT for power electronics applications[C]//IEEE Transactions on Electron Devices. IEEE, 2006: 356 - 362.

[97] Hu X, Simin G, Yang J, et al. Enhancement mode AlGaN/GaN HFET with selectively grown pn junction gate[J]. Electronics Letters, 2000, 36(8): 753.

[98] Infineon Technologies, Inc. IGLD60R070D1 600 V CoolGaN™ enhancement-mode Power Transistor datasheet [DB/OL] . [2023 - 03 - 16]. https://www. infineon. com/dgdl/Infineon-IGLD60R070D1-DataSheet-v02_12. EN. pdf. 2021.

[99] Miceli G, Pasquarello A. Self-compensation due to point defects in Mg-doped GaN [J]. Physical Review B, 2016, 93(16): 165207.

[100] Seghier D, Gislason H P. Electrical characterisation of Mg-related energy levels and compensation mechanism in Mg-doped GaN[C]//Semiconducting and Insulating Materials 1998. Proceedings of the 10th Conference on Semiconducting and

Insulating Materials (SIMC-X) (Cat. No. 98CH36159). Berkeley, CA, USA. IEEE, 2002: 255 - 258.

[101] Hiyoshi T, Uchida K, Sakai M, et al. Gate oxide reliability of 4H-SiC V-groove trench MOSFET under various stress conditions[C]//2016 28th International Symposium on Power Semiconductor Devices and ICs (ISPSD). Prague, Czech Republic. IEEE, 2016: 39 - 42.

[102] Noguchi M, Iwamatsu T, Amishiro H, et al. Determination of intrinsic phonon-limited mobility and carrier transport property extraction of 4H-SiC MOSFETs [C]//2017 IEEE International Electron Devices Meeting (IEDM). San Francisco, CA, USA. IEEE, 2017: 9.3.1 - 9.3.4.

[103] Soler V, Cabello M, Montserrat J, et al. 4.5 kV SiC MOSFET with boron doped gate dielectric[C]//2016 28th International Symposium on Power Semiconductor Devices and ICs (ISPSD). Prague, Czech Republic. IEEE, 2016: 283 - 286.

[104] Pomès E, Reynès J M, Tounsi P, et al. Interest of surface treatment at gate oxide level for power MOSFETs quality and reliability[C]//ICM 2011 Proceeding. Hammamet, Tunisia. IEEE, 2011: 1 - 6.

[105] Tong X, Liu S Y, Sun W F, et al. New failure mechanism induced by current limit for superjunction MOSFET under single-pulse UIS stress[J]. IEEE Transactions on Electron Devices, 2021, 68(7): 3483 - 3489.

[106] JEDEC Solid State Technology Association. JEP173.1 - 2019. Test Method for Continuous-Switching Evaluation of Gallium Nitride Power Conversion Devices, Version 1.0 [S]. Arlington, USA: JEDEC, 2004.

[107] JEDEC Solid State Technology Association. JEP182.1 - 2021. Dynamic ON-Resistance Test Method Guidelines for GaN HEMT based Power Conversion Devices, Version 1.0 [S]. Arlington, USA: JEDEC, 2004.

第 2 章 宽禁带器件可靠性探测表征方法

2.1 步进红外热成像法

基于红外可视化技术的步进红外热成像法可用于对整个功率器件雪崩过程中热量的产生、移动和积累进行详细的监测。本节将详细介绍步进红外热成像法的原理及如何采用该方法分析 SiC 器件的热可靠性。

2.1.1 步进红外热成像法原理

SiC 材料的宽禁带特性以及良好的热导率使 SiC 半导体非常适合用于高温环境。SiC 功率器件应用于实际电路中时,会产生一定的功率损耗,当器件产生的损耗大于相应散热条件下器件可耗散掉的功率时,能量会随时间而积累在器件中,导致器件内部的温度逐渐升高,甚至远远高于环境温度,这就是我们常说的自热效应。自热效应会使器件性能发生退化,当器件结温达到一定的程度,器件极有可能发生热失效。

稳态工作时,器件热失效的机制主要有两种:(1) 若只考虑 SiC 半导体材料而不考虑制造器件的其他材料,当器件内部的结温高到一定程度,器件的本征载流子浓度达到与掺杂浓度相比拟的数量级时,电流会迅速增大,增大的电流将使电路产生更大损耗,引起更大的温升,导致电流进一步增大,从而形成一个正反馈,器件的温度会很快超过半导体材料的温度,从而引起器件内部发生热失效;(2) 如果考虑制造器件的其他材料或者封装材料,器件可应用的结温将更加低,当器件的结温达到制造器件的金属材料或者封装材料的熔点时,器件就已经发生失效。此外,如果器件参数如沟道宽度、栅压偏置等不均匀,会使温度分布发生改变,从而导致局部温度过高而使器件更容易失效。所以分析 SiC 器件的热可靠性可以为器件具体的仿真研究及今后的实验研究奠定较为完善的理论基础。

研究表明,近 60% 的功率器件的失效是由温度引起的。在正常工作温度范围内,温度每上升 10 ℃,功率器件失效概率以 2 倍速率上升。因此,实时获取功率器件的结温,使其在阈值温度以下工作,对于降低功率模块受到热冲击损伤的风险、提高功率模块的可靠性具有重要意义。除此之外,功率器件结温作为一种重要信息,广泛应用于功率模块疲劳寿命估算、健康状态监控、预测维护等。

步进红外热成像法是预测功率模块温度的一种重要方法。相比其他测温方法,步进红外热成像法精度较高且可获取温度分布信息,经常用来验证模块的散热优化设计及其他测温方法的精度。

步进红外热成像法采用的设备是红外热成像仪,其是采用红外热成像技术,通过测量目标物体的红外辐射,再采用光电转换、信号处理等手段,将目标物体的热分布数据转换成视频图像的设备。智能无线高性能红外热像仪照片及高分辨率、高灵敏度热像仪细节图如图 2.1 所示。

 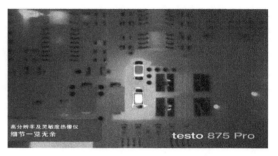

(a) 智能无线高性能红外热像仪照片　　　　(b) 高分辨率及灵敏度热像仪细节图

图 2.1　热像仪照片和热像仪细节图

红外热成像仪的具体工作过程是,通过光学成像系统接收被测目标的红外辐射能量,然后将其作用于红外探测器的光敏元件上,通过后继电路和信号处理后获得红外热像图。其本质就是对红外波段的能量进行成像,然后通过伪着色处理,用不同颜色表示不同温度,从而直观地看到物体表面的温度分布情况。红外热成像仪不仅能实现非接触式测温,且测量精度可控制在 ±0.2 ℃。

虽然我们对红外热成像仪的印象一般停留在体温检测上,但红外热成像仪在其他领域也有很多应用,如可用于对化工企业高空污染源和罐区顶部挥发性有机物排放进行远距离检测检查,红外热成像仪可测量温度和进行热状态分析,为执法人员远距离、无接触现场执法检提供便利;在医学领域,红外热成像仪可以通过热成像诊断系统采集人体红外辐射,并转换成不同颜色的图像,从而反映疼痛的性质、程度、范围;红外热成像仪还可用于功率模块温度预测,判断器件的热可靠性及最终失效点,应用于电路板细节图如图 2.2 所示。

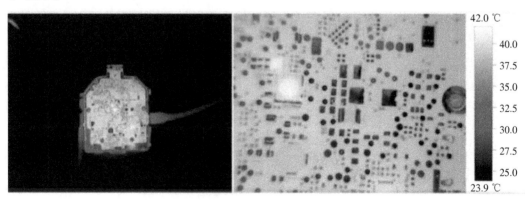

图 2.2　红外热成像法应用于电路板细节图

2.1.2　步进红外热成像法测试

东南大学团队在 2020 年提出了一种步进控制热成像法,用于捕捉极限单脉冲雪崩应力下高压 SiC-MOS 的具体损伤区域及其动态转移过程。该方法不同于传统针对失效后的器件进行剥层定位仅能判断最终失效位置的方法,它可利用电应力过程中器件损伤位置发热或发射光子的现象,结合时序控制电路,将应力过程步进分割为若干时间段,采用高精度红外热像仪或微光显微镜(EMMI)逐步清晰界定每个时间段结束瞬间器件损伤区域及其动态转移过程。测试设置照片如图 2.3 所示。

图 2.3　步进红外热成像法的测试设置照片

利用该方法作对比研究发现,Si 基超结 MOS 在单脉冲雪崩应力下,具体损伤区域会从元胞区逐步转移到终端区,进而导致终端附近的寄生 BJT 开启失效,而 SiC 基 MOS 单脉冲雪崩应力的损伤位置一直集中在元胞区,最终导致源极焊点附近铝金属熔化失效。图 2.4 所示为采用步进控制热成像法,650 V Si 基超结 MOS 在 6 A 单脉冲雪崩应力下 5 μs、10 μs、15 μs 瞬间的应力损伤位置的红外热成像分布图。图 2.5 所示为采用步进控制热成像法,1.2 kV SiC-MOS 在 10 A 单脉冲雪崩应力下 5 μs、10 μs、15 μs 瞬间的应力损伤位置的红外热成像分布图。

图 2.4　650 V Si 基超结 MOS 在 6 A 单脉冲雪崩应力下 5 μs、10 μs、15 μs 瞬间的
应力损伤位置的红外热成像分布图

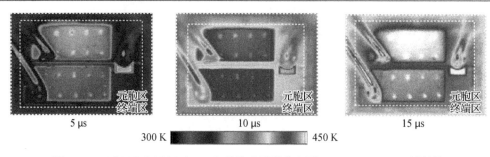

图 2.5　1.2 kV SiC-MOS 在 10 A 单脉冲雪崩应力下 5 μs、10 μs、15 μs 瞬间的
应力损伤位置的红外热成像分布图

2.2　阈值电压漂移法

2.2.1　阈值电压漂移法原理

在研究动态栅应力对 SiC 功率 MOSFET 的具体影响之前，首先应了解器件在静态栅偏置应力下的退化现象及机理。我们采用阈值电压漂移法探究 SiC 功率 MOSFET 在栅应力下的退化现象。

在亚阈值区，器件的电流可以表示为式（2.1）：

$$I_D = \mu_n (W/L)(\alpha C_{ox}/2\beta^2)(n_i/N_A)^2(1-e^{-\beta V_D})e^{\beta \varphi_s}(\beta \varphi_s)^{-1/2} \tag{2.1}$$

式中

$$\alpha = \frac{\varepsilon}{L_D \cdot C_{ox}} \tag{2.2}$$

$$\beta = \frac{q}{kT} \tag{2.3}$$

其中，μ_n 为反型层电子迁移率，W 为器件宽度，L 为沟道长度，ε 为介电常数，L_D 为德拜长度，C_{ox} 为栅氧电容值，n_i 为本征载流子浓度，N_A 为受主掺杂浓度，φ_s 为半导体表面势，V_D 为漏极电压值。

对于制作完成的 SiC 功率 MOSFET，在恒定 V_D 条件下，式（2.1）中的其他参数都是定值，I_D 只随着 φ_s 变化。在亚阈值区，电流随 φ_s 呈指数变化，φ_s 的微小变化就会引起 I_D 的突变，这也是通常采用亚阈值曲线判断沟道界面损伤的原因。器件的 φ_s 可以表示为：

$$\varphi_s = (V_G - V_{FB} - V_{OT} - V_{IT})$$
$$- \alpha^2/2\beta\{[1+4/\alpha^2(\beta(V_G-V_{FB}-V_{OT}-V_{IT})-1)]^{1/2}-1\} \tag{2.4}$$

式中 V_{FB} 为半导体平带电压，V_{OT} 为界面注入电荷的等效电压，V_{IT} 为界面态引起的等效电压。额外产生的界面注入电荷以及带电状态下的界面态将引起 φ_s 的变化，进而影响器件的亚阈值输出转移曲线。沟道区注入的界面电荷在全栅压偏置范围内都显电性，V_{OT} 为定值，因此界面注入电荷造成亚阈值曲线整体漂移，斜率几乎不变，如图 2.6 所示。注入的正电荷使曲线整体负移，注入的负电荷使曲线整体正移。

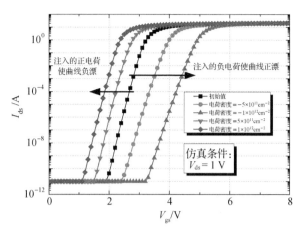

图 2.6　在 SiC 功率 MOSFET 的沟道区氧化层中加入不同密度的电荷引起的亚阈值曲线漂移情况

2.2.2　阈值电压漂移法测试

本小节将结合经过不同应力作用后的 SiC 功率 MOSFET 的 C_g-V_g 曲线退化实测结果，验证阈值电压漂移方法的实用性。这里采用了 SiC 功率 MOSFET 承受恒定栅偏置应力(BTS)的退化实验结果。

如图 2.7 所示，器件在正栅偏置应力(PBTS)下的退化速度要远小于负栅偏置应力(NBTS)下的退化速度。同时，NBTS 引起的 V_{th} 负漂相较于 PBTS 引起的 V_{th} 正漂更值得引起关注，因为逐渐降低的 V_{th} 会引起泄漏电流的增大，使器件的阻断特性变差。因此为了简便，这里只研究 NBTS 对器件的影响。

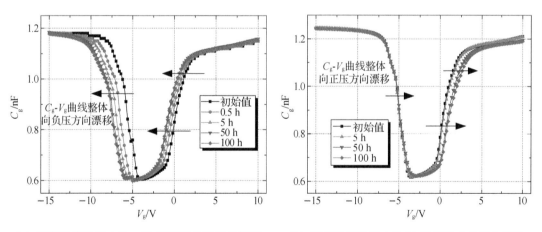

（a）恒定栅偏置应力为 -25 V 时的曲线退化情况　　　（b）恒定栅偏置应力为 30 V 时的曲线退化情况

图 2.7　SiC 功率 MOSFET 在 175 ℃ 壳温下的 C_g-V_g 曲线退化情况

在 T_a=150 ℃ 条件下对 SiC 功率 MOSFET 加载 V_{gs} = -20 V 的恒定偏置电压，测量不同时间节点下器件的输出转移曲线，如图 2.8 所示。随着应力时间的加长，器件的输出转移曲线不断负漂，意味着沟道区的栅氧化层中有正电荷注入。实际上由于 NBTS 是均匀作用于整个栅氧界面,因此不仅仅是沟道区,JFET 区的氧化层也有正电荷注入。

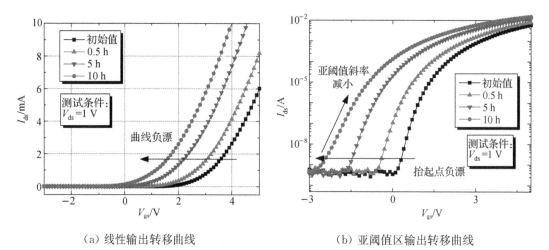

(a) 线性输出转移曲线　　　　　　　　(b) 亚阈值区输出转移曲线

图 2.8　SiC 功率 MOSFET 在不同时间节点的线性输出转移曲线和亚阈值区输出转移曲线

注:$T_a = 150\ ℃, V_{gs} = -20\ V$。

观察图 2.8(b),随着栅应力时间的加长,SiC 功率 MOSFET 的亚阈值曲线除了发生负漂,其斜率也会逐渐变小,这是因为在应力过程中,伴随着正电荷的注入,器件栅氧的界面态数量也在增多。

图 2.9 为在不同时间节点测量得到的 C_g-V_g 曲线。随着应力时间的增加,曲线的 Ⅱ 区和 Ⅲ 区发生了明显负漂。

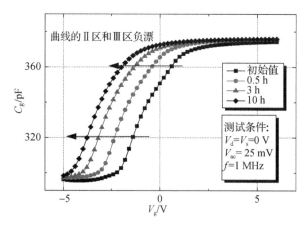

图 2.9　SiC 功率 MOSFET 在 $T_a = 150\ ℃, V_{gs} = -20\ V$ 恒定偏置应力下不同时间节点的 C_g-V_g 曲线

在不同时间节点下该器件的 I_{cp}(电荷泵电流)曲线也被监测,如图 2.10 所示,曲线发生了整体负漂,表明器件的沟道区和 JFET 区的栅氧中都有正电荷注入。图 2.8、图 2.9 和图 2.10 所示的现象吻合,证明 SiC 功率 MOSFET 在恒定负栅偏置应力下的主要退化机理确实为栅氧化层中正电荷的注入。

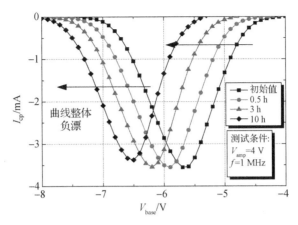

图 2.10　SiC 功率 MOSFET 在 $T_a=150\ ℃$,$V_{gs}=-20\ V$ 恒定偏置应力下不同时间节点的 I_{cp} 曲线

额外产生的界面态对亚阈值曲线的影响主要体现在斜率上。图 2.11(a) 和 (b) 分别显示了在 SiC 功率 MOSFET 沟道区界面处添加浅能级受主型界面态和施主型界面态造成的亚阈值曲线漂移情况。随着栅压的增加,越来越多的受主型界面态被电子占据,显负电性。因此栅压越高,电流越偏离初始值,宏观上主要表现为亚阈值斜率的减小。而施主型界面态在正栅压偏置下不显电性,因此对曲线没有影响。

通过对比可以发现,图 2.8(b) 中所示的 SiC 功率 MOSFET 的亚阈值输出转移曲线在恒定栅偏置应力下的退化趋势与图 2.6 和图 2.11(a) 所示的退化趋势类似,是二者的叠加。可以得出结论,SiC 功率 MOSFET 的在恒定栅偏置应力下的退化机理为应力过程中的电荷注入以及额外的界面态产生。

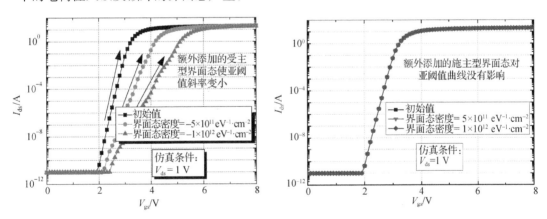

(a) 受主型界面态引起的亚阈值曲线漂移情况　　　(b) 施主型界面态引起的亚阈值曲线漂移情况

图 2.11　不同密度的受主型界面态和施主型界面态引起的亚阈值曲线漂移情况

2.3　分段 $C\text{-}V$ 表征法

传统的 $C\text{-}V$ 法是基于 MOS 电容结构或是横向 MOS 器件,根据高低频 $C_g\text{-}V_g$ 曲线

的漂移提取栅氧界面特性。然而对于已经制作完成的 SiC 功率 MOSFET,如图 2.12 所示,每一个对称元胞的表面是由 N^+ 源极-P 型体区-N^- 漂移区组成的 NPN MOS 结构和由 P 型体区-N^- 漂移区-P 型体区组成的 PNP MOS 结构构成。现有的 C-V 界面探测方法并不能同时区分沟道区和 JFET 区的界面损伤情况。通过实验可以发现,SiC/SiO_2 界面的损伤会引起表面电容(栅极电容)曲线的漂移,这些漂移与界面损伤位置和注入电荷种类存在对应关系。本小节将基于栅电容特性与栅压关系(C_g-V_g)曲线,尝试建立一种适用于 SiC 功率 MOSFET 的新型界面损伤探测方法,该方法可区分沟道区和 JFET 区的界面退化,同时可以提取栅氧中注入的电荷种类及密度。

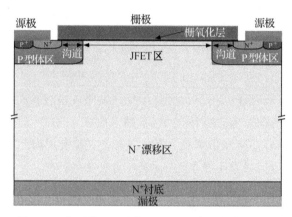

图 2.12　典型的 SiC 功率 MOSFET 剖面结构示意图

2.3.1　分段 C-V 表征法原理

典型的 SiC 功率 MOSFET 的 C_g-V_g 曲线如图 2.13 所示。该曲线是使用 Aglient LCR 表测量得到的。测量条件是 V_s＝V_d＝0 V,频率为 1 MHz,将一个 25 mV 的交流电压小信号(V_{ac})加载在栅上探测电容值。可以看到,C_g-V_g 曲线随着 V_g 从正向负变化呈现先下降再上升的变化趋势。这是由于不同栅压条件下沟道区和 JFET 区栅氧界面处的 SiC 半导体处于不同的反型、积累或者耗尽状态。

SiC 功率 MOSFET 的电容组成示意如图 2.14 所示,这里只考虑了最主要的本征电容,即 C_{gs}、C_{gd} 和漏源电容(C_{ds})。这里忽略封装电容等不随表面状态的变化而改变的恒定寄生电容。对于 SiC 功率 MOSFET 的平栅型器件结构,C_{gs} 近似等于沟道区的表面电容,由沟道区的栅氧电容(C_{oc})和沟道区的半导体耗尽层电容串联组成(C_{dc})。类似地,C_{gd} 近似由 JFET 区的栅氧电容(C_{oj})和半导体耗尽层电容(C_{dj})串联组成。C_{gd} 近似等于 P 型体区和 N^- 漂移区组成的 PN 结的结电容(C_j),但是在测量 C_g-V_g 特性时,源极与漏极接零电位,交流小信号加载在栅极上,C_{gd} 不会被测量到,因此在使用 C_g-V_g 法时不考虑 C_{gd}。

如图 2.13 所示,SiC 功率 MOSFET 的 C_g-V_g 曲线大致可以分为五个区域。图 2.15 展现了 SiC 功率 MOSFET 在不同栅压下的半导体表面状态。图 2.15(a)至图 2.15(e)分别与图 2.13 中 C_g-V_g 曲线的 I 区至 V 区的表面状态相对应。当栅极处于正向高压偏置时,

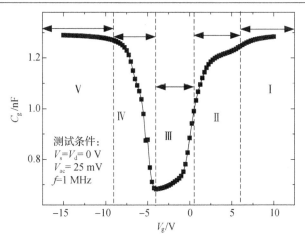

图 2.13　典型的 SiC 功率 MOSFET C_g-V_g 特性曲线

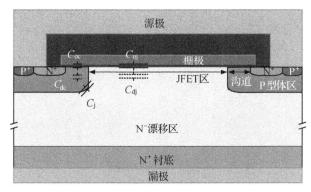

图 2.14　SiC 功率 MOSFET 电容分布示意图

沟道区表面电子聚集,处于反型状态,JFET 区表面积累电子,处于积累状态。此时,V_{ac} 引起栅氧下表面的充放电,C_g 为整个栅氧电容(C_{ox}),表达式为:

$$C_g = C_{oc} + C_{oj} \tag{2.5}$$

因此,在 C_g-V_g 曲线的 I 区,C_g 值一直保持较高。

随着栅压的降低,沟道表面的能带弯曲减弱,不足以形成电子反型层,沟道区处于耗尽状态,而 JFET 区表面仍处于电子积累状态。此时沟道区电容等于 C_{oc} 串联 C_{dc},JFET 区电容仍等于 C_{oj},C_g 可以表示为:

$$C_g = \cfrac{1}{\cfrac{1}{C_{oc}} + \cfrac{1}{C_{dc}}} + C_{oj} \tag{2.6}$$

C_{dc} 的存在,使得沟道区总电容下降,最终造成了 C_g 在 II 区的下降。

当栅压继续降低,JFET 区表面积累的空穴消失,JFET 区开始进入耗尽状态,JFET 区总电容大小等于 C_{oj} 与 C_{dj} 的串联值,此时 C_g 的表达式为:

$$C_g = \cfrac{1}{\cfrac{1}{C_{oc}} + \cfrac{1}{C_{dc}}} + \cfrac{1}{\cfrac{1}{C_{oj}} + \cfrac{1}{C_{dj}}} \tag{2.7}$$

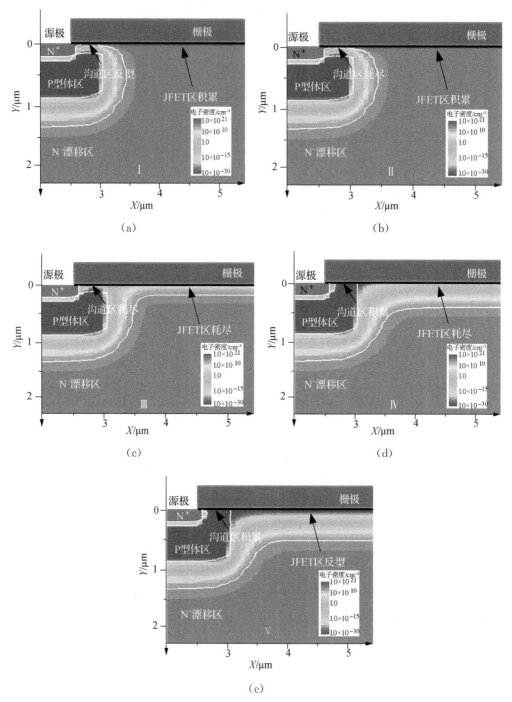

图 2.15 SiC 功率 MOSFET 处于不同栅压下的表面状态

注：随着栅压由高向低变化，依次出现(a) 沟道区反型，JFET 区积累，(b) 沟道区耗尽，JFET 区积累，(c) 沟道区耗尽，JFET 区耗尽，(d) 沟道区积累，JFET 区耗尽，(e) 沟道区积累，JFET 区反型五种状态。

虽然此时沟道区耗尽层在减小，使沟道区电容增大，但由于 JFET 区面积比沟道区面积大得多，其耗尽层扩展引起的电容减小占主导地位，因此 C_g 在 Ⅲ 区持续下降。

沟道区的耗尽层由于栅压继续减小而消失,使沟道区达到积累状态,同时 JFET 区的耗尽层继续向体内扩展,C_g 的表达式为:

$$C_g = C_{oc} + \cfrac{1}{\cfrac{1}{C_{oj}} + \cfrac{1}{C_{dj}}} \tag{2.8}$$

当 JFET 区耗尽层厚度达到最大值时,C_g 的值达到其最低点。

随后,JFET 区逐渐由耗尽状态向弱反型状态转变,C_g 的值在Ⅳ区回升。当栅压处于负向高压偏置时,JFET 区表面强反型,此时 V_{ac} 引起的充放电再次发生在栅氧下表面,如式(2.5)所示,C_g 再次等于 C_{oc}。所以在 $C_g\text{-}V_g$ 曲线的Ⅴ区,C_g 回到最高值,与Ⅰ区的值大致相同。

综上所述,$C_g\text{-}V_g$ 曲线随栅压的变化情况与沟道区和 JFET 区的不同表面状态一一对应。可以发现,$C_g\text{-}V_g$ 曲线的Ⅱ区主要受沟道区电容变化的影响,而Ⅲ区和Ⅳ区主要受 JFET 区电容变化的影响。基于这一特性,利用分段 $C_g\text{-}V_g$ 曲线能够分别判断应力过程中沟道区和 JFET 区栅氧界面的电荷注入情况,$C_g\text{-}V_g$ 曲线的Ⅱ区主要表征沟道区的退化,Ⅲ区和Ⅳ区主要表征 JFET 区的退化。

2.3.2　分段 *C-V* 表征法测试

本小节将利用 Silvaco 软件,通过仿真手段对分段 *C-V* 界面探测方法的正确性进行验证。通过在 SiC 功率 MOSFET 栅氧界面上方的氧化层的不同位置中加入额外的固定电荷,模拟现实应用中的氧化层电荷注入情况,观察 $C_g\text{-}V_g$ 曲线的变化情况。

图 2.16 显示了在沟道区上方的氧化层中分别加入不同密度的正负电荷时,$C_g\text{-}V_g$ 曲线产生的漂移情况。当沟道区氧化层有电荷注入时,$C_g\text{-}V_g$ 曲线变化主要出现在Ⅱ区。额外的负电荷注入使曲线的Ⅱ区向正压方向移动,注入密度越大,则曲线的漂移越明显,如图 2.16(a)所示。与之相反,当沟道区氧化层有正电荷注入时,$C_g\text{-}V_g$ 曲线的Ⅱ区会向负压方向漂移,注入密度越大,则漂移量越大。

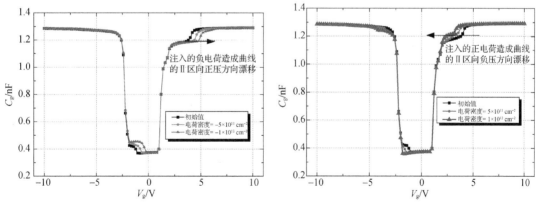

　　(a) 负电荷引起的 $C_g\text{-}V_g$ 曲线漂移　　　　　　(b) 正电荷引起的 $C_g\text{-}V_g$ 曲线漂移

图 2.16　在 SiC 功率 MOSFET 沟道区栅氧中加入不同密度的负电荷和正电荷引起的

C_g-V_g 曲线漂移情况

当 JFET 区上方的氧化层中有电荷注入时，主要对 C_g-V_g 曲线的Ⅲ区和Ⅳ区产生影响，如图 2.17 所示。JFET 区氧化层中注入的额外负电荷会引起 C_g-V_g 曲线的Ⅲ区和Ⅳ区向正方向漂移，而额外的正电荷会使曲线的Ⅲ区和Ⅳ区向负方向漂移。注入的电荷密度越大，则曲线的漂移越明显。

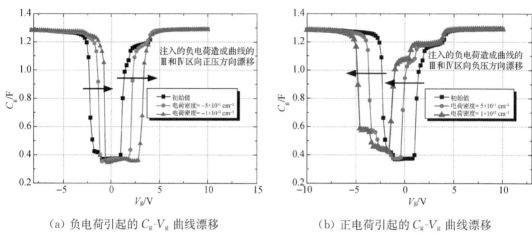

（a）负电荷引起的 C_g-V_g 曲线漂移　　　　（b）正电荷引起的 C_g-V_g 曲线漂移

图 2.17　在 SiC 功率 MOSFET JFET 区栅氧中加入不同密度的负电荷和
正电荷引起的 C_g-V_g 曲线漂移情况

在 SiC 功率 MOSFET 的整个栅氧界面注入额外电荷，观察 C_g-V_g 曲线的退化情况，如图 2.18 所示。可以看到，此时 C_g-V_g 曲线的漂移情况相当于分别在沟道区和 JFET 区上方栅氧注入电荷效果的叠加。C_g-V_g 曲线的Ⅱ区、Ⅲ区和Ⅳ区整体发生移动。栅氧中注入的额外负电荷会引起 C_g-V_g 曲线的Ⅱ区、Ⅲ区和Ⅳ区向正向漂移，而额外的正电荷会使曲线的这三个区域向负方向漂移。注入的电荷密度越大，则曲线的漂移越明显。

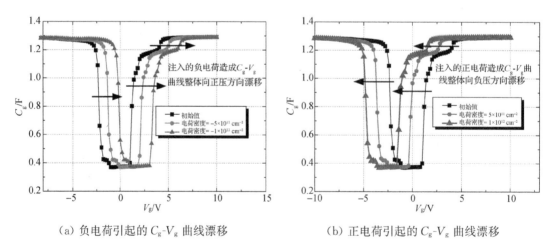

（a）负电荷引起的 C_g-V_g 曲线漂移　　　　（b）正电荷引起的 C_g-V_g 曲线漂移

图 2.18　在 SiC 功率 MOSFET 整个栅氧中加入不同密度的负电荷和
正电荷引起的 C_g-V_g 曲线漂移情况

　　由以上仿真结果可以初步得出结论,通过对比 C_g-V_g 曲线的 Ⅱ 区在应力前后的退化情况,可以判断 SiC 功率 MOSFET 的沟道区栅氧界面是否有损伤,并提取注入电荷的类型。而 C_g-V_g 曲线的 Ⅲ 区和 Ⅳ 区可以用来判断 JFET 栅氧界面的损伤情况。更进一步根据 C_g-V_g 曲线的漂移量,可进一步提取栅氧注入电荷的密度(ΔD),其表达式为:

$$\Delta D_{ot} = \frac{\Delta Q}{q} = \frac{\Delta V_g \cdot C_{ox}}{q} \tag{2.9}$$

其中,C_{ox} 为单位面积栅氧电容,ΔV_g 为 C_g-V_g 曲线在横轴上的电压漂移量,q 为电子电荷量,ΔQ 为栅氧注入电荷的总量。

　　这里分别采用了 SiC 功率 MOSFET 承受高温栅极偏置(High Temperature Gate Bias,HTGB)应力的退化实验结果以及承受重复非钳位电感开关(UIS)应力的退化实验结果。相关退化机理将在后续章节中详细研究。

　　图 2.19 展现的是承受如图 2.20 所示的重复 UIS 应力前后 SiC 功率 MOSFET 的 C_g-V_g 曲线的退化情况。由于重复 UIS 应力主要使正电荷注入器件的 JFET 区上方的栅氧化层中,且几乎不影响沟道区,因此随着应力次数的增加,C_g-V_g 曲线的 Ⅲ 区和 Ⅳ 区分别向负压方向漂移,而表征沟道区的 Ⅱ 区几乎不产生变化,这与图 2.17(b)的仿真结果保持一致。历经 10^5 次 UIS 应力循环后的 C_g-V_g 曲线的 Ⅲ 区和 Ⅳ 区的漂移量约为 4.5 V,该 SiC 功率 MOSFET 的 C_{ox} 约为 69 nF/cm^2,由式(2.9)可得注入 JFET 区栅氧中的正电荷密度约为 1.94×10^{12} cm^{-2}。

　　当 SiC 功率 MOSFET 承受 HTGB 应力时,整个栅氧化层中都会有电荷注入。图 2.21 所示分别为 SiC 功率 MOSFET 在 175 ℃ 环境温度下,分别在 -25 V 和 $+30$ V 恒定栅偏置电压(V_{gs})条件下的 C_g-V_g 曲线退化情况。正向偏置高温应力(Positive Bias Temperature Stress,PBTS)使栅氧中注入负电荷,造成 C_g-V_g 曲线的 Ⅱ 区、Ⅲ 区和 Ⅳ 区整体向正压方向漂移。而负向偏置高温应力(Negative Bias Temperature Stress,NBTS)使正电荷注入栅氧中,造成 C_g-V_g 曲线的负向漂移。这与图 2.18 所示的仿真结果一致。

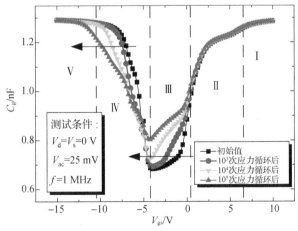

图 2.19　承受不同次数 UIS 应力后的 SiC 功率 MOSFET 的 C_g-V_g 曲线

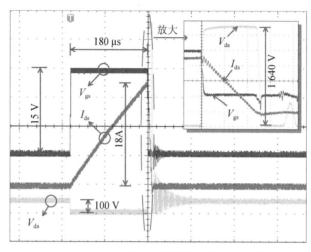

图 2.20　SiC 功率 MOSFET UIS 应力波形

　　需要指出的是,HTGB 应力存在恢复现象,因此图 2.21 中的 C_g-V_g 曲线左右漂移量不一致,尤其是承受 PBTS 应力后的 C_g-V_g 退化曲线,由于正压应力对器件影响小,造成的退化量较小,其 C_g-V_g 曲线的 IV 区几乎不发生漂移。为了减小退化恢复现象的影响,对于承受 PBTS 的器件,在测量 C_g-V_g 特性时采用从正到负的栅压扫描方式,对于承受 NBTS 的器件,采用从负到正的栅压扫描方式。根据 C_g-V_g 曲线的 I 区、II 区和 III 区的漂移情况已经可以进一步提取沟道区和 JFET 区的界面退化情况,研究退化易恢复的应力时,可以考虑缩短栅压扫描范围,只观测这三个区域在应力前后的漂移情况。这样可以减少退化恢复对实验结果的影响。对于重复 UIS 应力这样恢复缓慢的应力,则可以通过完整的 C_g-V_g 曲线全面表征器件的栅氧界面退化情况。

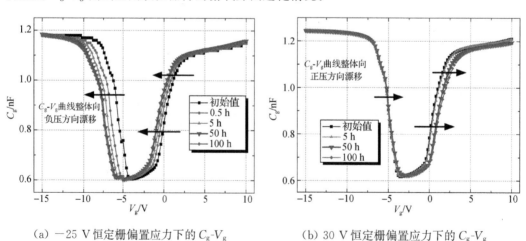

（a）−25 V 恒定栅偏置应力下的 C_g-V_g　　　　　（b）30 V 恒定栅偏置应力下的 C_g-V_g
　　　　曲线退化情况　　　　　　　　　　　　　　　　曲线退化情况

图 2.21　SiC 功率 MOSFET 在 175 ℃壳温下的 C_g-V_g 曲线退化情况

2.4　三端口电荷泵法

CP 法是另一种能够表征器件栅氧界面损伤的探测方法。该方法根据 I_{cp} 曲线在应力前后的变化情况探测界面不同区域注入的电荷和产生的界面态情况。传统 CP 法用于探测包含栅极、源极、漏极和衬底的四端口横向双扩散 MOSFET（Lateral Double-Defuse MOSFET，LDMOSFET），但是对于 SiC 功率 MOSFET 这样的纵向三端口器件该方法并不完全适用。目前，已有学者尝试使用 CP 法探测纵向 VDMOS 器件，但是对如何利用 CP 方法区分沟道区和 JFET 的栅氧界面损伤并没有得到完善的结论。本小节将对将 CP 法应用于 SiC 功率 MOSFET 界面损伤探测进行深入讨论。

2.4.1　三端口电荷泵法原理

在研究采用 CP 法探测 SiC 基 MOSFET 界面损伤之前，有必要了解传统四端口 CP 探测方法的基本原理。图 2.22 为传统四端口 CP 法探测横向 LDMOS 器件的接线示意图，此处以 N-LDMOS 器件为例。在进行 CP 测试时，LDMOS 器件的源极和漏极短接，在栅极施加一脉冲电压，在 P 型体区内的 Sub 端口接收 I_{cp}。当栅极电压由负到正变化时，器件的栅氧表面从空穴积累状态转变为电子积累转状态，此时有部分电子被界面态捕获。当栅极电压再次由正到负变化时，器件栅氧表面由电子积累状态转变为空穴积累转状态。如果这一过程足够快速，被陷阱捕获的电子由于需要较长的退陷时间，不能及时退回源极或漏极，仍然陷落在界面态中，将与来自 P 型体区的多子空穴复合。此时在 Sub 端口将形成复合电流，被电流计接收，这就是 I_{cp}。文中的 CP 测试使用 Keithley 4200 完成，N-LDMOS 器件（P 型衬底）的 I_{cp} 为正值，而 P-LDMOS 器件（N 型衬底）的 I_{cp} 为负值。

常用的 CP 栅脉冲加压方式有两种，一种是保持基准电压（V_{base}）不变，提升脉冲电压幅值（V_{amp}），简称为 A 模式，另一种是保持 V_{amp} 不变，不断提升 V_{base}，简称为 B 模式。典型的 A 模式和 B 模式加压方式及其作用于 N-LDMOS 器件产生的 I_{cp} 曲线分别如图 2.23（a）和图 2.23（b）所示。

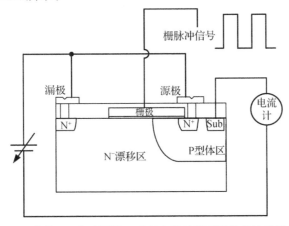

图 2.22　传统 CP 方法测量 LDMOS 器件界面损伤的接线示意图

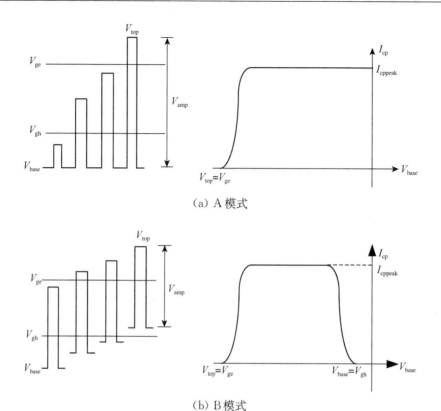

（a）A 模式

（b）B 模式

图 2.23　传统四端口 CP 测试在 A 模式与
B 模式下的栅脉冲加载方式及其产生的典型 I_{cp} 曲线示意图

图中 V_{gh} 是使得 MOS 结构表面刚好处于空穴积累状态所需的栅压,而 V_{ge} 是使得 MOS 结构表面刚好处于电子积累状态所需的栅压,V_{top} 是栅压脉冲的峰值,I_{cppeak} 是 I_{cp} 峰值。如前文所述,要想产生 I_{cp},必须使 MOS 表面在一个栅压脉冲周期内发生积累与反型状态的切换,即一个栅压脉冲范围要横跨 V_{ge} 与 V_{gh}:

$$V_{base} < V_{gh} \tag{2.10}$$

$$V_{top} = V_{base} + V_{amp} > V_{ge} \tag{2.11}$$

只有同时满足以上两个条件,才能探测到 I_{cp} 曲线。I_{cp} 与施加的栅压脉冲频率成正比,与被泵到的栅极下方区域面积成正比,与界面态密度(D_{it})成正比,可近似表示为:

$$
\begin{aligned}
I_{cp} &= \alpha \cdot q \cdot f \cdot A_g \cdot D_{it} \\
&= 2q \cdot f \cdot A_g \cdot D_{it} \cdot k \cdot T \cdot \ln\left(v \cdot n_i \cdot \sqrt{\sigma_n \cdot \sigma_p} \cdot \frac{V_{ge} - V_{gh}}{V_{amp}} \cdot \sqrt{T_r \cdot T_f}\right)
\end{aligned}
\tag{2.12}
$$

式中 f 为栅脉冲频率,A_g 为泵到的栅极下方区域面积,k 为玻尔兹曼常数,T 为绝对温度,v 为载流子热运动速度,n_i 为本征载流子浓度,σ_n 和 σ_p 分别为电子和空穴俘获截面的几何平均值,T_r 和 T_f 分别为栅脉冲上升和下降时间。

对于采用 A 模式的传统四端口 CP 测试,随着 V_{amp} 不断增大,被泵到的栅极下方区域面积越来越大,I_{cp} 曲线不断上升。当 V_{top} 足够高时,整个栅极下方区域都将被泵到,因此此时 I_{cp} 达到峰值(I_{cppeak}),接着增加 V_{amp},由于被泵到的界面态数量不再增加,因此 I_{cp} 将一直维持在 I_{cppeak}。

对于采用 B 模式的传统四端口 CP 测试,当 V_{base} 升高使脉冲信号满足式(2.10)和(2.11),有一部分栅极下方区域先被泵到并不断扩大,此时 I_{cp} 曲线不断上升。随着 V_{base} 不断变大,能带较高的区域被泵到的同时,能带较低的区域逐渐退出,使 I_{cp} 曲线维持在峰值。当 V_{base} 继续升高,被泵到的区域逐渐减小,I_{cp} 下降,直到 V_{base} 位于 V_{gh} 之上,将不再有 I_{cp} 产生。理想的四端口 B 模式 CP 测试将形成一个规则的马鞍形 I_{cp} 曲线,如图 2.23(b)所示。

由于实际 MOS 器件栅极下方区域的掺杂类型和浓度往往不同,V_{gh} 和 V_{ge} 并不是如图 2.23 所示的理想平带,而是会形成高低不同的能带分布,因此在进行 CP 测试时被泵到的区域有先后之分。每当一个新区域被栅脉冲泵到时,将有一部分 I_{cp} 分量叠加在原有 I_{cp} 曲线上,形成明显台阶。利用这一分区原理,CP 法可以用来区分栅氧下方不同区域的界面损伤情况。

应力前后测量的 I_{cp} 曲线会发生漂移,在栅氧中额外注入的电荷密度 ΔD_{ot} 也可以依据式(2.9)通过曲线的左右漂移幅度提取。注入的负电荷将引起相应区域的 I_{cp} 曲线向正压方向漂移,而注入的正电荷将引起 I_{cp} 曲线向负压方向漂移。

在栅氧界面处额外产生的界面态密度(ΔD_{it})可以根据 I_{cp} 曲线幅度的增量(ΔI_{cp})得到,由式(2.12)可得:

$$\Delta D_{it} = \frac{\Delta I_{cp}}{\alpha \cdot q \cdot f \cdot A_g} \tag{2.13}$$

以上便是 CP 界面探测方法的基本原理。采用 A 模式的 CP 探测方法可以全面探测整个栅氧界面的电荷注入和界面态产生情况,而采用 B 模式的 CP 方法在栅氧界面分区上占优势,更适合用于栅氧界面结构复杂的 MOS 器件的界面表征。具体采用哪一种模式,需根据器件结构,结合实际应力情况决定。

不同于横向 LDMOS 器件,SiC 功率 MOSFET 只有栅、源、漏三个端口,没有从 P 型体区单独引出的 Sub 端口,因此从 Sub 端口探测 I_{cp} 的传统四端口 CP 方法并不能直接运用于 SiC 功率 MOSFET 界面损伤的探测,需要对其进行改进。图 2.24 所示为 CP 探测方法运用于 SiC 及功率 MOSFET 界面探测的端口连接,其与四端口 CP 连接方法最大的区别 CP 探测方法是 I_{cp} 从漏极探测。可以看出,N^+ 衬底相当于 P 型体区-N^- 漂移区-P 型体区组成的 PNP 结构的衬底,因此漏极可以作为 I_{cp} 探测端使用。

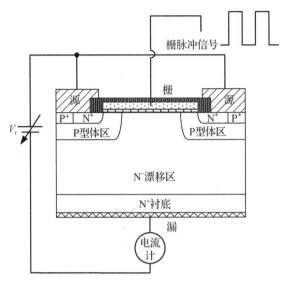

图 2.24　CP 方法测量 SiC 功率 MOSFET 界面损伤的接线示意图

本章所研究的 N⁻ 沟道 SiC 功率 MOSFET，JFET 区是 N 型掺杂，沟道是 P 型掺杂，因此 JFET 区的 V_{ge} 和 V_{gh} 低于沟道区的 V_{ge} 和 V_{gh}，如图 2.25 所示。当 CP 脉冲信号的 V_{top} 首次高于 JFET 区的 V_{ge} 时，I_{cp} 开始出现，此时被泵到的是器件的 JFET 区。由于是 N 型衬底，此时 I_{cp} 是负值。随着 V_{top} 不断上升，被泵到的区域向沟道区扩展，I_{cp} 的值不断增大。当 V_{top} 不断接近并最终超过沟道区的 V_{ge} 时，器件的沟道处于反型状态，器件开启。此时在漏极接收到的电流主要是器件的正向开启电流，实际的 I_{cp} 将被其淹没。I_{cp} 曲线将迅速上升并最终超过零点，变为正值。

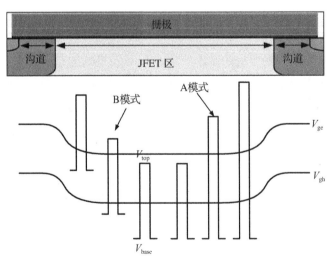

图 2.25　SiC 功率 MOSFET 栅氧界面 V_{ge} 与 V_{gh} 分布示意

由以上分析可知，I_{cp} 曲线的左边沿可以表征 SiC 功率 MOSFET 的 JFET 区栅氧界面的损伤情况。I_{cp} 曲线的左边沿向负压方向移动表明 JFET 区上方氧化层中有正电荷注入,而左边沿向正压方向移动则表明 JFET 区上方氧化层中有负电荷注入。类似地,I_{cp} 曲线的右边沿在一定程度上表征了沟道区栅氧界面的损伤情况。右边沿向负压和正压方向移动分别表明沟道区上方氧化层中有正电荷注入和负电荷注入。

无论采用 A 模式还是 B 模式,由于沟道在高 V_{top} 状态下会开启,因此与图 2.23 不同,三端口 CP 方法得到的 I_{cp} 曲线近似三角形,如图 2.26 所示。当采用 A 模式时,随着 V_{amp} 增大,可以泵到整个栅氧界面下方区域。当采用 B 模式时,随着 V_{base} 的上升,栅氧界面下方 V_{ge} 与 V_{gh} 较高的区域逐渐被泵到,但同时 V_{ge} 与 V_{gh} 较低的区域逐渐退出,B 模式只能泵到部分栅氧界面区域。因此,采用 A 模式测到的 I_{cp} 峰值大于 B 模式测到的 I_{cp} 峰值。

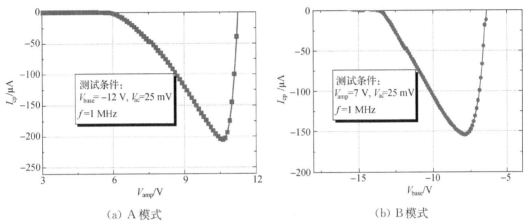

（a）A 模式　　　　　　　　　　　　（b）B 模式

图 2.26　利用 CP 法在 A 模式与 B 模式条件下测量同一个 SiC 功率 MOSFET 得到的典型 I_{cp} 曲线

2.4.2　三端口电荷泵法测试

本小节分别采用承受重复 UIS 应力和重复短路应力的 SiC 功率 MOSFET 的 CP 测试结果,来验证 CP 法用于探测 SiC 功率 MOSFET 栅氧界面退化的实用性,CP 法所得 I_{cp} 曲线分别如图 2.27(a) 和图 2.27(b) 所示。SiC 功率 MOSFET 承受重复 UIS 应力和重复短路应力的主要退化机理将在后续章中全面分析,这里先直接引用相应结论。

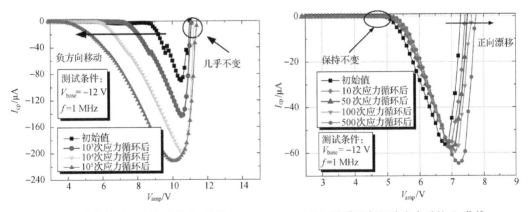

（a）承受重复 UIS 应力后的 I_{cp} 曲线　　　　（b）承受重复短路应力后的 I_{cp} 曲线

图 2.27　SiC 功率 MOSFET 在承受重复 UIS 应力和重复短路应力后的 I_{cp} 曲线

重复 UIS 应力主要用于在 SiC 功率 MOSFET 的 JFET 区上方的栅氧中注入正电荷,并且几乎不影响沟道区。从图 2.27(a)中可以看出,随着 UIS 应力次数的增加,I_{cp} 曲线的左边沿明显向负压方向漂移,说明在 JFET 区栅氧中有正电荷注入。与此同时,I_{cp} 曲线的右边沿几乎保持不变,说明沟道区并未受影响。这与重复 UIS 应力引起 SiC 功率 MOSFET 退化的机理相符。重复短路应力主要用于在 SiC 功率 MOSFET 的沟道区上方的氧化层中注入负电荷,并且几乎不影响 JFET 区。从图 2.27(b)中可以看出,随着应力次数的增加,I_{cp} 曲线的左边沿抬起点几乎保持不变,说明 JFET 区并未受影响,而 I_{cp} 曲线的右边沿向正压方向漂移,说明沟道区氧化层中有负电荷注入。这与重复短路应力引起 SiC 功率 MOSFET 退化的机理相符。

以上实测结果表明,三端口 CP 探测方法可以正确表征 SiC 功率 MOSFET 器件栅氧界面的损伤情况。它可以同时区分 JFET 区和沟道区上方栅氧界面的损伤位置,并确定应力过程中栅氧中注入电荷的类型。结合 CP 法和 2.3 节中介绍的分段 C-V 法,可以明确应力过程中 SiC 功率 MOSFET 的栅氧界面损伤情况。

2.5　瞬态电流法

2.5.1　瞬态电流法原理

目前已有多种方法可以研究半导体结构中的陷阱的俘获行为。然而,由于这些方法通常针对尺寸较小的器件,因此并不总是适用于功率半导体器件研究。一个很好的例子是 DLTS(深能级瞬态光谱法),该方法依赖于电容测量技术,由于难以在短时间内准确测量非常小的电容变化,通常难以将该技术应用于大尺寸晶体管。为了克服这些困难,几种依赖于电流测量的技术被相继开发出来。栅极延迟、漏极延迟测量技术和漏极电流 DLTS 技术成功应用于 GaN FET 器件的陷阱表征。此外,频率相关的跨导测量和低频噪声测量技术也已被用于陷阱表征。2009 年国际电子元件会议(IEDM)上,MIT 的 del Alamo 团队报道了利用瞬态电流响应特征的表征技术,他们利用该技术从 GaN 基 HEMT 器件中成功提取了陷阱特征时间常数和陷阱能级等信息。自此,瞬态电流法以其快速、无损、无需特制样品等优势迅速成为这一领域的研究热点,该方法的优势在于其可以直接应用于器件级的样品分析,可以测量器件在长期电应力下的陷阱状态,并通过提取不同温度下的陷阱的时间常数谱构造阿伦尼乌斯(arrhenius)方程从而获取陷阱的激活能。本节对瞬态电流响应进行了简单介绍,对现有的从瞬态电流响应中提取陷阱的时间常数信息和作用幅值的方法进行了总结,详细地阐述了提取过程和结果,并进一步系统化瞬态电流法的表征技术。图 2.28(a)为一实际测得的瞬态电流响应,图 2.28(b)为从中提取的陷阱时间常数谱。

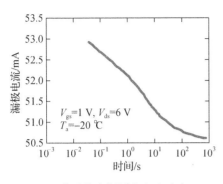
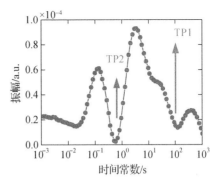

（a）典型的实际瞬态电流响应　　　　（b）从瞬态电流响应中提取的时间常数谱

图 2.28　瞬态电流响应与陷阱时间常数谱

　　典型的瞬态电流响应的测量电路图包含俘获载流子和释放载流子两个过程，分别如图 2.29（b）所示的陷阱俘获过程（trapping process）和图 2.29（c）所示的陷阱释放过程（detrapping process）。典型的俘获和释放过程的瞬态电流响应分别表现为单调下降和单调上升（本节均以俘获电子的陷阱类型为例）。其中，俘获过程的瞬态响应较易获取，只需要在器件的漏源两端施加一恒定的测量偏压 V_{ds}，同时监控其沟道电流的变化即可。此时，受 V_{ds} 的影响，热电子会逃离沟道从而被异质界面处或体材料内的陷阱俘获，被俘获的电子数量受陷阱条件和 V_{ds} 影响。同时，为了针对俘获过程出现的不同位置和强度，部分实验中会在栅上施加恒定负栅压 V_{gs}，这取决于实际样品和要表征的陷阱信息的具体需求。与俘获过程相比，释放的瞬态电流响应需要在测量前额外施加一个陷阱填充脉冲。在填充阶段施加较大的电应力，使器件的陷阱被充分填充，然后迅速切换至小的测量偏置下（测量阶段），监控电子从陷阱中释放的过程。在释放实验中，原则上最大漏极电流是最适合监测的参数，因为它与器件性能直接相关，但是如果饱和区电压导致其自身产生大量的俘获，或自热效应明显以至于无法准确获取器件温度，则可以选择监测线性区电流。

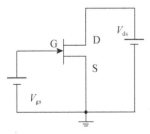
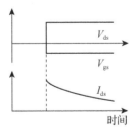
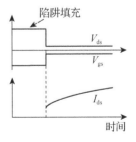

（a）瞬态电流响应的测量电路图　　（b）陷阱俘获载流子过程　　（c）陷阱释放载流子过程

图 2.29　瞬态电流响应的测量电路图及陷阱填充与释放过程

　　在获取电流随时间的响应曲线后，接下来就是从瞬态电流曲线中提取时间常数谱。目前主要有几种提取时间常数谱的方法：利用式（2.14）通过多项式拟合求导；利用式

(2.15)预设有限个时间常数的 e 指数之和拟合瞬态电流响应曲线,其中 τ_i 为在对数坐标下等间隔选取的 n 个时间常数,a_i 为对应时间常数求解得到的幅值,I_0 为稳态电流值;利用式(2.16)通过在式(2.15)上增加一个 β 系数来处理一些 e 指数特性不是特别适用的情况。需要注意的是,以上方程所拟合曲线的 t 均为时间的对数值。

$$I_{ds}(t) = a_0 + a_{n-1}t^{n-1} \tag{2.14}$$

$$I_{ds}(t) = \sum_{i=1}^{n} a_i \exp(-t/\tau_i) + I_0 \tag{2.15}$$

$$I_{ds}(t) = I_0 - \sum_{i=1}^{n} a_i \exp\left[-\left(\frac{t}{\tau_i}\right)^{\beta_i}\right] \tag{2.16}$$

通过对拟合曲线进行一阶求导等方法得到缺陷时间常数。测试不同温度下器件的陷阱释放过程,计算其时间常数谱中峰值的移动量,可以绘制反应陷阱激活能(E_a)阿伦尼乌斯方程。如式(2.17)所示,其中,e_n 为电子发射率($e_n = \tau^{-1}$),σ_n 为陷阱密度,γ_n 为指数因子,T 为器件有源区温度,τ 为陷阱在该温度下的时间常数,k 为玻尔兹曼常数。

$$e_n = \gamma_n \sigma_n T^2 \exp\left(-\frac{E_a}{kT}\right) \tag{2.17}$$

对公式进行等价变换并取对数可得式(2.18),根据式(2.18)绘制缺陷释放实验在不同温度下的阿伦尼乌斯方程曲线,以 $1/kT$ 为横坐标,以 $\ln(\tau T^2/(s \cdot K^2))$ 为纵坐标,通过斜率可以求得陷阱激活能,其与 y 轴的截距可以得到俘获截面,如图 2.30 所示。

$$\ln(\tau T^2) = \frac{E_a}{kT} - \ln(\gamma_n \sigma_n) \tag{2.18}$$

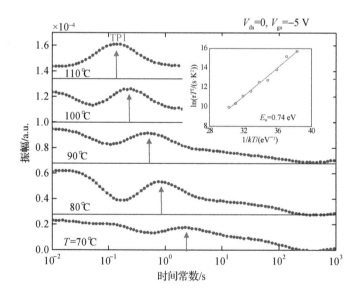

图 2.30　利用不同温度下的瞬态时间常数谱与阿伦尼乌斯方程求解陷阱激活能

2.5.2　瞬态电流法测试

本节将展示使用半导体参数仪对 GaN HEMT 器件栅极区域进行缺陷表征的实例。首先,针对所研究器件的缺陷位置及缺陷类型的不同选取合适的应力条件与监测参数,栅极区域的缺陷表征可以在器件栅源两端施加一恒定的测量偏压并监控栅极泄漏电流的变化来实现,与在漏源两端施加电压类似,正是偏压下陷阱俘获与释放的过程带来了漏电流随时间的变化,且俘获与释放的载流子数量会受陷阱条件和施加电压影响;随后,对器件进行温度加速应力试验,测量不同温度下器件的陷阱俘获与释放过程。在获取不同温度下电流随时间的响应曲线后,接下来就是从瞬态电流曲线中提取时间常数谱与计算不同温度下的移动量。基本假设是,电流瞬变包括几个独立的俘获和释放过程,每个过程都以指数方式随时间衰减。这一假设对于求解映射过程来说是有意义的,因为从非平衡状态恢复的过程遵循指数时间依赖性,非平衡状态的衰变率与状态的总体成比例。如果载流子必须克服能量势垒,这对于捕获过程也是有意义的,因为载流子通过势垒的传输速率与其数量成正比。对此,拟合函数可以选取为:

$$I_{ds}(t) = \sum_{i=1}^{n} a_i \exp(-t/\tau_i) + I_0 \tag{2.19}$$

其中,τ_i 是预定义的常数。对于拟合函数,a_i 的正(负)值对应于俘获(释放)过程,a_i 表示时间常数 τ_i 在俘获(释放)过程中对电流影响的大小,如图 2.31(a)所示。通常 n 的取值大于 5,时间常数 τ_i 的 i 个指数在时间上以对数方式等距分布,通常来说 n 取值越大,τ 的求解越精确,但计算量也会大幅提升,不同的 n 取值拟合如图 2.31(b)所示。

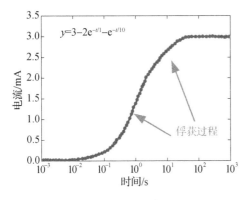

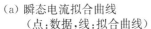

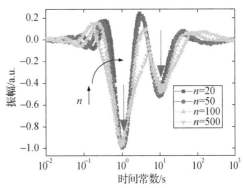

（a）瞬态电流拟合曲线　　　　　　（b）从具有各种指数($n=20$、50、100、500)的
　　（点:数据,线:拟合曲线）　　　　　　时域信号拟合中提取的时间常数谱

图 2.31　时间常数分析方法示例

在 $V_{gs}=9$ V 的连续栅极偏置应力下对 I_{gss} 进行实时监测,并将加速应力试验中的 $\log(t)$ 与 I_{gss} 进行拟合,此时取 $n=10$,拟合瞬态电流响应曲线由十个纯指数陷阱分量组成,如图 2.32 所示。图 2.33(a)展示了器件分别在 25 ℃、50 ℃、75 ℃、100 ℃下的释放过程对应的拟合方程求导后得到的时间常数谱,图 2.33(b)显示了由阿伦尼乌斯方程得到

的陷阱激活能(0.59 eV)。

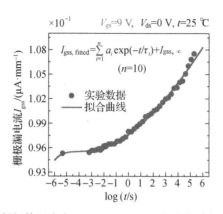

图 2.32　加速栅极偏置应力($V_{gs}=9$ V)下 I_{gss} 的捕获瞬变的时间常数谱

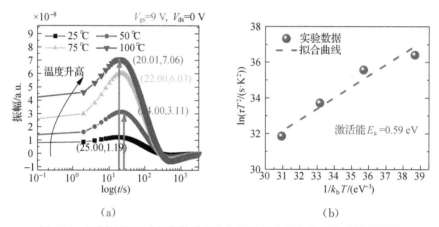

图 2.33　不同温度下时间常数谱提取与阿伦尼乌斯方程提取陷阱激活能

2.6　变频电导法

在半导体器件界面工程研究中,变频电导法是一种快速高效的界面评估手段,该方法通过测试曲线漂移定性分析界面质量并提取陷阱信息,对工艺优化及器件界面质量评估起到了至关重要的作用。变频电导法的核心是捕获半导体器件中界面态 D_{it} 和体陷阱随着外加偏置变化俘获或释放载流子的现象。具体而言,利用脉冲或 $C\text{-}V$ 测试中电子从陷阱中发射速度跟不上交流信号变化,导致出现电流或者电容信号差的现象,结合 $R\text{-}C$ 陷阱模型提取出被俘获的电子数量即为界面密度或体缺陷密度。

最早变频电导法被用于 Si/SiO_2 体系中界面缺陷信息提取。随着技术的发展,变频电导法也被应用于横向氮化镓器件栅区域的缺陷表征。目前,变频电导法测量精度可以达到 10^9 cm^{-2} · eV^{-1} 以下,同时利用该方法可以有效提取多数载流子俘获截面和表面势微扰信息。

2.6.1 变频电导法原理

变频电导法是表征半导体器件界面态 D_{it} 的最精确的方法之一。实际应用中,利用偏置电压的变化,不仅可以提取出能带耗尽区和弱反型区的界面态密度 D_{it},而且可以捕获到多数载流子俘获截面和表面势微扰信息。因此,变频电导法也是一种相对完整的界面态提取方法。

由于在测量过程中并不能直接捕获到陷阱界面电容信息变化,因此用电导信息表示界面陷阱的变化。测量的基本原理是基于 MIS 电容结构的等效模型,并联电导 G_p 随偏置电压和测试频率的变化反映了由界面态俘获和释放的载流子,利用该机制就可以有效提取界面密度。

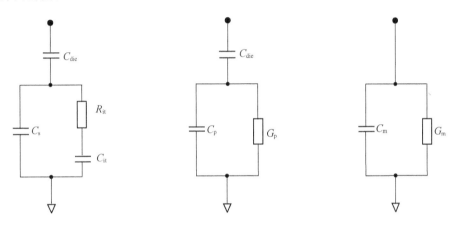

　　(a) 考虑界面态效应的 MIS　　(b) MIS 电容结构简化电路模型　　(c) 实际测试中的电容和
　　　　电容结构等效模型　　　　　　　　　　　　　　　　　　　　　　　电导并联模型

图 2.34　电导法测试中等效电路图

图 2.34 为典型 MIS 器件栅结构区域能带的等效小信号模型,其中势垒层中加入了 $R\text{-}C$ 阻抗网络来反映器件缺陷信息。如图 2.34(a) 所示,理想情况下 MIS 器件的栅结构可以看作是器件栅介质电容(C_{die})与势垒层电容(C_s)的串联结构。当存在界面态陷阱时,载流子被界面态陷阱俘获或者释放,该过程和电容充放电相似,可以等效为陷阱电容(C_{it}),载流子被俘获和释放的过程中伴随着能量损耗,可以等效为陷阱电阻(R_{it}),因此整个陷阱效应可以等效为电阻电容的等效回路,C_{it} 可根据平均界面密度 D_{it} 计算得到:

$$C_{it} = qD_{it} \tag{2.20}$$

其中 q 为电子电荷量。陷阱电容、陷阱电阻构成的串联谐振回路的时间发射常数(τ_{it})为:

$$\tau_{it} = R_{it}D_{it} \tag{2.21}$$

为了计算方便,将 MIS 电路图等效为如图 2.34(b) 所示的并联结构,其中 C_p 和 G_p 分别为并联电容和并联电导,两者都包含有界面态相关信息。界面态串联电路与并联电路

是等效的,即图 2.34(a)和(b)两端的总阻抗和导纳值是相等的,由此可以将两个电路图中的元件参数联系起来,表示为:

$$C_{\mathrm{p}} = C_{\mathrm{s}} + \frac{C_{\mathrm{it}}}{1+(\omega\tau_{\mathrm{it}})^2} \tag{2.22}$$

$$\frac{G_{\mathrm{p}}}{\omega} = \frac{q\omega\tau_{\mathrm{it}}D_{\mathrm{it}}}{1+(\omega\tau_{\mathrm{it}})^2} \tag{2.23}$$

其中 $\omega=2\pi f$ 是角频率。需要说明的是,式(2.22)和式(2.23)成立的前提是单陷阱能级假设,但是界面态通常在禁带中连续分布,陷阱俘获和载流子发射发生在费米能级附近数 kT 范围内,陷阱发射时常数离散分布,归一化并联电容和电导表示为:

$$C_{\mathrm{p}} = C_{\mathrm{s}} + \frac{C_{\mathrm{it}}}{\omega\tau_{\mathrm{it}}}\arctan(\omega\tau_{\mathrm{it}}) \tag{2.24}$$

$$\frac{G_{\mathrm{p}}}{\omega} = \frac{q\omega\tau_{\mathrm{it}}D_{\mathrm{it}}}{2\omega\tau_{\mathrm{it}}}\ln[1+(\omega\tau_{\mathrm{it}})^2] \tag{2.25}$$

很显然,陷阱并联电容 C_{p} 和并联电导 G_{p} 的表达式中都含有界面态密度和发射时常数,也即通过电容法和电导法均可提取出界面态分布信息,但是电导表达式中不包含半导体耗尽电容 C_{s},采用电导法提取过程更简单。然而在实际测试中并不能直接测得并联电导值,电容测试模型如图 2.34(c)所示,C_{m} 和 G_{m} 并联在一起,根据电路等效原理并联电导 G_{p} 可以表示为:

$$\frac{G_{\mathrm{p}}}{\omega} = \frac{\omega G_{\mathrm{m}} C_{\mathrm{die}}^2}{G_{\mathrm{m}}^2 + \omega^2(C_{\mathrm{die}} - C_{\mathrm{m}})^2} \tag{2.26}$$

$$C_{\mathrm{p}} = C_{\mathrm{ox}}\left[\frac{\omega^2 C_{\mathrm{m}}(C_{\mathrm{die}} - C_{\mathrm{m}}) - G_{\mathrm{m}}^2}{G_{\mathrm{m}}^2 + \omega^2(C_{\mathrm{die}} - C_{\mathrm{m}})^2}\right] \tag{2.27}$$

最终,结合实测数据和公式(2.26)和公式(2.27)进行曲线拟合,即可得到平均界面态密度 D_{it} 及缺陷时间常数 τ_{it}。

2.6.2　变频电导法测试

变频电导法也广泛应用于 GaN HEMT 器件的界面陷阱提取中。我们针对界面陷阱提取研究的两种不同类型传统肖特基栅接触型 HEMT 器件(S-HEMT)以及金属氧化物半导体(MOS-HEMT)结构示意图如图 2.35 所示,可以结合电导法进行缺陷参数的表征。得益于更好的界面处理,MOS-HEMT 与 S-HEMT 有明显的缺陷态密度差异。首先结合 MOS 电容结构 C-V 曲线中电容上升阶段(对应于沟道耗尽区),确定偏置电压选取范围,针对选用样品器件测量栅压范围为 -1 V 至 0 V,步长 0.2 V。

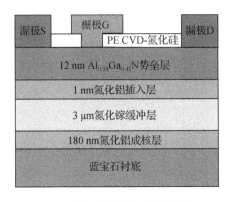 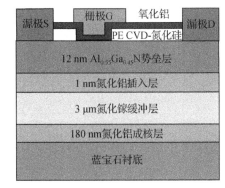

(a) 传统肖特基接触 HEMT
器件结构示意图

(b) $Al_2O_3/Al_{0.55}Ga_{0.45}N/GaN$
MOS-HEMT 结构示意图

图 2.35　S-HEMT 与 MOS-HEMT 结构示意图

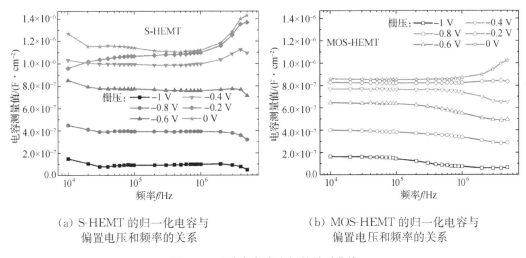

(a) S-HEMT 的归一化电容与
偏置电压和频率的关系

(b) MOS-HEMT 的归一化电容与
偏置电压和频率的关系

图 2.36　电容与频率之间的关系曲线

图 2.36 展示了测量的电容与频率之间的关系曲线,可以看出在 50 kHz 至 1 MHz 范围内 S-HEMT 的电容与频率几乎无关,但是在小于 50 kHz 以及大于 1 MHz 范围内电容随频率的变化均出现明显变化,这一点与 MOS-HEMT 器件有显著差异,因此可以判断出对于 S-HEMT 器件出现的电容分布差异主要是由界面缺陷态密度的差异导致的。结合公式(2.26)和公式(2.27)进行曲线拟合,其 G_p/ω 与 ω 及电压的结果如图 2.37 所示。拟合结果与测试数据有良好的一致性,偏置电压从 -1 V 增加至 -0.2 V,τ_{it} 从 0.09 μs 增加到 0.12 μs,如图 2.38 所示。然而,在低 Al 组分的 HEMT 研究中,陷阱时间常数随电压的增加而增加。图 2.39 仿真结果解释了这一差异,仿真结合了能带曲线、极化电场强度与方向。

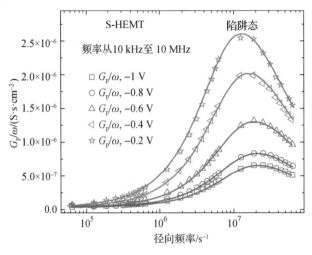

图 2.37 S-HEMT 器件 G_p/ω 与 ω 及电压关系

注:图中点表示测试结果,实线表示公式拟合结果。

在低 Al 组分的 HEMT 中,费米能级 E_F 附近的实心点和空心点分别表示充电和放电陷阱状态。E_F 之上的表面状态主要归因于平行电导的频散。通常来说,电子从陷阱态发射到导带底部的过程被认为是退陷过程。随着电压增加,界面处的 E_F 接近导带底部,因此 τ_{it} 减小。然而在高 Al 组分的 HEMT 中,由于高 Al 组分导致势垒的抬高,界面和势垒处存在更严重的能带弯曲和更强的电场,因此被陷阱态捕获的电子有可能隧穿进入 2DEG(二维电子气)沟道。根据 Shockley-Read-Hall 模型和 AlGaN 的宽带隙特性,在室温下深阱态电子发射的时间常数非常大。电压的增加会削弱势垒层中的电场,导致更长的隧穿时间,τ_{it} 随之增加。最终,利用变频电导法,超快缺陷态密度被成功提取,其 τ_{it} 为 $0.09\sim0.12~\mu s$、陷阱密度为 $1.02\sim4.67\times10^{13}~eV^{-1}\cdot cm^{-2}$。

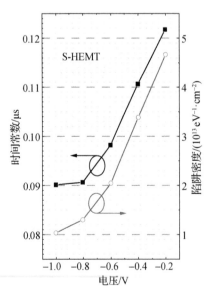

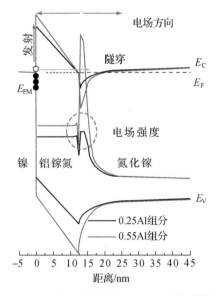

图 2.38 提取时间常数及缺陷浓度随偏置电压的关系　　图 2.39 仿真的能带曲线、极化效应参数信息

2.7　变频电容法

变频电容法与电导法原理类似,该方法利用界面陷阱频响特点,根据不同频率下电容变化来表征缺陷信息。利用 C-V 回滞曲线来研究绝缘栅器件界面特性,当器件从正向偏置回扫恢复至负压偏置时,部分被填充的界面态释放电子恢复至本征态,而另一部分深能级陷阱来不及释放电子导致曲线正向漂移。目前 C-V 法测试广泛应用于 MIS 栅结构的 HEMT 器件的栅界面表征。

2.7.1　变频电容法原理

结合上节所述的变频电容法,如图 2.40 所示,利用等效小信号模型来提取陷阱 R-C 回路的网络,然而公式(2.26)、(2.27)等效转换的前提是势垒层电阻(R_B)趋于 0,但在实际器件中 R_B 与 AlGaN 层厚度密切相关。因此针对该缺点,采用变频电容法可以有效排除未知 R_B 引入的误差。实验所得测试曲线如图 2.41 所示,电压漂移量为 ΔV_f,测试频率为 f_m,利用两次 C-V 曲线来估测 D_{it},我们假设只有接近费米能级且响应时间小于 $1/f_m$ 的陷阱才能响应交流测量信号,R_B 的取值不会影响到交流小信号,因此仅有陷阱信息反应到两次 C-V 曲线引入的 ΔV_f。

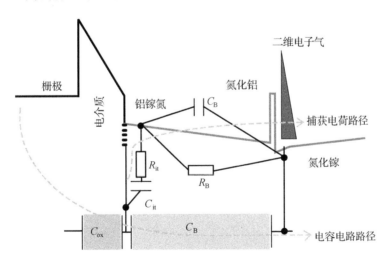

图 2.40　MOS-HEMT 器件栅区域的能带曲线及等效小信号图

如图 2.41 所示,第二个 C-V 步骤在栅极电压开始上升,产生足够的能带弯曲,从而在响应时间内将陷阱引入费米能级。根据公式(2.28),可以用两个测量频率 f_1 和 f_2 探测能量范围 ΔE_T 的界面陷阱:

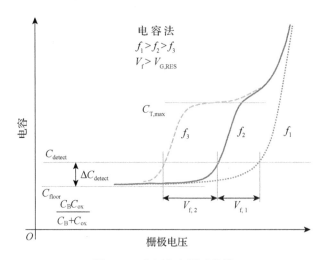

图 2.41　变频电容测试曲线

$$\Delta E_{\mathrm{T}} = k_{\mathrm{B}} T \ln \frac{T_{\mathrm{m},2}}{T_{\mathrm{m},1}} = k_{\mathrm{B}} T \ln \frac{f_1}{f_2} \tag{2.28}$$

式中，$T_{\mathrm{m},1}$ 和 $T_{\mathrm{m},2}$ 表示两次测量温度。

该能量范围对应的界面总电荷为 $\Delta Q_{\mathrm{it}} = D_{\mathrm{it}}$。使用静电方程，这个电荷也可以用 ΔV_{f} 表示为（2.29），其中 D_{it} 可以估计为（2.30）。

$$\Delta Q_{\mathrm{it}} = \Delta V_{\mathrm{f}} \cdot C_{\mathrm{ox}} - (C_{\mathrm{ox}} + C_{\mathrm{B}}) \frac{\Delta E_{\mathrm{T}}}{q} \tag{2.29}$$

$$D_{\mathrm{it}} = \frac{\Delta V_{\mathrm{f}}}{\Delta E_{\mathrm{T}}} \cdot C_{\mathrm{ox}} - \frac{(C_{\mathrm{ox}} + C_{\mathrm{B}})}{q} \tag{2.30}$$

通过 MIS 结构模拟证实，虽然引入的 AlN 层厚度变化会影响积累区的 C-V 曲线，但是电容的相对位置不受影响。因此，此方法的准确度不受 R_{B} 值的影响。值得注意的是，其缺陷信息提取的有效范围主要取决于 C-V 测量的分辨率。ΔV_{f} 的提取需要一个无噪声的测量电容增加值（$\Delta C_{\mathrm{detect}}$）且该增加值低于相应陷阱的电容（$C_{\mathrm{T,max}}$）。此外，栅极电压扫描分辨率 $V_{\mathrm{G,RES}}$ 应足够低，使得 $\Delta V_{\mathrm{f}} > V_{\mathrm{G,RES}}$。最后，$\Delta E_{\mathrm{T}}$ 可以根据（2.28）求解。

2.7.2　变频电容法测试

利用变频电容法可以有效提取界面陷阱信息，结合上节所述原理，处于 E_{T} 能级的界面电子陷阱的俘获常数（τ_{c}）以及电子发射常数（τ_{e}）可以表示为：

$$\tau_{\mathrm{c}} = \frac{1}{v_{\mathrm{th}} \sigma_{\mathrm{n}} N_{\mathrm{s}}} \tag{2.31}$$

$$\tau_{\mathrm{e}} = \frac{1}{v_{\mathrm{th}} \sigma_{\mathrm{n}} N_{\mathrm{s}}} \exp\left(\frac{E_{\mathrm{C}} - E_{\mathrm{T}}}{kT}\right) \tag{2.32}$$

其中，v_{th}为热电子速度、σ_n为电子俘获截面、N_s为界面处电子陷阱浓度。当τ_c小于τ_e时，陷阱电子会出现明显的发射过程，也会与小信号响应。因此，界面陷阱频率(f_{it})可以表示为：

$$f_{it} = \frac{1}{2\pi\tau_e} = \frac{v_{th}\sigma_n N_s}{2\pi}\exp\left(-\frac{E_C - E_T}{kT}\right) \tag{2.33}$$

在器件施加栅压较低时，f_{it}小于测量频率f_m，费米能级处的界面陷阱不能获得足够能量响应的交流小信号，因此C-V曲线不会出现明显回滞现象。当栅压超过开启电压时，费米能级被抬高。此时的界面陷阱可以被小信号所俘获，该机制可以通过能带图解释，具体如图 2.42 所示。

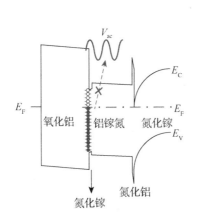

（a）开启电压前 MIS-HEMT 栅结构　　　　　（b）开启电压后 MIS-HEMT 栅结构
　　　等效能带示意图　　　　　　　　　　　　　　等效能带示意图

图 2.42　电压开启前后 MIS-HEMT 栅结构等效能带示意图

此外，温度变化也会影响界面陷阱的俘获情况。结合公式(2.28)与公式(2.31)与(2.32)，可以得到：

$$\Delta E_T(f_m, T) = k_B T \ln\left(\frac{v_{th}\sigma_n N_s}{2\pi f_m}\right) \tag{2.34}$$

因此，通过变频、变温测试可以得到栅电容曲线中V_{on}的变化值ΔV_{on}，其陷阱浓度可以表示为：

$$D_{it}(E_C - E_T) = \frac{C_{ox} \cdot \Delta V_{on}}{q\Delta E} - \frac{C_{ox} + C_B}{q^2} \tag{2.35}$$

进一步提取结果如图 2.43 所示。测试结果表明，在$E_C - 0.78$ eV$\sim E_C - 0.24$ eV 区间，D_{it}的范围在$6\times10^{11}\sim6\times10^{12}$ cm$^{-2}\cdot$eV^{-1}之间。

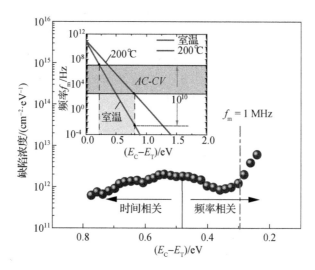

图 2.43　变温及变频下检测的缺陷浓度

参考文献

[1] Liu S Y，Tong X，Wei J X，et al. Single-pulse avalanche failure investigations of Si-SJ-mosfet and SiC-mosfet by step-control infrared thermography method[J]. IEEE Transactions on Power Electronics，2020，35(5)：5180－5189.

[2] Shrestha P R，Cheung K P，Campbell J P，et al. Accurate fast capacitance measurements for reliable device characterization[J]. IEEE Transactions on Electron Devices，2014，61(7)：2509－2514.

[3] Habersat D B，Lelis A J. Improved observation of SiC/SiO$_2$ oxide charge traps using MOS C-V[J]. Materials Science Forum，2011，679－680：366－369.

[4] Mileusnic S，Zivanov M，Habas P. A study of irradiation damage in commercial power MOSFETs by means of split C-V and conventional methods[C]//2002 23rd International Conference on Microelectronics. Proceedings (Cat. No. 02TH8595). Nis，Yugoslavia. IEEE，2002：763－766.

[5] Wang J，Zhao T F，Li J，et al. Characterization，modeling，and application of 10-kV SiC MOSFET[J]. IEEE Transactions on Electron Devices，2008，55(8)：1798－1806.

[6] McNutt T R，Hefner A R，Mantooth H A，et al. Silicon carbide power MOSFET model and parameter extraction sequence[J]. IEEE Transactions on Power Elec-

tronics，2007，22(2)：353 – 363.

[7] Okamoto D，Yano H，Hatayama T，et al. Analysis of anomalous charge-pumping characteristics on 4H-SiC MOSFETs[J]. IEEE Transactions on Electron Devices，2008，55(8)：2013 – 2020.

[8] Habas P，Prijic Z，Pantic D，et al. Charge-Pumping Characterization of SiO_2/Si Interface in Virgin and Irradiated Power VDMOSFETs [J]. IEEE Trans. Electron Devices，1996，43 (12)：2197 – 2209.

[9] Habas P，Prijic Z，Panti C D，et al. Charge-pumping characterization of SiO/sub 2//Si interface in virgin and irradiated power VDMOSFETs[J]. IEEE Transactions on Electron Devices，1996，43(12)：2197 – 2209.

[10] Lang D V. Deep-level transient spectroscopy：A new method to characterize traps in semiconductors[J]. Journal of Applied Physics，1974，45(7)：3023 – 3032.

[11] Binari S C，Klein P B，Kazior T E. Trapping effects in GaN and SiC microwave FETs[J]. Proceedings of the IEEE，2002，90(6)：1048 – 1058.

[12] Meneghesso G，Verzellesi G，Pierobon R，et al. Surface-related drain current dispersion effects in AlGaN-GaN HEMTs[J]. IEEE Transactions on Electron Devices，2004，51(10)：1554 – 1561.

[13] Tirado J M，Sanchez-Rojas J L，Izpura J I. Trapping effects in the transient response of AlGaN/GaN HEMT devices[J]. IEEE Transactions on Electron Devices，2007，54(3)：410 – 417.

[14] Mizutani T，Okino T，Kawada K，et al. Drain current DLTS of AlGaN/GaN HEMTs[J]. Physica Status Solidi (a)，2003，200(1)：195 – 198.

[15] Joh J，del Alamo J A. Impact of electrical degradation on trapping characteristics of GaN high electron mobility transistors[C]//2008 IEEE International Electron Devices Meeting. San Francisco，CA，USA. IEEE，2008：1 – 4.

[16] Joh J，Del Alamo J A. A current-transient methodology for trap analysis for GaN high electron mobility transistors[J]. IEEE Transactions on Electron Devices，2010，58(1)：132 – 140.

[17] Kremer R E，Arikan M C，Abele J C，et al. Transient photoconductivity measure-

ments in semi-insulating GaAs. I. An analog approach[J]. Journal of Applied Physics, 1987, 62(6): 2424 - 2431.

[18] Huang Z W, Xiong S H, Dong N G, et al. A study of the gate-stack small-signal model and determination of interface traps in GaN-based MIS-HEMTs[J]. IEEE Transactions on Electron Devices, 2021, 68(4): 1507 - 1512.

[19] Liao W C, Chyi J I, Hsin Y M. Trap-profile extraction using high-voltage capacitance-voltage measurement in AlGaN/GaN heterostructure field-effect transistors with field plates[J]. IEEE Transactions on Electron Devices, 2015, 62(3): 835 - 839.

[20] Nicollian E H, Brews J R. MOS (Metal Oxide Semiconductor) physics and technology[M]. Hoboken: John Wiley & Sons, 2002.

[21] Nicollian E H, Goetzberger A. The Si-SiO$_2$ Interface-electrical properties as determined by the metal-insulator-silicon conductance technique[J]. Bell System Technical Journal, 1967, 46(6): 1055 - 1133.

[22] Engel-Herbert R, Hwang Y, Stemmer S. Comparison of methods to quantify interface trap densities at dielectric/III-V semiconductor interfaces[J]. Journal of Applied Physics, 2010, 108(12): 153.

[23] Jackson C M, Arehart A R, Cinkilic E, et al. Interface trap characterization of atomic layer deposition Al$_2$O$_3$/GaN metal-insulator-semiconductor capacitors using optically and thermally based deep level spectroscopies[J]. Journal of Applied Physics, 2013, 113(20).

[24] Zhu J J, Ma X H, Hou B, et al. Investigation of trap states in high Al content AlGaN/GaN high electron mobility transistors by frequency dependent capacitance and conductance analysis[J]. AIP Advances, 2014, 4(3).

[25] Ma X H, Zhu J J, Liao X Y, et al. Quantitative characterization of interface traps in Al$_2$O$_3$/AlGaN/GaN metal-oxide-semiconductor high-electron-mobility transistors by dynamic capacitance dispersion technique[J]. Applied Physics Letters, 2013, 103(3).

[26] Stoklas R, Gregušová D, Novák J, et al. Investigation of trapping effects in AlGaN/GaN/Si field-effect transistors by frequency dependent capacitance and con-

ductance analysis[J]. Applied Physics Letters，2008，93(12)：124103.

[27] Ramanan N，Lee B，Misra V. Comparison of methods for accurate characterization of interface traps in GaN MOS-HFET devices[J]. IEEE Transactions on Electron Devices，2015，62(2)：546－553.

[28] Yang S，Liu S H，Lu Y Y，et al. AC-capacitance techniques for interface trap analysis in GaN-based buried-channel MIS-HEMTs[J]. IEEE Transactions on Electron Devices，2015，62(6)：1870－1878.

第 3 章　SiC 功率 MOSFET 器件可靠性

3.1　高温偏置应力可靠性

作为由栅极控制工作行为的 MOS 器件,SiC 功率 MOSFET 的栅氧可靠性至关重要,通常采用 HTGB 实验对其进行考核。通过监测实验过程中 V_{th} 的漂移量(ΔV_{th})的大小,来衡量器件栅氧的高温偏置稳定性(Bias Temperature Instability,BTI)。由于 SiC 功率 MOSFET 的 SiC/SiO$_2$ 界面质量差,因此它的栅氧可靠性问题一直是业内研究的重点,有关 SiC 功率 MOSFET 承受栅压偏置应力后的退化研究报道不断涌现。这些研究大多聚焦于 SiC 功率 MOSFET 在正/负直流高温栅偏置应力下 V_{th} 的漂移及其退化机理。然而,由于 SiC 功率 MOSFET 在功率系统中常处于开关工作状态,承受动态栅脉冲应力,因此研究 SiC 功率 MOSFET 的 V_{th} 在不同动态栅应力条件下的退化机理更具有实际意义。本节将关注 SiC 功率 MOSFET 在动态栅脉冲应力下的退化机理,探究包括栅应力脉冲的占空比、频率以及上升/下降时间等不同动态应力条件对器件 V_{th} 退化的具体影响。另外,本节还关注了 SiC 功率 MOSFET 的 V_{th} 在零栅压阶段的退化恢复现象。

3.1.1　SiC MOSFET 动态栅应力退化

在功率系统中,SiC 功率 MOSFET 通常被当作开关器件使用,长时间工作在开关状态下。因此,相比于恒定栅偏置应力,探究 SiC 功率 MOSFET 的动态栅应力退化机理更具有实际意义。典型的栅脉冲电压波形如图 3.1 所示,它由上升沿、高电压平台、下降沿、低电压平台(此处为零压平台)等阶段组成,每个阶段的持续时间分别定义为上升时间(T_r)、导通时间(T_{on})、下降时间(T_f)和阻断时间(T_{off})。脉冲波形的周期(τ)和占空比(D)分别为:

$$\tau = T_{on} + T_{off} + T_r + T_f \approx T_{on} + T_{off} = \frac{1}{f} \tag{3.1}$$

$$D = \frac{T_{on}}{\tau} \tag{3.2}$$

通过改变以上参数,就可以改变脉冲波形的基本特性。

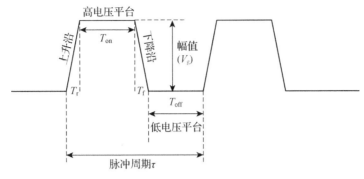

图 3.1　典型的动态栅脉冲电压波形

本小节将探究不同动态栅应力条件对 SiC 功率 MOSFET 退化的影响,包括脉冲频率、上升/下降沿和占空比对退化的影响。目标器件为 Wolfspeed 公司生产的型号为 C2M0160120D 的 SiC 功率 MOSFET 产品。由于栅偏置应力主要会引起 SiC 功率 MOSFET 的 V_{th} 的退化,因此这里用基于不同应力时间节点提取得到的 V_{th} 的退化量 (ΔV_{th})来衡量器件的退化程度。表 3.1 为本小节采用的中心应力条件,研究不同因素对器件退化影响时只改变其中的某一特定变量。

表 3.1　SiC 功率 MOSFET 动态栅脉冲应力退化实验中心条件

参数	频率/Hz	上升/下降时间/μs	占空比/%	幅值/V	环境温度/℃
数值	10 k	1	50	-25	225

不同频率条件主要会改变动态栅应力过程中上升/下降沿的数量,另外,开关频率越快,则栅电容充放电越频繁,也可能对器件的退化产生影响。为了探究频率因素对 SiC 功率 MOSFET 的 V_{th} 退化的影响,选取三个样品,分别对其加载不同频率的动态栅应力,具体频率条件如表 3.2 所示。

表 3.2　不同栅脉冲频率实验条件

样品编号	1	2	3
频率/kHz	1	10	100

三个样品 V_{th} 的退化百分比随应力时间的变化如图 3.2 所示。可以看到即使 1 号、2 号和 3 号样品的动态栅应力频率后者分别是前者的十倍,即上升下降沿数量后者分别是前者的十倍,在不同频率条件下的 V_{th} 退化量之间差异也很小,三个器件几乎是沿着同一条退化曲线发生退化。尤其是随着应力时间变长,不同频率条件下的退化量趋于一致,在 50 h 应力后 1 kHz、10 kHz 和 100 kHz 条件下的 V_{th} 退化率分别为 27.75%、29.71% 和 30.67%。这表明 SiC 功率 MOSFET 在动态栅应力下的 V_{th} 退化几乎不受频率因素的影响。

改变栅脉冲应力的上升/上升下降时间主要改变的是开启和关断过程中器件栅极承受的 dv/dt 应力。现有研究表明,不同功率器件漏极的 dv/dt 应力会显著影响器件的退

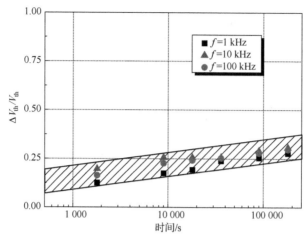

图 3.2　SiC 功率 MOSFET 的 V_{th} 在不同频率动态栅应力下的退化率

化速率, dv/dt 越高, 器件所受的瞬时应力越大, 退化越明显, 然而作用在栅极的 dv/dt 应力是否会显著影响 SiC 功率 MOSFET 的退化不得而知。这里改变栅脉冲的上升/下降时间, 探究不同栅脉冲 dv/dt 应力对 SiC 功率 MOSFET 退化的影响, 表 3.3 为三个样品的测试条件。

表 3.3　不同栅脉冲上升/下降时间实验条件

样品编号	4	5	6
上升/下降时间/μs	0.1	1	10

图 3.3 为这三个样品 V_{th} 的退化百分比随应力时间的变化。与不同频率条件下的实验结果类似, 在不同上升/下降时间条件下的 V_{th} 退化量之间的差异也很小, 在 50 h 应力后 0.1 μs、1 μs 和 10 μs 上升/下降时间条件下的 V_{th} 退化量分别为 28.84%、29.93% 和 30.08%, 并未呈现出统一的递增或递减的趋势。这说明 SiC 功率 MOSFET 在动态栅应力下的 V_{th} 退化几乎不受脉冲上升/下降时间因素的影响。

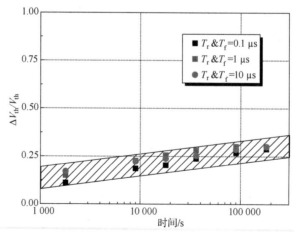

图 3.3　SiC 功率 MOSFET 的 V_{th} 在不同上升/下降时间的栅应力下的退化率情况

脉冲占空比决定了在应力过程中器件承受栅压高电平作用以及零压低电平作用的时间比例,因此不同占空比势必会影响器件 V_{th} 的退化程度。改变栅脉冲的占空比,探究不同占空比对 SiC 功率 MOSFET V_{th} 退化的影响,表 3.4 为四个样品的测试条件。

表 3.4　不同栅脉冲占空比实验条件

样品编号	7	8	9	10
占空比/%	25	50	75	100

四个样品 V_{th} 的退化率随应力时间的变化如图 3.4 所示。可以看到,器件在承受恒流栅应力($D=100\%$)后 V_{th} 的退化量要远高于承受动态栅应力的退化量,而不同占空比动态栅应力造成的退化量之间的差距不大。在经过 25 h 恒流应力后,V_{th} 的退化率达到了46.19%,而 75%、50% 和 25% 占空比条件经过 25 h 应力后的 V_{th} 的退化率分别只有22.44%、19.64% 以及 16.83%。这主要是由两方面原因造成的:一方面,随着占空比的减小,高电平应力时间缩短,这使得 V_{th} 的退化量不断减小;另一方面,在动态应力的零电平阶段存在退化恢复现象,高电平阶段注入栅氧的电荷会在此时退出氧化层,使得 ΔV_{th}发生回退。动态栅应力的占空比越小,则零电平恢复时间越长,ΔV_{th} 的恢复量越大,宏观上动态栅应力造成的退化越小。

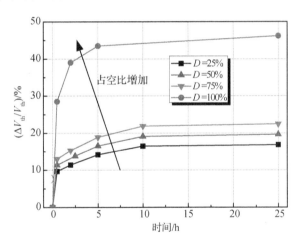

图 3.4　SiC 功率 MOSFET 的 V_{th} 在不同占空比动态栅应力下的退化率情况

3.1.2　SiC MOSFET 动态栅应力退化恢复效应

动态栅应力与恒压栅应力最大的区别是其在一个脉冲周期中存在高电平、零电平、脉冲上升以及下降四个阶段。由之前的实验现象可以得出这样的结论,脉冲上升、下降以及脉冲频率不影响 SiC 功率 MOSFET 在动态栅应力下的退化。在应力过程中,高电平阶段的栅应力促使 V_{th} 退化,而在零电平阶段器件的 V_{th} 又存在退化恢复现象,使 ΔV_{th}减小,二者共同作用,形成了 SiC 功率 MOSFET 的 V_{th} 在动态栅应力下的总退化趋势。因此,为了深入探究动态栅应力对 SiC 功率 MOSFET 的影响,必须进一步明确这两个阶

段分别对器件的 V_{th} 造成的影响。本小节将探究栅应力过程中,包括温度、电压幅值以及应力时间在内的不同高低电平应力条件分别对 V_{th} 退化所起的作用,尤其关注零电平阶段的退化恢复现象。

为了清晰地显示高电平应力阶段与零电平恢复阶段器件 V_{th} 的退化情况,这里设计了一个实验,利用 Aglient B1505 半导体参数测试仪,对 SiC 功率 MOSFET 施加一段恒定高电平栅应力后立即切换为恒定零电平应力,在不同时间节点直接监测器件的 V_{th}。为了抑制实验条件对实测结果的影响,统一在 $V_{ds}=0.1$ V 以及 $I_{ds}=1$ μA 的条件下提取 V_{th}。由于不同温度下 SiC 功率 MOSFET 的 V_{th} 有所变化,随着温度的升高,器件的 V_{th} 不断降低,所以继续采用 $\Delta V_{th}/V_{th}$ 表征 V_{th} 的退化程度不合理。由于在不同温度下等量额外界面注入电荷引起的电压漂移量相等,不受温度的影响,因此这里直接采用 ΔV_{th} 来表征不同应力条件下的退化情况。所有 V_{th} 都在相应的应力温度下测量得到。为了减小输出转移曲线扫描过程中 V_{th} 的退化恢复,在测量 V_{th} 时栅压统一由负扫到正,栅压扫描范围控制在 4 V 以内。

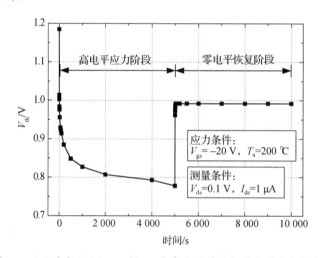

图 3.5　SiC 功率 MOSFET 的 V_{th} 在高电平阶段与零电平阶段的变化

图 3.5 为在 $V_{gs}=-20$ V 和 $T_a=200$ ℃ 条件下测量得到的 SiC 功率 MOSFET 的 V_{th} 的变化情况。在应力阶段,由于负偏置栅压在 SiC/SiO$_2$ 界面处产生了由半导体指向氧化层的电场,引起栅氧界面处的正电荷注入,因此器件的 V_{th} 不断降低,在 5 000 s 应力时间后 V_{th} 由 1.119 V 的初始阈值(V_{th0})降低至 0.753 V。在恢复阶段,器件的 V_{th} 迅速提升,在较短的时间内即达到饱和值($V_{th\text{-}sa}$),即 0.963 V,在随后的恢复过程中也一直维持在这一饱值。分别定义应力阶段的阈值退化量($\Delta V_{th\text{-}st}$)和恢复阶段的阈值恢复量($\Delta V_{th\text{-}re}$)为:

$$\Delta V_{th\text{-}st}=V_{th0}-V_{th\text{-}st} \tag{3.3}$$

$$\Delta V_{th\text{-}re}=V_{th\text{-}re}-V_{th\text{-}re0} \tag{3.4}$$

式中,$V_{th\text{-}st}$ 为应力阶段某一时刻测量得到的 V_{th},$V_{th\text{-}re}$ 为恢复阶段某一时刻测量得到的 V_{th},$V_{th\text{-}re0}$ 为恢复阶段的 V_{th} 初始值,也等于应力最后时刻的 V_{th}。最大阈值退化量

（$\Delta V_{\text{th-stmax}}$）与最大阈值恢复量（$\Delta V_{\text{th-remax}}$）分别为：

$$\Delta V_{\text{th-stmax}} = V_{\text{th0}} - V_{\text{th-re0}} \tag{3.5}$$

$$\Delta V_{\text{th-remax}} = V_{\text{th-sa}} - V_{\text{th-re0}} \tag{3.6}$$

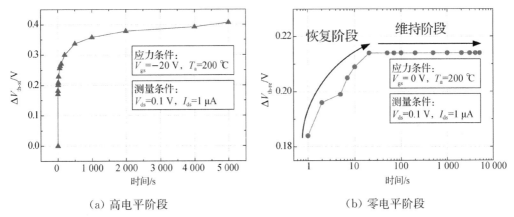

（a）高电平阶段　　　　　　　　　　　　（b）零电平阶段

图 3.6　SiC 功率 MOSFET 在高电平阶段的 $\Delta V_{\text{th-st}}$ 与零电平阶段的 $\Delta V_{\text{th-re}}$ 的变化情况

为了进一步更加清晰地体现 SiC 功率 MOSFET 的 V_{th} 在应力和恢复阶段的变化情况，分别提取不同应力和恢复时间点下的 $\Delta V_{\text{th-st}}$ 和 $\Delta V_{\text{th-re}}$，如图 3.6 所示。在高电平应力阶段的初期，器件的 V_{th} 即产生一个较大的退化量，应力 1 s 后的 $\Delta V_{\text{th-st}}$ 为 0.171 V，之后随着应力时间的增加，注入栅氧界面的正电荷逐渐增多，$\Delta V_{\text{th-st}}$ 不断变大，但是退化速率变缓，在 5 000 s 后达到 $\Delta V_{\text{th-stmax}}$（0.407 V）。零电平恢复阶段明显可以分为两个部分，初期为恢复阶段，在 20 s 以内，随着恢复时间的增加，$\Delta V_{\text{th-re}}$ 逐渐增大，最终达到 $\Delta V_{\text{th-remax}}$，此处为 0.214 V，随后 V_{th} 一直保持在 $V_{\text{th-sa}}$，器件处于维持阶段。

造成这一现象的原因可能是：在应力阶段，注入氧化层的正电荷在栅氧界面产生了由氧化层指向半导体的电场，抵消了部分负栅压应力，随着应力时间的推移，这一反向电场逐渐增大，降低了正电荷的注入效率，这也是为什么应力阶段的 $\Delta V_{\text{th-stmax}}$ 在线性坐标轴上增长逐渐变缓，趋于饱和的原因。在恢复阶段，由于外加应力消失，$V_{\text{gs}} = 0$ V，栅氧界面只剩下正电荷产生的电场分量，该电场排斥正电荷，吸引负电荷。因此部分近表面正电荷被排出，负电荷被注入，所以此时 V_{th} 不断正漂。随着恢复时间的增加，排出氧化层的正电荷不断增加，电场逐渐减弱，V_{th} 的恢复速率降低。最终，当电场降低到某一特定值时，在零压条件下不足以使注入栅氧深处的正电荷继续排出，栅氧界面达到平衡状态。此时器件处于维持阶段，V_{th} 保持不变。温度对阈值退化和恢复同样产生了影响。选取不同 T_{a} 条件，此处分别为 75 ℃、125 ℃、150 ℃ 和 200 ℃，保持其他条件不变，对四个新样品重复以上实验，并与图 3.6 中的实验结果进行比较，探究温度因素对 SiC 功率 MOSFET V_{th} 的退化和恢复的影响。不同 T_{a} 下 V_{th} 随时间的变化如图 3.7 所示。可以看到，不同 T_{a} 下 V_{th} 在高电平应力阶段的退化趋势以及零电平恢复阶段的恢复趋势保持稳定，几乎都是随着 T_{a} 的升高而整体向下平移。这主要是随着温度的升高，V_{th0} 不断降低造成的。$T_{\text{a}} = 175$ ℃ 条件下的退化是个特例，这是样品的 V_{th0} 之间存在差异导致的。

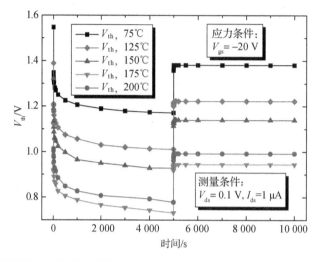

图 3.7　不同环境温度应力条件下 SiC 功率 MOSFET 的 V_{th} 在高电平阶段与零电平阶段的变化

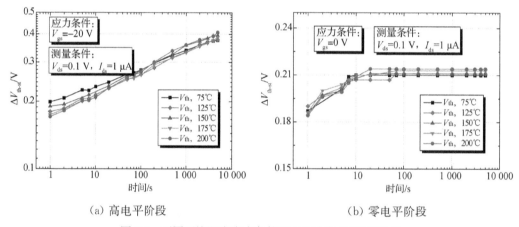

（a）高电平阶段　　　　　　　　　　（b）零电平阶段

图 3.8　不同环境温度应力条件下 SiC 功率 MOSFET 在
高电平阶段的 $\Delta V_{th\text{-}st}$ 与零电平阶段的 $\Delta V_{th\text{-}re}$ 的变化情况

图 3.8 所示为进一步提取的不同温度下两个阶段的 $\Delta V_{th\text{-}st}$ 与 $\Delta V_{th\text{-}re}$ 随时间的变化情况。在排除了不同 T_a 下 V_{th0} 的差异之后，五个样品的 $\Delta V_{th\text{-}st}$ 与 $\Delta V_{th\text{-}re}$ 随时间的变化趋势似乎趋于一致，这表明环境温度对 SiC 功率 MOSFET 的 V_{th} 在高栅压应力下的退化以及在零栅压下的恢复均不产生影响。值得注意的是，由图 3.8(a) 可以看出，$\Delta V_{th\text{-}st}$ 的对数与应力时间的对数呈线性关系：

$$\lg \Delta V_{th\text{-}st} = B + n \lg t \tag{3.7}$$

化简后有：

$$\Delta V_{th\text{-}st} = B \cdot t^n \tag{3.8}$$

可以看到二者呈简单幂次关系，这在其他文献中也有类似报道。

为了探究栅应力幅值对 SiC 功率 MOSFET V_{th} 的退化和恢复的影响，改变应力阶段的 V_{gs}，此处设为 -10 V、-15 V 和 -20 V，同时保持其他条件不变，在 $T_a = 200$ ℃条件下对三个新样品重复图 3.6 中的实验,并将三次实验结果进行比较,如图 3.9 所示。可以看到器件的 V_{th} 依旧保持了与之前实验类似的退化和恢复趋势。

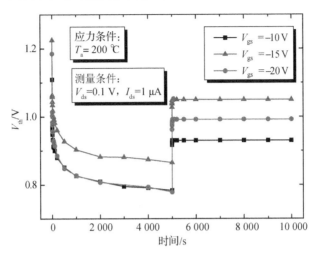

图 3.9　$T_a = 200$ ℃时不同 V_{GS} 条件下 SiC 功率 MOSFET 的
V_{th} 在高电平阶段与零电平阶段的变化情况

进一步提取不同 V_{gs} 条件下两个阶段的 $\Delta V_{th\text{-}st}$ 与 $\Delta V_{th\text{-}re}$ 随时间的变化情况,展现在图 3.10 中。在高电平应力阶段,$\Delta V_{th\text{-}st}$ 与应力时间之间依旧呈式(3.8)所示简单幂次关系,三条退化曲线随着 V_{gs} 的增加而近似平行上移,这一点将在后续章节中进行深入探究。在零电平阶段,V_{th} 的恢复量明显受 V_{gs} 的影响,V_{gs} 越大,则 $\Delta V_{th\text{-}remax}$ 越大。另外值得关注的是,随着 V_{gs} 的增加,恢复阶段的时间变长,V_{th} 需要更长的恢复时间才能够达到 $V_{th\text{-}sa}$。如图 3.9 和图 3.10 所示的实验现象表明,不同于温度因素,应力阶段的栅偏置应力 V_{gs} 会强烈影响 V_{th} 的退化和恢复行为,V_{gs} 越大,则 $\Delta V_{th\text{-}stmax}$ 与 $\Delta V_{th\text{-}remax}$ 都越大。

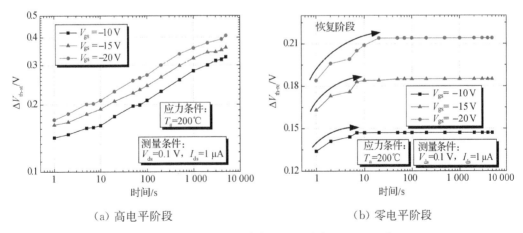

（a）高电平阶段　　　　　　　　　　（b）零电平阶段

图 3.10　不同 V_{gs} 应力条件下 SiC 功率 MOSFET 在
高电平阶段的 $\Delta V_{th\text{-}st}$ 与零电平阶段的 $\Delta V_{th\text{-}re}$ 的变化情况

将应力时间缩短至 100 s 和 500 s，恢复时间与应力时间相同，在 $V_{gs}=-20$ V 和 $T_a=175$ ℃条件下对两个新样品重复图 3.6 中所示实验，探究应力时间对 SiC 功率 MOSFET V_{th} 的退化和恢复行为的影响。$\Delta V_{th\text{-}st}$ 与 $\Delta V_{th\text{-}re}$ 随时间的变化情况分别展现在图 3.11(a)、(b)中，在应力阶段，三个器件的 $\Delta V_{th\text{-}st}$ 几乎是沿着同一条曲线退化，其间微小的差异是器件样品界面质量之间的差异造成的，应力时间越长，则 $\Delta V_{th\text{-}st}$ 越大。这也造成了恢复阶段三个样品 $\Delta V_{th\text{-}remax}$ 的差异，应力越长，$\Delta V_{th\text{-}remax}$ 也越大。另外，与图 3.10(b)中的现象类似，随着应力时间的增长，恢复阶段的时间也变长，V_{th} 需要更长的恢复时间才能够达到 $V_{th\text{-}sa}$。

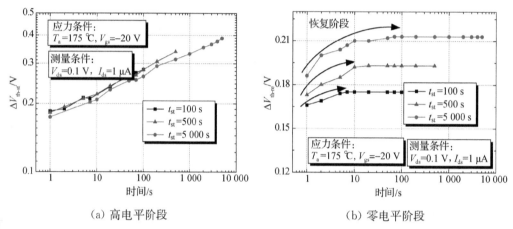

（a）高电平阶段　　　　　　　　　（b）零电平阶段

图 3.11　不同应力时间条件下 SiC 功率 MOSFET 在
高电平阶段的 $\Delta V_{th\text{-}st}$ 与零电平阶段的 $\Delta V_{th\text{-}re}$ 的变化情况

由之前的实验结果可以初步得出这样的结论：温度因素似乎对 SiC 功率 MOSFET 的 V_{th} 在高电平栅应力下的退化和零电平状态下的恢复影响不大，而应力阶段的 V_{gs} 和应力时间会强烈影响 $\Delta V_{th\text{-}st}$，V_{gs} 越大，应力时间越长，则 $\Delta V_{th\text{-}st}$ 越大。与此同时，虽然在零电平恢复阶段没有外加栅应力，但是器件的 $\Delta V_{th\text{-}remax}$ 也和应力阶段的 V_{gs} 以及应力时间相关，或者说 $\Delta V_{th\text{-}remax}$ 与 $\Delta V_{th\text{-}stmax}$ 相关，$\Delta V_{th\text{-}remax}$ 越大，$\Delta V_{th\text{-}stmax}$ 也越大。

本节基于高温动态负栅压应力退化实验，重点探究了 SiC 功率 MOSFET 的 V_{th} 在动态栅应力下的退化趋势及其退化机理。研究表明，在动态负栅应力的作用下，器件的 V_{th} 逐渐降低，这是负栅压应力促使正电荷注入 SiC 功率 MOSFET 的栅氧界面造成的。动态栅应力脉冲的频率和上升/下降时间并不会改变 V_{th} 的退化趋势，然而占空比会显著影响 V_{th} 的退化。动态应力下的 V_{th} 退化量远小于恒流应力造成的 V_{th} 退化量。这是因为除了高电平应力阶段，动态栅应力还包含零电平恢复阶段，额外注入的正电荷在这一阶段退出氧化层界面，使器件的 V_{th} 产生恢复现象，逐渐正漂。进一步研究 SiC 功率 MOSFET 在零压阶段的恢复现象，发现 V_{th} 在恢复的初期迅速正漂，随后达到饱和值，不再随着恢复时间的增加而发生变化，$\Delta V_{th\text{-}remax}$ 与应力阶段产生的 $\Delta V_{th\text{-}stmax}$ 相关，两者近似成正比。

3.2　雪崩冲击应力可靠性

当 SiC 功率 MOSFET 应用于电感负载功率系统(如驱动电机的桥式功率模块)中时,续流二极管的潜在失效风险使 SiC 功率 MOSFET 面临着 UIS 应力的冲击。另外,由于几乎所有功率系统都存在寄生电感,这同样也可能使 SiC 功率 MOSFET 在开关过程中承受 UIS 应力。因此单次脉冲雪崩击穿能量(E_{AS})成为衡量 SiC 功率 MOSFET 产品可靠性的一个关键参数。SiC 功率 MOSFET 的雪崩鲁棒性已经被广泛研究,这里便不再赘述。除了雪崩鲁棒性,SiC 功率 MOSFET 承受的非立即失效的重复 UIS 应力同样值得关注。本节将重点研究 SiC 功率 MOSFET 的电学参数,尤其是动态电学特性在重复 UIS 应力下的退化情况,并结合仿真和实测结果确定其损伤机理,提取相应的退化表征模型。

3.2.1　SiC MOSFET 雪崩冲击应力平台

在研究 SiC 功率 MOSFET 的重复 UIS 应力退化机理之前,首先需要搭建 UIS 应力实验平台。图 3.12(a)所示为 UIS 应力产生电路的拓扑结构。输入端由栅驱动电路提供栅压脉冲信号,用来控制待测器件(Device Under Test,DUT)的开关。负载端由直流电源提供 V_{DD}。电源正极通过定值电感负载 L 连接 DUT 的漏极,电源负极与 DUT 负极相连并接地。UIS 应力波形产生电路的实物照片如图 3.12(b)所示。

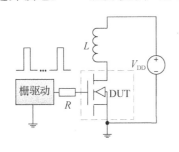

（a）拓扑结构　　　　　　　　　　（b）实物照片

图 3.12　SiC 功率 MOSFET UIS 应力波形产生电路的
拓扑结构和实物照片

图 3.13　SiC 功率 MOSFET UIS 应力波形

图 3.13 为利用该电路产生的 SiC 功率 MOSFET(C2M0160120D 产品) UIS 应力波形。当栅压处于高电平时,器件开启,负载电流速率恒定。

$$di/dt = V_{DD}/L \tag{3.9}$$

对负载回路充电。在本实验中,$V_{gs} = 0\ V \sim 15\ V$,$V_{DD} = 100\ V$,$L = 1\ mH$。经过 $180\ \mu s$ 后,负载电流(I_{load})达到最大值($I_{peak} = 18\ A$)。此时 V_{gs} 降为 $0\ V$,器件沟道关闭。由于没有续流二极管,电感中的电流无处泄放,只能从 DUT 的漏端灌入,反向流经体二极管结达到源端。这一过程中负载电流以恒定速率减小,为:

$$di/dt = (BV_{ds} - V_{DD})/L \tag{3.10}$$

DUT 此时处于雪崩击穿状态,BV_{ds} 为雪崩击穿时的 V_{ds},约为 1 640 V。需指出的是 BV_{ds} 随着 I_{load} 的增加会略有增加,但总体保持稳定,这是器件反向击穿特性决定的。BV_{ds} 与 I_{load} 一同形成了高压大电流应力状态,会对器件造成损伤甚至使其失效。

在一个单脉冲 UIS 应力过程中,DUT 所承受的雪崩能量(E_A)为:

$$E_A = \frac{1}{2} L \cdot I_{peak}^2 \cdot \frac{BV_{ds}}{BV_{ds} - V_{DD}} \tag{3.11}$$

当这一能量超过器件的 E_{AS},器件便会立即烧毁。图 3.13 所示的 UIS 应力过程中器件所承受的 E_A 约为 172.5 mJ。图 3.14 显示在相同测试条件下,该器件的最大负载电流约为 29 A。当负载电流峰值达到 30 A 时,器件失效。由此可以推算出该 SiC 功率 MOSFET 产品的 E_{AS} 约为 447.8 mJ。

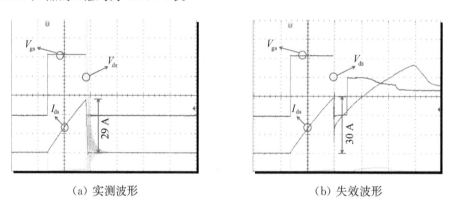

(a) 实测波形   (b) 失效波形

图 3.14　SiC 功率 MOSFET 承受雪崩应力时的 E_{AS} 实测波形和失效波形

3.2.2　SiC MOSFET 重复雪崩应力退化

本节以图 3.13 所示的 UIS 应力条件对 SiC 功率 MOSFET 进行重复应力。该条件远小于器件的雪崩极限能力,不会使器件应力过程中失效,同时又能使器件产生明显退化。为了尽量消除应力过程中热量集聚对器件退化的影响,采用 1% 的栅开关脉冲占空比,即脉宽 $180\ \mu s$,周期 18 ms。同时在器件背面添加热沉,并采用风冷散热,进一步降低器件的壳温(T_c)。对该 SiC 功率 MOSFET 施加最多 10^6 次 UIS 应力,分别在器件承受不同数量 UIS 应力循环后监测电学参数的退化情况,包括 V_{th}、R_{dson}、BV、V_f、输入电容(C_{iss})、输出电容(C_{oss})和转移电容(C_{rss})。

　　首先,器件的正向导通特性发生退化,SiC 功率 MOSFET 承受不同次数 UIS 应力后的输出转移曲线如图 3.15 所示,测试条件为 $V_{ds}=1$ V。在 $I_{ds}=1$ mA 条件下提取的 V_{th} 退化情况也展现在图中。随着 UIS 应力次数的增加,器件的输出转移特性保持稳定,V_{th} 稳定在 2.9 V 左右,几乎不退化。

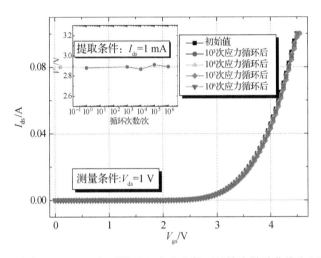

图 3.15　SiC 功率 MOSFET 在不同 UIS 应力次数下的输出转移曲线和 V_{th} 变化情况

　　图 3.16 显示了不同 UIS 应力次数下 $V_{gs}=15$ V 时该器件的 $I_d\text{-}V_d$ 曲线变化情况,$I_{ds}=10$ A 时提取的 R_{dson} 的退化也一并展示在图中。随着应力次数的增加,器件的电流能力略有增强,R_{dson} 在经历 10^6 次 UIS 应力之后下降了 1.51%,从 205.3 mΩ 下降为 202.2 mΩ。

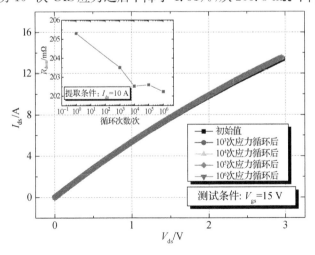

图 3.16　SiC 功率 MOSFET 在不同 UIS 应力次数下的 $I_d\text{-}V_d$ 特性和 R_{dson} 变化

反向阻断同样表现出退化。图 3.17 所示为承受不同次数 UIS 应力后该器件的反向阻断特性,测量时 $V_{gs}=0$ V。我们同时提取了在 $V_{ds}=1\,200$ V 下的关态漏源泄漏电流 (I_{dss}) 以及 $I_{ds}=100$ μA 下的 BV。可以看到,该器件的 BV 稳定在 1 615 V 左右,I_{dss} 稳定在 10^{-7} 数量级。它的反向特性保持稳定,几乎不受重复 UIS 应力的影响。

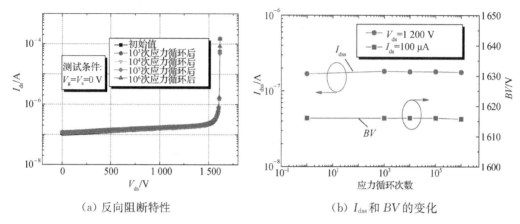

（a）反向阻断特性　　　　　　　　（b）I_{dss} 和 BV 的变化

图 3.17　SiC 功率 MOSFET 在不同 UIS 应力次数下的反向阻断特性以及 I_{dss} 和 BV 的变化

由于在 UIS 应力过程中,电流反向灌入 SiC 功率 MOSFET 的体二极管,因此体二极管的退化情况同样值得关注。图 3.18 给出了在 $V_{gs}=0$ V 条件下测量得到的不同 UIS 应力次数下的体二极管正向导通特性,V_f 在 $I_{sd}=100$ mA 的条件下被提取。可以看出,在不同次数 UIS 应力节点下,器件的体二极管正向导通特性不变,V_f 稳定在 2.6 V 左右。该器件的体二极管反向恢复特性也被监测,如图 3.19 所示。测试时采用了双脉冲电感负载开关测试方法,测试条件与图 3.32 相同,DUT 作为续流二极管使用,在第二个脉冲的上升沿监测流经 DUT 的电流。可以看到,反向恢复尖峰并不随 UIS 应力的增加而变化。图 3.18 和图 3.19 表明即使作为雪崩电流的主要路径,SiC 功率 MOSFET 的体二极管也并不会因重复 UIS 应力受到损伤。

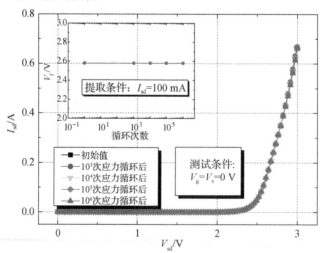

图 3.18　SiC 功率 MOSFET 在不同 UIS 应力次数下的体二极管正向导通特性和 V_f 变化情况

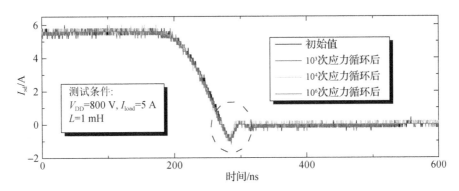

图 3.19　SiC 功率 MOSFET 在不同 UIS 应力次数下的体二极管反向恢复特性

从图 3.15 到图 3.19 展示的实测结果可以看到,在承受高达 10^6 次 UIS 应力冲击之后,SiC 功率 MOSFET 的关键静态参数中,除了 R_{dson} 有 1.5% 的微小降低以外,其他参数并没有展现出明显的退化趋势。

虽然 SiC 功率 MOSFET 的静态特性不受重复 UIS 应力的影响,但是并非所有电学参数都稳定不变。在应力过程中,器件的电容特性发生了退化。图 3.20 为不同 UIS 应力次数下器件的 C_{iss}、C_{oss} 和 C_{rss} 实测曲线。测试条件为 $V_{gs}=0$ V,$V_{ac}=25$ mV,$f=1$ MHz。随着 UIS 应力次数的增加,在低漏压条件下,器件的 C_{iss}、C_{oss} 和 C_{rss} 都明显增大,而在高漏压条件下,器件的 C_{iss}、C_{oss} 和 C_{rss} 逐渐减小趋近于饱和,不再受 UIS 应力的影响。

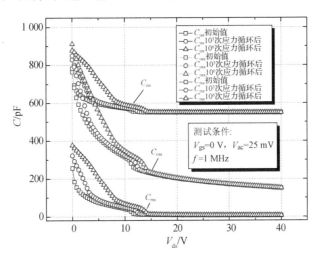

图 3.20　SiC 功率 MOSFET 在不同 UIS 应力次数下的 C_{iss}、C_{oss} 和 C_{rss} 特性

更进一步地,由于:

$$C_{iss}=C_{gs}+C_{gd} \tag{3.12}$$

$$C_{oss}=C_{ds}+C_{gd} \tag{3.13}$$

$$C_{rss}=C_{gd} \tag{3.14}$$

根据式(3.12)~(3.14)进一步提取 C_{gs}、C_{gd} 和 C_{ds} 随 UIS 应力的退化情况,如图 3.21

所示。在这三个电容特性中,C_{gs} 和 C_{ds} 几乎不受 UIS 应力的影响,只有 C_{gd} 在低漏压条件下随着 UIS 应力次数的增加而增大,在高漏压条件下趋于饱和,约等于零。也正是 C_{gd} 的这一退化趋势造成了图 3.20 中 C_{iss}、C_{oss} 和 C_{rss} 的退化。

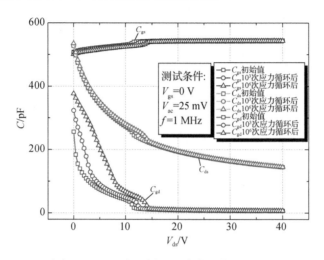

图 3.21　SiC 功率 MOSFET 在不同 UIS 应力次数下的 C_{gs}、C_{gd} 和 C_{ds} 特性

为了排除栅氧退化对电容特性的影响,对不同 UIS 应力次数下栅极漏电流(I_{gss})随栅压变化的特性曲线进行监测,如图 3.22 所示。实测结果显示,器件的栅极漏电流特性不随 UIS 应力次数的增加而变化,在 $V_{gs} = 15$ V,$V_{ds} = 0$ V 条件下提取得到的 I_{gss} 的值稳定在 5~6 nA 之间。这表明器件的栅极氧化层在承受重复 UIS 应力的过程中一直保持良好的绝缘特性,因此图 3.21 和图 3.22 所示的电容特性的实测退化是可信的,它们确实是由于 UIS 应力作用于器件造成的。

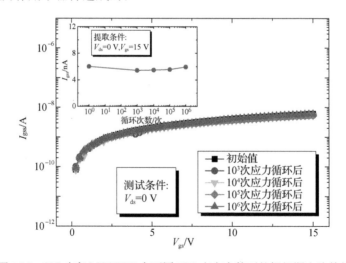

图 3.22　SiC 功率 MOSFET 在不同 UIS 应力次数下的栅极漏电流特性

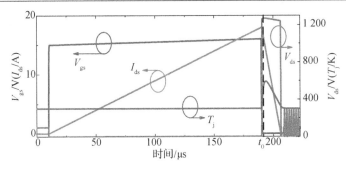

图 3.23　SiC 功率 MOSFET 的 UIS 过程仿真波形

利用混合模型仿真方法模拟器件的 UIS 应力过程,应力条件与图 3.12 所示的实测条件相同。仿真得到的 V_{gs}、V_{ds}、I_{ds} 波形以及 T_j 随时间的变化如图 3.23 所示,它与图 3.13 的实测波形相吻合,从侧面反映出仿真的合理性。

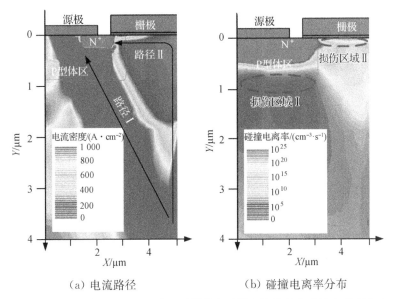

（a）电流路径　　　　　　　　　（b）碰撞电离率分布

图 3.24　SiC 功率 MOSFET 处于雪崩状态时的电流路径和碰撞电离率分布

在图 3.23 中 $I_{load} = I_{peak}$ 的时间点 t_0 处提取 SiC 功率 MOSFET 处于雪崩状态时的电流路径以及碰撞电离率,如图 3.24 所示。正如前文分析的,在雪崩状态时,电流主要反向流经体二极管,如图 3.24（a）中的路径 Ⅰ 所示。在图 3.24（b）中,由 P 型体区和 N 型漂移区组成的 PN 结处的碰撞电离率也最高,说明这里是承受 UIS 应力的主要位置。然而,器件的体二极管特性并不受 UIS 应力的影响。仔细观察图 3.24（a）,可以发现在雪崩状态时,还存在另外一条贴近器件栅氧界面的电流路径 Ⅱ。图 3.24（b）也显示在界面处存在碰撞电离分布。这可能是造成电容退化的主要原因。

图 3.25 是在 t_0 时刻提取的沿栅氧界面的碰撞电离率和纵向电场（$E_\perp$）分布情况。碰撞电离率的峰值达到了 1×10^{24}（$\mathrm{cm^{-3} \cdot s^{-1}}$）,而 $E_\perp$ 的峰值达到了 1.6 MV/cm,二者同时出现在 JFET 区的栅氧界面处,表明这里在雪崩过程中承受了应力,受到了损伤。$E_\perp$

的值为负,表明此处的纵向电场是从衬底指向表面,将导致栅氧化层下方正电荷的注入。另外,器件沟道界面处的碰撞电离率和 $E_\perp$ 的值都很低,说明重复 UIS 应力不影响沟道区的栅氧界面。

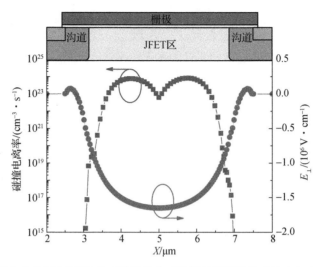

图 3.25　SiC 功率 MOSFET 处于雪崩状态时沿栅氧界面处的碰撞电离率和 $E_\perp$ 分布

　　分别使用第二章所述分段 C-V 法和 CP 法测量 SiC 功率 MOSFET 的栅氧界面损伤情况,进一步证实仿真结论的正确性。图 3.26(a)和(b)分别展示了在不同 UIS 应力次数下该器件的 C_g-V_g 曲线和 I_{cp} 曲线。C_g-V_g 曲线的Ⅲ区和Ⅳ区同时发生了负向漂移而表征沟道区的Ⅱ区没有变化,这表明器件 JFET 区的栅氧中有正电荷注入而沟道区几乎不退化。I_{cp} 曲线的左边沿随着 UIS 应力次数的增加不断向负压方向移动,说明在器件 JFET 区的栅氧中有正电荷注入,与此同时,I_{cp} 曲线的右边沿几乎不变,表面器件的沟道区几乎不受影响。分段 C-V 与 CP 实验结果都与仿真结果相吻合,证明 SiC 功率 MOSFET 在重复 UIS 应力过程中的主要损伤机理为 JFET 区栅氧中的正电荷注入。

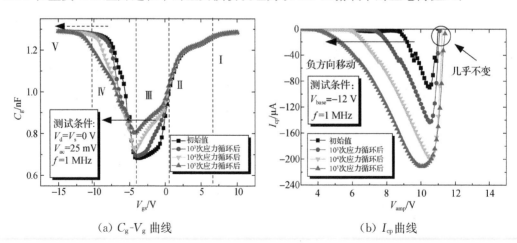

（a）C_g-V_g 曲线　　　　　　　　　　（b）I_{cp} 曲线

图 3.26　不同 UIS 应力次数下 SiC 功率 MOSFET 的 C_g-V_g 曲线和 I_{cp} 曲线

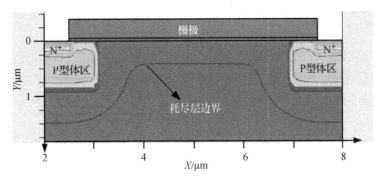

（a）重复 UIS 应力前

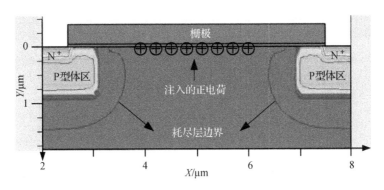

（b）重复 UIS 应力后

图 3.27 重复 UIS 应力前与应力后 SiC 功率 MOSFET 的耗尽层分布变化

为了理解器件电容特性的退化与损伤机理之间的关系，进一步通过仿真对比了在 UIS 应力前后器件内部耗尽层的变化情况，如图 3.27 所示，仿真条件为 $V_{gs} = V_{ds} = 0$ V。通过在 JFET 区的栅氧中添加密度为 1×10^{12} cm^{-2} 的正电荷模拟承受重复 UIS 应力后的器件特性。对比图 3.27（a）与图 3.27（b）可以发现，额外注入 JFET 区栅氧中的正电荷作用效果等效于在栅极添加额外的正压偏置，这会减小相同栅压条件下的 JFET 区半导体中的耗尽层厚度。

对于 SiC 功率 MOSFET 这样的纵向 MOS 器件，C_{gd} 可以近似看作 JFET 区电容，根据：

$$C_{gd} = \cfrac{1}{\cfrac{1}{C_{oj}} + \cfrac{1}{C_{dj}}} = \cfrac{1}{\cfrac{t_{ox}}{\varepsilon_{ox} \cdot S_j} + \cfrac{t_d}{\varepsilon_s \cdot S_j}} = \cfrac{\varepsilon_{ox} \cdot S_j}{t_{ox} + \left(\cfrac{\varepsilon_{ox}}{\varepsilon_s}\right) \cdot t_d} \tag{3.15}$$

式中 ε_{ox} 为氧化层介电常数，ε_s 为 SiC 介电常数，S_j 为 JFET 区总面积，t_{ox} 为栅氧厚度，t_d 为耗尽层厚度。可以发现此处只有 t_d 为变量，当 t_d 减小时，C_{gd} 增大。因此，随着 UIS 应力次数的增加，注入 JFET 区氧化层的正电荷变多，耗尽层不断变薄，在低 V_{ds} 偏置条件下 C_{gd} 不断增大。在高 V_{ds} 偏置条件下，耗尽层厚度不断增大，使 C_{gd} 趋近饱和，近似等于零。所以此时 JFET 区栅氧中注入的正电荷引起的耗尽层厚度变化已经不足以引起 C_{gd} 的明显变化，正如图 3.21 所示。另外，额外注入栅氧的正电荷还会在半导体表面吸引电子，增加表面电子浓度,从而降低器件的 R_{dson}。这是造成图 3.16 所示 R_{dson} 随着 UIS 应力次数增加而略有下降的原因。

SiC 功率 MOSFET 在重复 UIS 应力下的退化机理已经明确。雪崩过程使正电荷注入 JFET 区的栅氧化层中,造成了器件的退化。同时,器件的沟道区并没有受到损伤。在应力过程中,除了 R_{dson} 略微降低,包括 V_{th},BV,I_{dss},I_{gss},V_f 等参数在内的其他静态电学参数都没有明显退化。然而这并不意味着重复 UIS 应力不影响 SiC 功率 MOSFET 的器件特性。随着 UIS 应力次数的增加,C_{gd} 不断增大,而这一电容参数与器件的开关特性密切相关。由于多数情况下 SiC 功率 MOSFET 在功率系统中被当作开关器件使用,所以它的开关特性的退化机制同样值得关注。本节将探究重复 UIS 应力对 SiC 功率 MOSFET 开关特性的影响。

采用双脉冲电感负载开关测试方法测量器件的开关特性。在探究 SiC 功率 MOS-FET 开关特性的退化机制之前,有必要深入理解 MOSFET 的电感负载开关过程,尤其是器件本征电容在开关过程中的作用。

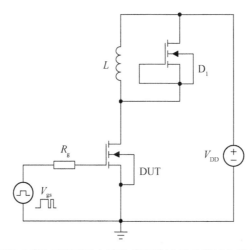

图 3.28　SiC 功率 MOSFET 电感负载双脉冲开关测试电路拓扑示意图

图 3.28 所示为电感负载双脉冲开关测试电路的拓扑示意图。在输出端,外加直流电源提供 V_{DD},电源正极通过电感 L 连接 DUT 的漏极,DUT 源极与电源负极相连接地。另一个 MOSFET D_1 栅源短接,与 L 并联作为续流二极管使用。在输入端,驱动芯片提供双脉冲信号驱动 DUT 栅极,改变栅电阻(R_g)的大小可以控制器件的开关速度。

下管的理想双脉冲开关波形如图 3.29 所示。当栅脉冲在 t_1 时刻开启时,V_{ds} 由 V_{DD} 降至器件 V_{on},负载回路通过 L 给 DUT 充电,I_{ds} 以恒定斜率上升。当达到测试所需 I_{load} 时,栅压由 V_{gs} 降为 0。此时负载电流在 L 与 D_1 组成的回路中续流。等到 t_3 时刻,V_{gs} 再次上升,续流电流再次流经 DUT,I_{ds} 从 I_{load} 值开始继续以恒定斜率上升。t_4 时刻栅压再次关闭,整个双脉冲测试过程完成。分别展宽第二个栅压脉冲的上升沿和第一个栅压脉冲的下降沿,提取器件的开启波形和关断波形。

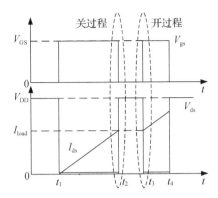

图 3.29　功率 MOSFET 电感负载双脉冲开关测试下管的理想波形

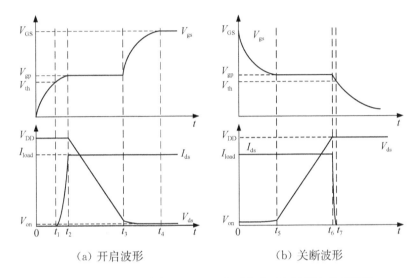

（a）开启波形　　　　　　　　　　（b）关断波形

图 3.30　理想 SiC 功率 MOSFET 电感负载开启波形和关断波形

理想的开启波形和关断波形分别如图 3.30(a)和(b)所示。在开启状态:从 0 时刻到 t_1 时刻,V_{gs} 从 0 V 上升至 V_{th},在这一过程中器件尚未导通,I_{ds} 为 0 A,V_{ds} 维持在 V_{DD}。从 t_1 时刻到 t_2 时刻,器件逐渐开启,I_{ds} 的值从 0 A 上升达到 I_{load},此后一直维持在 I_{load}。在这一过程中 V_{gs} 从 V_{th} 上升至平台电压(V_{gp})。V_{gp} 的计算公式为:

$$V_{gp}=V_{th}+\sqrt{\frac{J_{on}W \cdot L}{2\mu_n C_{ox}}} \tag{3.16}$$

式中 J_{on} 为开态电流密度。此时下管 I_{ds} 的来源是续流回路,续流二极管中的电流逐渐转移至 DUT 中,而 L 中的电流值维持在 I_{load},因此它两端不产生感生压降,V_{DD} 直接加载在 DUT 漏极,所以 V_{ds} 的值依然维持在 V_{DD}。在 0 到 t_2 这段时间内,V_{gs} 发生变化,栅极电流在给 C_{gs} 充电。在相同条件下,C_{gs} 的大小决定了 t_2 的大小。在 t_2 至 t_3 时间段,由于 I_{ds} 的值被钳位在 I_{load},V_{gs} 的值也被钳位在 V_{gp},此时 V_{gs} 呈现出一段水平平台,称为米勒平台。与此同时,V_{ds} 从 V_{DD} 逐渐降低至 V_{on},这一过程栅极电流只给 C_{gd} 充电。米勒平台的长度可以表示为：

$$t_{gp} = \frac{C_{gdav}(V_{DD} - V_{on})}{I_g} \tag{3.17}$$

式中 C_{gdav} 为 C_{gd} 的均值，C_{gd} 的大小决定了米勒平台的长度。从 t_3 到 t_4，V_{gs} 继续上升至 V_{GS}，V_{ds} 也有微小的降低，最终完成整个开启过程。

器件的关断过程几乎可以看作开启的逆过程。在 0 到 t_5 时间内，V_{gs} 的值从 V_{GS} 降低到 V_{gp}，V_{ds} 略微上升。从 t_5 到 t_6 阶段，V_{ds} 上升至 V_{DD}，V_{gs} 维持在 V_{gp}。从 t_6 到 t_7 时段，V_{gs} 从 V_{gp} 下降至 V_{th}，器件沟道逐渐关闭，I_{ds} 从 I_{load} 降低至 0 A。t_7 时刻以后，V_{gs} 逐渐降低至 0 V，完成整个关断过程。

开关特性的退化及机理同样值得关注。利用图 3.31 所示的实测电路，在不同 UIS 应力次数下用电感负载双脉冲测试方法分别提取 SiC 功率 MOSFET 的开启波形和关断波形。测试条件为 $V_{DD} = 800$ V，$V_{gs} = 0$ V～15 V，$L = 1$ mH，$I_{load} = 5$ A。为了尽量扩展开关波形，使退化现象更加明显，将 R_g 设为 500 Ω。

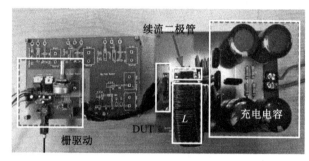

图 3.31　电感负载双脉冲开关测试系统

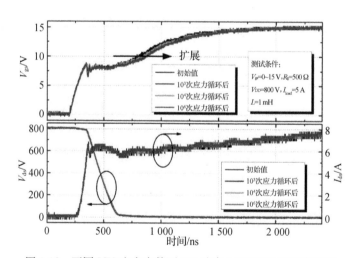

图 3.32　不同 UIS 应力次数下 SiC 功率 MOSFET 的开启波形

不同时刻器件的开启波形如图 3.32 所示。随着 UIS 应力次数的增加，V_{gs} 的米勒平台长度逐渐变长，平台右端点出现延迟。由式(3.17)可知，这是因为随着应力次数增加，

C_{gd}逐渐变大。米勒平台高度不变,由式(3.16)可知,V_{gp}只与V_{th}相关,由于器件的V_{th}不受重复 UIS 应力影响,因此V_{gp}不变,而这也使得I_{ds}的上升曲线保持稳定。同时,器件V_{ds}的下降曲线也几乎不发生变化。

不同于开启波形,承受重复 UIS 应力后,SiC 功率 MOSFET 关断波形的退化要明显得多。随着应力次数的增加,V_{ds}、V_{gs}以及I_{ds}的波形都出现了越来越严重的延迟。如图 3.33 所示。与开启时类似,V_{gs}米勒平台的扩展是C_{gd}增大造成的。关断时米勒平台右端点的扩展造成了电流下降点的延迟,因此I_{ds}波形整体右移。在米勒平台期间,V_{ds}的上升斜率为:

$$\frac{\mathrm{d}V_{ds}}{\mathrm{d}t} = \frac{V_{GS} - V_{gp}}{R_g C_{gd} V_d} \tag{3.18}$$

式中只有C_{gd}是V_d的函数,是变量,其变化趋势如图 3.21 所示。在低V_{ds}条件下,C_{gd}随着 UIS 应力次数的增加而增大。所以在V_{ds}的上升点附近,V_{ds}的斜率随着应力次数的增加而减小,造成了图 3.33 中V_{ds}上升的延迟。随着V_{ds}逐渐变大,UIS 应力不再影响C_{gd},因此V_{ds}以相同斜率上升。这是造成V_{ds}曲线延迟的根本原因。而开启过程中,在下降点处不同 UIS 应力下的V_{ds}以相同斜率减小,直到V_{ds}降低到较低值时斜率才有所不同,此时已经难以在波形上区分。这也解释了为什么开启过程中V_{ds}曲线不退化。

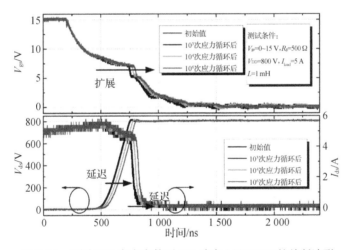

图 3.33　不同 UIS 应力次数下 SiC 功率 MOSFET 的关断波形

图 3.34 显示了 SiC 功率 MOSFET 的开关时间随 UIS 应力的退化情况。由于开启过程几乎不受 UIS 应力的影响,器件的开启延时(定义为V_{gs}上升至 10% V_{GS}到V_{ds}下降至 90% V_{DD}的时间,用$t_{d(on)}$表示)、上升时间(定义为V_{ds}从 90% V_{DD}降至 10% V_{DD}的时间,用t_r表示)以及整个开启时间($t_{d(on)}$与t_r之和,用t_{on}表示)都保持稳定。在关断过程中,受V_{ds}抬起点延迟的影响,器件的关断延时(定义为V_{gs}下降至 90% V_{GS}到V_{ds}上升至 90% V_{DD}的时间,用$t_{d(off)}$表示)逐渐变大。而下降时间(定义为V_{ds}从 10% V_{DD}增至 90% V_{DD}的时间,用t_f表示)由于V_{ds}平行上升而保持稳定。因此整个关断时间($t_{d(off)}$与t_f之和,用t_{off}表示)也随着应力次数的增加而增大。

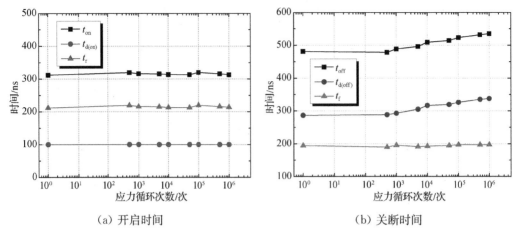

（a）开启时间　　　　　　　　　　　（b）关断时间

图 3.34　不同 UIS 应力次数下 SiC 功率 MOSFET 的开启时间和关断时间

我们通过计算开启和关断过程中电流和电压的积分,提取单个开关过程中该器件的开启损耗能量(E_{on})和关断损耗能量(E_{off})随 UIS 应力次数的变化情况,如图 3.35 所示。一方面,因为开启波形保持稳定,所以器件的开启损耗能量几乎不随 UIS 应力的增加而变化。另一方面,即使关断波形展现出延迟,但是 V_{ds} 和 I_{ds} 波形近似发生了相对平移,它们的积分值变化不大,因此器件的关断损耗能量也没有明显变化。虽然开关损耗能量几乎不变,但这并不意味着研究重复 UIS 应力下 SiC 功率 MOSFET 的退化情况没有意义。关断时间的增加也有可能降低整个功率系统的效率。

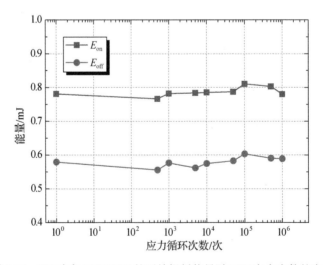

图 3.35　SiC 功率 MOSFET 的开关损耗能量随 UIS 应力次数的变化

表 3.5 总结了受重复 UIS 应力影响的 SiC 功率 MOSFET 的主要参数退化情况。经过 10^6 次 UIS 应力循环后,器件的 C_{rss} 的最大值增加了 47.1%,导致 C_{iss} 和 C_{oss} 分别增加了 14.9% 和 16.4%。与此同时,器件的 $t_{d(off)}$ 和 t_{off} 分别增加 17.7% 和 11.2%,在设计存

在雪崩应力风险的功率系统时应给予重点关注。

表 3.5　SiC 功率 MOSFET 受重复 UIS 应力影响的主要参数

应力次数	电容最大值/pF			开关时间/ns	
	C_{iss}	C_{oss}	C_{rss}	$t_{d\,(off)}$	t_{off}
0	763.9	783.1	256.1	286.6	481.1
10^3	828.8 （↑8.5%）	850.0 （↑8.5%）	322.9 （↑26.1%）	293.0 （↑2.2%）	488.6 （↑1.6%）
10^4	853.6 （↑11.7%）	880.0 （↑12.4%）	349.0 （↑36.3%）	316.5 （↑10.4%）	509.1 （↑5.8%）
10^6	877.5 （↑14.9%）	911.8 （↑16.4%）	376.7 （↑47.1%）	337.4 （↑17.7%）	534.8 （↑11.2%）

3.2.3　温度对 SiC MOSFET 重复雪崩应力退化的影响

已有的关于 SiC 功率 MOSFET 雪崩鲁棒性的研究显示，温度会影响器件的 E_{AS}。T_a 越高，E_{AS} 越小。温度同样也会影响 SiC 功率 MOSFET 在重复 UIS 应力下的退化。为了排除温度因素对器件退化的干扰，为下一节 SiC 功率 MOSFET 在重复 UIS 应力下的退化表征模型的研究工作做准备，本节将重点探究温度在重复 UIS 应力实验过程中对 SiC 功率 MOSFET 参数退化的具体影响。

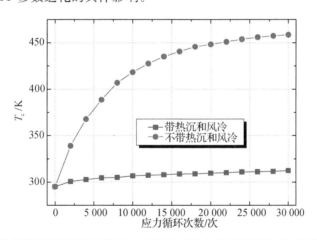

图 3.36　不同散热条件下进行重复 UIS 应力实验时 SiC 功率 MOSFET 的 T_c 随应力次数的变化

图 3.23 的仿真结果显示，在雪崩应力阶段，由于电流和电压的共同作用，器件发热，T_j 上升。这种由自热引起的高 T_j 是 UIS 应力的一个组成部分，是不可避免的，可以通过增加散热的方法来降低温升，从而抑制热量积累带来的影响。在重复 UIS 应力实验过程中，在器件 TO247-3 封装背面的铜板中加了金属热沉，同时采用风冷降温。用红外热像仪探测器件的 T_c 随 UIS 应力次数的变化情况，如图 3.36 所示，实验在室温下进行。可以看到，外加热沉和风冷的情况下，器件的 T_c 很快趋于饱和。经过 $3×10^4$ 次循环应力

后，T_c 也仅仅达到 312 K。另一组对比实验在没有外加热沉和风冷的条件下进行，器件的 T_c 迅速上升，大约在 3×10^4 次应力循环后达到饱和值 459 K。实验结果表明增加散热的确可以抑制应力过程中的温升，使 T_c 稳定在室温范围内，此时由器件自热带来的热量集聚对重复 UIS 应力实验结果的影响几乎可以忽略。

为了探究温度对重复 UIS 应力实验的影响，在不外加散热的条件下对另一个 SiC 功率 MOSFET 进行了重复 UIS 应力实验。为了进一步提高温升，实验在 350 K 环境温度下进行。根据前文的分析，C_{gd} 是该器件在重复 UIS 应力下最主要的退化参数，所以在这里被用作对比参数。图 3.37 显示了两种散热条件下 C_{gd}-V_{ds} 特性随着应力次数的变化情况，我们同时提取了 $V_{ds}=0$ V 条件下的最大 C_{gd}（C_{gdmax}）的退化量（ΔC_{gdmax}）。可以看到，高温应力条件得到的退化量小于室温应力时的退化量。在 5×10^4 次循环应力后，室温应力后的 C_{gd} 最大值增加了 48.3%，而高温应力后的 C_{gd} 最大值只增加了 36%。

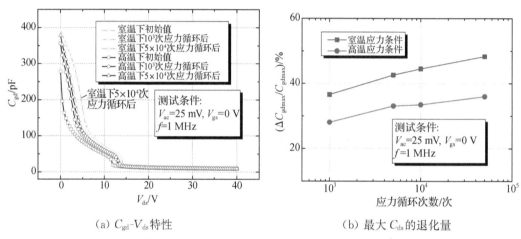

（a）C_{gd}-V_{ds} 特性 　　　　　　（b）最大 C_{ds} 的退化量

图 3.37　不同散热条件下 SiC 功率 MOSFET 的
C_{gd}-V_{ds} 特性随 UIS 应力次数的变化情况以及最大 C_{ds} 的退化量

造成这一现象的原因主要有两点：一是高温下碰撞电离率的减小。随着温度的升高，载流子的平均自由程减小，动能降低，由于碰撞产生新的电子-空穴对的概率变小，因此注入栅氧的正电荷数量也会减少，C_{gd} 的退化量降低。这一机理在热载流子可靠性研究中已经被广泛报道。需要指出的是，这一结论只适用于有限的温升范围内，随着温度的进一步升高，禁带宽度降低将主导碰撞电离率的变化，届时碰撞电离率将随着温度的升高而增大。二是高温下界面损伤的恢复。为了避免应力过程中温度过高而造成器件烧毁，实验采用 1% 的占空比。对于室温下的 UIS 应力实验，这一条件有利于器件的散热，可以消除热量集聚对结果的干扰。而对于高温下的 UIS 应力实验，在 99% 的栅压为 0 V 的时间段内，DUT 相当于处于零栅压高温烘烤状态，这会导致损伤恢复以及 ΔC_{gdmax} 的回退。另外，在每个测试节点，退化量都是在 DUT 温度降低到室温后才测量的，这一过程也会引起退化恢复，使实际退化量和测量值之间产生误差。

综合以上分析，温度因素在重复 UIS 应力实验中更像是一个干扰项，为了排除热量集聚对退化量的干扰,在应力过程中必须做好散热,将器件 T_c 控制在室温范围。

本节详细测试了 SiC 功率 MOSFET 的全套电学参数在重复 UIS 应力下的退化情况,并结合仿真结果以及分段 C-V 和 CP 实验数据,明确了器件的主要退化机理。研究表明,重复 UIS 应力会使正电荷注入 SiC 功率 MOSFET JFET 区的氧化层中,同时,器件的沟道区不受影响。JFET 区栅氧中注入的正电荷吸引电子,增大了半导体表面浓度,因此器件的 R_{dson} 在应力之后略有降低。除此之外,SiC 功率 MOSFET 的其他电学特性参数,包括 V_{th}、BV、I_{gss}、I_{dss} 以及 V_f 等参数,在应力前后几乎都不退化。重复 UIS 应力会造成电容特性以及开关特性的明显退化。注入 JFET 区栅氧的正电荷减小了其下方半导体中的耗尽层厚度,在低漏压偏置条件下,使 C_{gd} 随着应力次数的增加而变大,进一步造成了 C_{iss} 和 C_{oss} 的增大。在高漏压条件下,由于耗尽层扩展,C_{gd} 逐渐饱和,趋近于零,重复 UIS 应力不再影响 C_{gd} 的值。增长的 C_{gd} 使开关时的米勒平台延长,进一步影响了 SiC 功率 MOSFET 的开关过程,尤其是关断过程,器件的 $t_{d(off)}$ 和 t_{off} 因此随着应力次数的增加而变大。

3.3　短路冲击应力可靠性

SiC 功率 MOSFET 应用于功率系统中时,除了面临雪崩应力之外,同样可能面临着短路造成的退化和失效风险。当负载发生短路时,V_{DD} 将瞬间加载在器件的漏极,与 V_{GS} 共同作用,使器件处于高压大电流状态。虽然碳化硅材料具有的优良热导率可以加快散热,使碳化硅基功率器件在理论上比硅基器件具有更高的短路鲁棒性。但是碳化硅功率器件的高功率密度特性往往使其在短路时具有更高的瞬时功率,有时可能高达数万瓦,由此产生的瞬时高热将烧毁器件,使系统失效。近年来有关 SiC 功率 MOSFET 短路失效的研究不断涌现,SiC 功率 MOSFET 在短路应力下的失效机理以及不同短路条件对器件短路鲁棒性的影响已经被广泛报道。然而,在实际应用中功率系统多是与短路保护电路配套使用,短路保护电路可以在短路发生的初始阶段探测大电流信号,进而切断电源,保护器件和系统。因此相比于短路失效,研究 SiC 功率 MOSFET 承受短路应力后的退化情况及其损伤机理更具有实际意义。然而目前有关 Si 功率 MOSFET 在重复短路应力下的退化研究较少,仅有的几篇文献对相关退化机理的研究还不够深入。因此本节将重点探究 SiC 功率 MOSFET 的电学参数在重复短路应力下的退化趋势,并揭示其损伤机理,为功率系统的设计和保护工作提供借鉴。

3.3.1　SiC MOSFET 短路应力平台

使用图 3.38 所示的短路应力发生系统模拟 SiC 功率 MOSFET 的短路状态。通过导线将负载电源与 DUT 直接连接,在栅压为 0 V 时,器件承受反向耐压 V_{DD},当栅脉冲高电平到来时,器件开启,短时间内 DUT 将流过 $V_{gs}=V_{GS}$ 和 $V_{ds}=V_{DD}$ 偏置条件下的饱和电

流 I_{dsat}，它与 V_{DD} 一同作用于 DUT，产生完整的短路应力。我们在实测中采用了一个与供电电源并联的充电电容组，为 DUT 提供短路大电流。

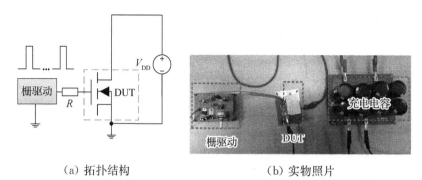

　　　　（a）拓扑结构　　　　　　　　　　　（b）实物照片

图 3.38　SiC 功率 MOSFET 短路波形产生电路的拓扑结构和实物照片

　　本章使用图 3.38 所示的短路应力发生电路对 SiC 功率 MOSFET 进行实测，所用的目标器件为 Wolfspeed 生产的 C2M0280120D 产品。为了明确该器件的短路耐受能力，采用不同宽度的栅压脉冲对其进行短路试验，短路波形如图 3.39 所示。为了加速退化，使用 $V_{\mathrm{gs}}{=}0\ \mathrm{V}\sim25\ \mathrm{V}$ 的栅压脉冲，V_{DD} 为 400 V。在短路过程的前半部分，栅压维持在 V_{GS}，约在 7 μs 后，栅压开始下降。这是因为随着短路时间的增加，器件结温迅速上升，在高温下 I_{gss} 增大，栅氧不再保持良好的绝缘特性，栅电阻减小，造成了栅压的降低。栅压开启后，器件的电流迅速上升，达到饱和电流，在这一偏置状态下，I_{dsat} 约为 80 A。在此之后，电流随着应力时间的加长而逐渐降低。这是两方面因素作用的结果，一是结温上升，器件的电阻增大，I_{dsat} 降低；二是栅压降低也会减小器件的 I_{dsat}。当短路时间进一步增大，器件的栅控能力降低，电流出现拖尾现象。在经历了 14 μs 短路应力后，器件失效，表现为栅不能控制器件开启，同时器件可以承受反偏 V_{DD}。这说明栅源发生短路，而器件的体二极管保持完好。

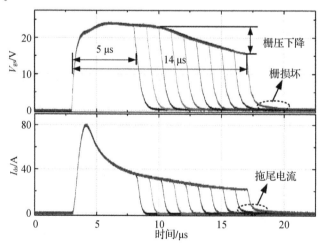

图 3.39　SiC 功率 MOSFET 承受不同时长的短路应力波形

为了排除逐渐增大的 I_{gss} 对器件重复短路应力实验结果的影响,采用 5 μs 脉宽的栅极脉冲对器件进行重复短路应力实验,在这一短路时间内,栅压保持稳定。为了抑制应力过程中自热导致的温升,将栅脉冲占空比设为 0.001%,即采用 500 ms 的脉冲周期。同时在 DUT 背面外加热沉,并使用风冷散热,进一步抑制热积累对器件退化的影响。在 DUT 经历不同短路应力次数后提取其全套动静态参数,分析重复短路应力对器件造成的退化趋势,并结合仿真、分段 C-V 以及 CP 实验结果,确定主要退化机理。

3.3.2 SiC MOSFET 重复短路应力退化

SiC 功率 MOSFET 的电学参数在重复短路应力下的退化首先表现在正向导通特性的退化上。

SiC 功率 MOSFET 的输出转移特性随短路应力次数的变化情况如图 3.40 所示。可以看到,随着应力次数的增加,器件的输出转移曲线明显向正压方向漂移。这表明重复短路过程很有可能造成了器件沟道的损伤,在沟道区栅氧界面注入了负电荷。与此同时,监测器件的 I_{gss},图 3.41 所示为不同应力次数下 I_{gss} 在 $V_{gs}=-10$ V~20 V 范围内的变化情况。当器件承受 500 次以内的短路应力冲击时,I_{gss} 一直维持在纳安级别以下,几乎不退化,说明此时器件栅氧化层保持良好的绝缘特性。当应力次数增加到 1 000 次时,器件的 I_{gss} 大幅增加,说明此时栅氧化层已经损坏,器件失效。多次进行重复短路应力实验,结果都显示这一型号的 SiC 功率 MOSFET 在该应力条件下能够承受的最大短路应力次数在 500~1 000 次之间。

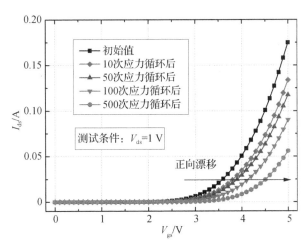

图 3.40　SiC 功率 MOSFET 在不同短路应力次数下的输出转移曲线

在 $I_{ds}=1$ mA 恒流条件下提取图 3.40 中显示的不同应力次数下输出转移曲线的 V_{th},如图 3.42 所示。保持其他条件不变,在 $V_{gs}=0$ V~25 V 条件下进行重复短路应力实验,提取得到的 V_{th} 随应力次数的退化情况也展现在图 3.42 中。另外,为了排除栅压应

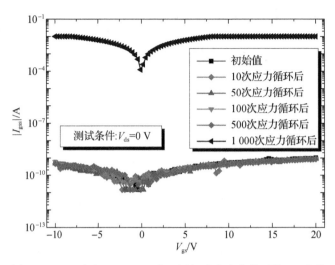

图 3.41　SiC 功率 MOSFET 在不同短路应力次数下的 I_{gss} 曲线

力对实验结果的影响,在 $V_{DD}＝0$ V 条件下,只加载 $V_{gs}＝0$ V～25 V 的栅脉冲应力,监测 V_{th} 的退化趋势,结果也一同展示在图 3.42 中。随着短路应力次数的增加,SiC 功率 MOSFET 的 V_{th} 不断增大,$V_{GS}＝25$ V 条件下承受 500 次短路应力,器件的 V_{th} 向正压方向漂移了 0.82 V。在应力过程中,V_{GS} 越高,则 V_{th} 的退化越严重。而只加载栅脉冲应力时,器件的 V_{th} 不发生漂移,这说明在这样短的应力时间内,单纯的正栅压脉冲应力不会对器件栅氧界面造成损伤。器件 V_{th} 的明显退化是由短路时的高漏压、大电流以及正栅压偏置应力共同作用造成的。

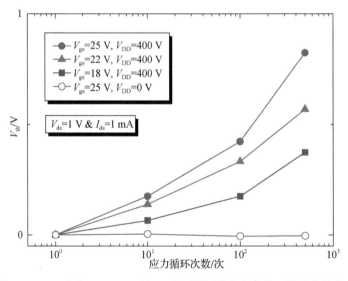

图 3.42　SiC 功率 MOSFET 的 V_{th} 在不同短路应力条件下的退化趋势

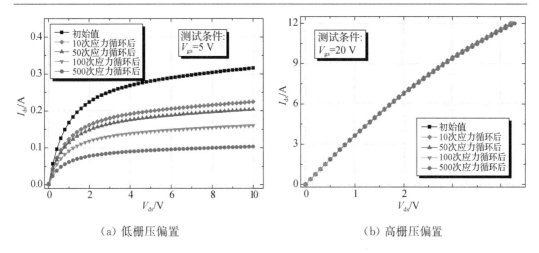

（a）低栅压偏置 　　　　　　　　（b）高栅压偏置

图 3.43　SiC 功率 MOSFET 在低栅压偏置和

高栅压偏置条件下 I_d-V_d 特性随短路应力次数的退化情况

　　图 3.43 为 SiC 功率 MOSFET 在低栅压偏置（$V_{gs}=5$ V）和高栅压偏置（$V_{gs}=20$ V）条件下 I_d-V_d 特性随短路应力次数的退化情况。在低栅压条件下，器件的导通能力逐渐减弱，电流随着应力次数的增加而降低。在高栅压条件下，器件的 I_d-V_d 特性几乎不变，分别提取不同短路应力节点低栅压和高栅压偏置条件下的 R_{dson}，如图 3.44 所示。与 I_d-V_d 特性的退化趋势相符，在低栅压条件下，器件的 R_{dson} 明显增大，由 14.9 Ω 增加到 44.5 Ω，增长了 198.7%。而在高栅压条件下，R_{dson} 几乎不变，维持在 350 mΩ 左右。这进一步表明，在应力过程中，SiC 功率 MOSFET 的沟道区发生了明显退化，而 JFET 区以及漂移区不受影响。因为在低栅压下，沟道区半导体表面反型较弱，器件的沟道区电阻占比大，V_{th} 的正漂使沟道区电阻增大，从而进一步提升了此时的 R_{dson}。而在高栅压下，器件的沟道充分开启，沟道电阻微小，可以忽略不计，R_{dson} 主要为 JFET 区电阻和漂移区电阻，不再受 V_{th} 的影响，因此高栅压下 R_{dson} 保持稳定，这也意味着器件的 JFET 区和漂移区没有受到重复短路应力的损伤。

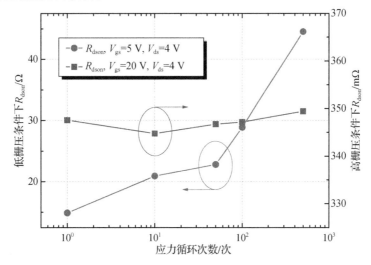

图 3.44　SiC 功率 MOSFET 的 R_{dson} 在承受不同次数重复短路应力后的退化情况

　　不同短路应力次数下 SiC 功率 MOSFET 的反向阻断特性也被监测到,如图 3.45 所示。器件的反向阻断特性保持不变,BV 稳定在 1 600 V 左右。这是由两方面原因引起的:第一,在短路状态下,正向导通大电流主要流过器件的沟道,并未流经器件的体二极管 PN 节,因此不会对体二极管造成损伤,所以阻断特性保持稳定;第二,不断增加的 V_{th} 在阻断条件下使得器件的沟道表面处于越来越趋向于耗尽的状态,在反偏时不会因为沟道开启而造成漏电流变大,器件的 I_{dss} 因此保持不变。

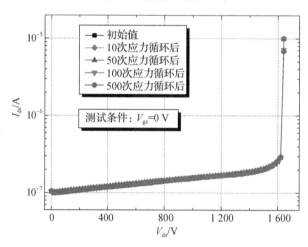

图 3.45　SiC 功率 MOSFET 的反向阻断特性在承受不同次数重复短路应力后的退化情况

　　SiC 功率 MOSFET 在重复短路应力下的电学参数退化趋势已经明确。随着应力次数的增加,器件的 V_{th} 增大,由此造成低栅压下 R_{dson} 的增加,而在高栅压下,R_{dson} 保持不变。同时,器件的反向阻断特性不受短路应力影响。本小节将结合仿真以及实测结果,探究 SiC 功率 MOSFET 在重复短路应力下的主要退化机理。

　　为了保证仿真分析的准确性,首先利用混合模型仿真模拟 SiC 功率 MOSFET 的短路过程,仿真条件与短路应力条件一致。图 3.46 所示为器件的仿真短路波形,结温曲线也一并展示在图中。可以看到仿真波形与图 3.39 所示的实测波形吻合得较好,这从侧面反映了仿真的准确性。器件的 T_j 随着短路的进行而迅速增大,最终达到并超过 1 200 K 的高温,这表明短路过程确实会造成大量热量集聚,抬升器件的 T_j,这是造成器件损伤和失效的一个重要原因。

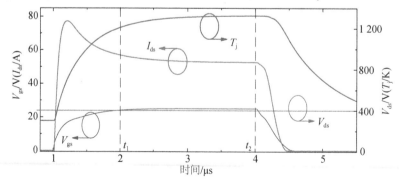

图 3.46　SiC 功率 MOSFET 的仿真短路波形

　　在短路过程中,SiC 功率 MOSFET 的电子流路径如图 3.47 所示。在短路状态下,电子紧贴沟道区表面流过,在此处造成了大量电子集聚,当流出沟道后,电子流迅速向体内扩散,经过 JFET 区及漂移区,最终达到漏端。结合 3.3.2 节中的静态参数退化情况,可以初步将损伤区域聚焦到器件的沟道区栅氧界面。

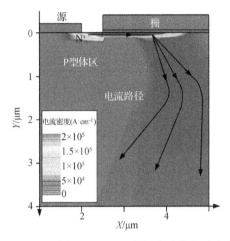

图 3.47　SiC 功率 MOSFET 在短路时的电子流路径

　　分别在图 3.46 所示的 $t_1=2\ \mu s$ 和 $t_2=4\ \mu s$ 处提取 SiC 功率 MOSFET 在短路状态下栅氧界面处的碰撞电离率和 $E_\perp$ 分布情况,展现在图 3.48 中。可以看到,在不同时刻的短路状态下,器件栅氧界面处的碰撞电离率和 $E_\perp$ 的峰值都出现在沟道区,表明此处承受较高的热载流子应力。$E_\perp$ 为正值,说明此时的纵向电场由器件的表面指向体内,电场排斥正电荷,吸引负电荷。

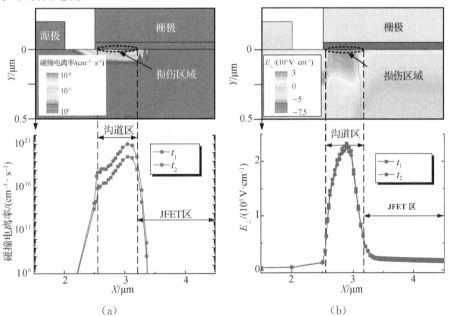

(a)　　　　　　　　　　　　　　　　(b)

图 3.48　SiC 功率 MOSFET 在短路过程中沿栅氧界面处的碰撞电离率和 $E_\perp$ 的分布情况

需要特别指出的是,在图 3.48 中可以看出,t_1 时刻的 $E_\perp$ 高于 t_2 时刻,但是 t_1 时刻的碰撞电离率却比 t_2 时刻的小。这是因为仿真中采用 Selberherr 模型来模拟短路时器件的碰撞电离行为,碰撞电离率表示为:

$$碰撞电离率 = A\left[\left(-\frac{B}{E}\right)^c\right] \cdot \vec{J} \tag{3.19}$$

其中,A 和 B 分别为:

$$A = a\left(1 + b\left[\left(\frac{T}{300}\right)^c - 1\right]\right) \tag{3.20}$$

$$B = \frac{E_g}{q} \tag{3.21}$$

式中 E_g 为半导体材料禁带宽度,a、b、c 和 C 为常数系数。J 与 E_g 都是温度的函数,二者随着温度的上升而逐渐降低。这就意味着,随着短路时间的加长,E 与 J 使碰撞电离率有减小的趋势,而 T 与 E_g 的作用又使碰撞电离率有增大的趋势。当短路时间足够长时,T 趋近饱和,稳定在一个极高值,T 与 E_g 占主导作用,所以短路后期碰撞电离率的值大于短路初期碰撞电离率的值。但是无论碰撞电离率如何变化,在整个短路过程中,栅氧界面处的碰撞电离率以及 $E_\perp$ 的峰值都出现在沟道区,这意味着器件的沟道区栅氧中有负电荷注入。另一方面,因为 JFET 区界面处的碰撞电离率和 $E_\perp$ 的值都较小,因此它几乎不受短路应力的影响。

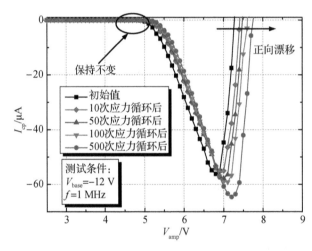

图 3.49　不同短路应力次数下 SiC 功率 MOSFET 的 CP 测试曲线

通过仿真分析初步确定 SiC 基功率 MOSEFT 在重复短路应力下的主要退化机理后,本小节将利用分段 C-V 法和 CP 法进一步验证退化机理的正确性。图 3.49 所示为不同短路应力次数下 SiC 功率 MOSFET 的 I_{cp} 曲线。随着短路次数的不断增加,I_{cp} 曲线的右边沿逐渐向正压方向移动,这意味着器件的沟道区氧化层中有负电荷注入。与此同时,I_{cp} 曲线的左边沿抬起点几乎不发生变化,表明器件的 JFET 区不受重复短路应力的影响。另外,I_{peak} 随着应力次数的增加而略微增加,说明重复短路应力过程也伴随着少量界面态的产生。

图 3.50 为不同短路应力次数下的 C_g-V_g 曲线,为了减小退化恢复程度,测试时栅压由正扫到负,并且只测量了曲线的 I 区、II 区和 III 区。随着应力次数的增加,曲线的 II 区逐渐向正压方向漂移,而 III 区几乎保持不变,这表明 SiC 功率 MOSFET 的沟道区栅氧在重复短路应力中有负电荷注入,而 JFET 区几乎没有损伤。

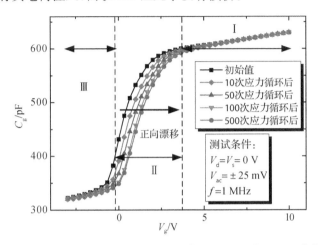

图 3.50　不同短路应力次数下 SiC 功率 MOSFET 的 C_g-V_g 曲线

CP 和分段 C-V 界面损伤探测的实测结果都表明,SiC 功率 MOSFET 在重复短路应力下的主要退化机理为沟道区栅氧中的负电荷注入造成了器件 V_{th} 的增加以及低栅压下 R_{dson} 的增大。器件的 JFET 区不受该应力的影响,因此高栅压下的 R_{dson} 以及反向阻断特性几乎不退化。这一结论与仿真结果相吻合。

进一步在 SiC 功率 MOSFET 的仿真结构的沟道区氧化层中添加不同密度的额外负电荷,模拟承受重复短路应力后的参数退化情况。仿真得到的输出转移曲线如图 3.51 所示。仿真结果表明,注入沟道区氧化层的负电荷相当于加载在栅极上的额外负压偏置,会使器件的输出转移特性曲线右移,V_{th} 因此提高。注入的电荷量越大,则曲线的漂移量越大,V_{th} 越高。

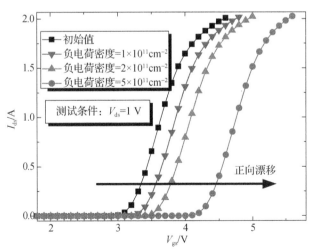

图 3.51　在沟道区栅氧中注入不同密度负电荷后 SiC 功率 MOSFET 的输出转移曲线

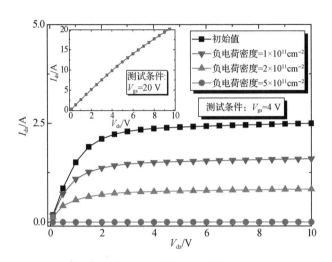

图 3.52　在沟道区栅氧中注入不同密度负电荷后 SiC 功率 MOSFET
在不同栅压偏置条件下的 I_d-V_d 特性曲线

图 3.52 为沟道区氧化层添加不同密度负电荷后 SiC 功率 MOSFET 在不同栅压偏置条件下的 I_d-V_d 特性曲线。在低栅压($V_{gs}=4$ V)条件下,由于注入的负电荷使器件的 V_{th} 提升,造成了电流的下降,负电荷密度越大,则电流下降越明显。在高栅压($V_{gs}=20$ V)条件下,沟道区额外注入的负电荷造成的 V_{th} 退化对 I_d-V_d 曲线的影响已经可以忽略不计,所以此时器件的 I_d-V_d 特性保持不变。

图 3.51 和图 3.52 展现的仿真退化趋势分别与图 3.40 和图 3.43 所示的实测结果保持一致,进一步证明沟道区栅氧中负电荷的注入确实是 SiC 功率 MOSFET 在重复短路应力下的主要退化原因。

SiC 功率 MOSFET 在重复短路应力下的退化机理已经被确定。它的电学参数,包括 V_{th}、R_{dson} 以及 BV 随着应力次数增加的退化趋势也已经明确。然而由于 SiC 功率 MOSFET 在功率系统中通常被当作开关使用,因此其开关特性的退化情况同样值得关注。本节将基于前文的研究结论,探究并解释 SiC 功率 MOSFET 的开关特性在重复短路应力下的退化现象。

基于 3.2.2 节中介绍的双脉冲电感负载开关测试方法,利用图 3.31 所示的测试电路,在不同次数短路应力节点下分别测量 SiC 功率 MOSFET 的开关特性。测量条件为 $L=1$ mH,$I_{load}=5$ A,$V_{DD}=400$ V,$V_{gs}=0$ V$\sim$15 V。为了扩展开关过程,使开关波形的退化现象更加明显,这里将 R_g 设为 500 Ω。

图 3.53 为 SiC 功率 MOSFET 在不同次数短路应力后的开启波形。可以看到,米勒平台随着应力次数的增加而逐渐上升,这是 V_{th} 的增加引起的。根据式(3.16),V_{gp} 只与 V_{th} 线性相关,V_{th} 越高,则 V_{gp} 越高。根据 3.2.2 节中关于开关过程的分析,V_{gp} 的增加一方面使得电流的上升时间变长,另一方面推迟了漏压的下降,所以 I_{ds} 和 V_{ds} 波形都产生了延迟。另外,由于重复短路应力不损伤器件的 JFET 区界面,所以 C_{gd} 不受影响,可以看

到，V_{gs} 波形中米勒平台的长度近似保持不变。

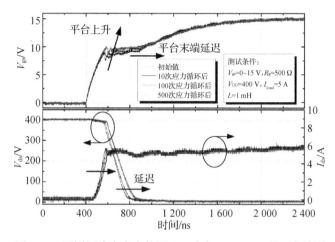

图 3.53　不同短路应力次数下 SiC 功率 MOSFET 的开启波形

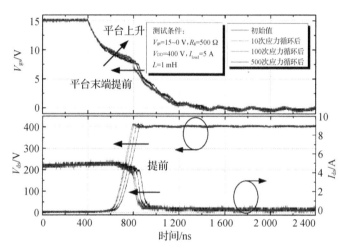

图 3.54　不同短路应力次数下 SiC 功率 MOSFET 的关断波形

SiC 功率 MOSFET 的关态特性随应力次数的退化情况如图 3.54 所示。V_{gs} 波形的米勒平台同样因为 V_{th} 的增长而上升。然而与开启行为不同的是，增长的 V_{gp} 使 V_{gs} 在下降时提前达到米勒平台，同时由于平台长度不变，造成了平台末端的前移。这使得 V_{ds} 波形的上升和 I_{ds} 波形的下降提前到来，因此器件的关断行为随着应力次数的增加而整体提前。

由图 3.53 和图 3.54 可以看出，重复短路应力将造成 SiC 功率 MOSFET 开启时间的增加和关断时间的减小。图 3.55 展示了不同应力次数节点下由图 3.53 和图 3.54 提取得到的开关时间。在开启过程中，器件的 $t_{d(on)}$ 和 t_r 随着应力次数的增加而增长，最终造成了 t_{on} 由初始值 342.6 ns 增长到了 500 次应力后的 417.8 ns，增幅达 22.0%。与此同时，在关断过程中，器件的 $t_{d(off)}$ 和 t_f 随着应力次数的增加而减小，最终造成了 t_{off} 由初始值 402.4 ns 降低到了 500 次应力后的 338.5 ns，降幅达 15.9%。

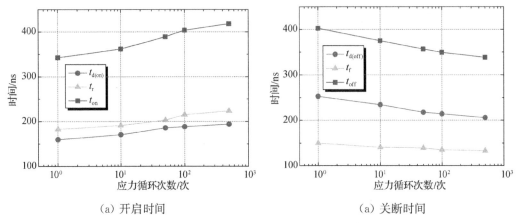

（a）开启时间　　　　　　　　　　（a）关断时间

图 3.55　不同短路应力次数下 SiC 功率 MOSFET 的开启时间和关断时间

图 3.56 展示了通过电流和电压积分提取得到的 SiC 功率 MOSFET 的单次开关损耗能量随短路应力次数的退化趋势。与开启时间和关断时间的退化类似，E_{on} 随着应力次数的增加而变大，由初始的 0.30 mJ 增长到了 500 次应力后的 0.35 mJ，增幅达 16.7%。而器件的关断损耗能量 E_{off} 随着应力次数的增加而减小，由初始的 0.24 mJ 降低到了 500 次应力后的 0.20 mJ，降幅达 16.7%。

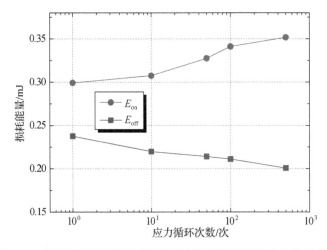

图 3.56　SiC 功率 MOSFET 的开关损耗能量随短路应力次数的变化

表 3.6 总结了 SiC 功率 MOSFET 受图 3.56 所示的重复短路应力影响时主要参数的退化情况。经过 500 次短路应力循环后，器件的 V_{th} 增加了 34.0%，这导致了低栅压偏置条件下 R_{dson} 的大幅增长。也正是由于 V_{th} 的正漂，器件的 t_{on} 和 t_{off} 分别增加和减小了 22.0% 和 15.9%，E_{on} 和 E_{off} 也相应分别增加和减少了 16.7%。在设计存在重复短路风险的功率系统时应重点关注这些参数的退化情况。

表 3.6 SiC 功率 MOSFET 受重复短路应力影响的主要参数

应力次数	V_{th}/V	R_{dson}/Ω	t_{on}/ns	t_{off}/ns	E_{on}/mJ	E_{off}/mJ
0	2.44	14.9	342.6	402.4	0.30	0.24
100	2.86 (↑17.2%)	28.9 (↑94.0%)	403.6 (↑17.8%)	349.3 (↓13.2%)	0.34 (↑13.3%)	0.21 (↓12.5%)
500	3.27 (↑34.0%)	44.5 (↑198.7%)	417.8 (↑22.0%)	338.5 (↓15.9%)	0.35 (↑16.7%)	0.20 (↓16.7%)

通过分析,我们已明确 SiC 功率 MOSFET 在重复短路应力下的参数退化趋势以及主要退化机理。重复短路应力主要在器件沟道区栅氧中注入负电荷,使 V_{th} 不断正漂,从而导致其他参数发生退化。因此 V_{th} 是 SiC 功率 MOSFET 承受重复短路应力的关键退化参数,可以表征 SiC 功率 MOSFET 的退化程度。然而不同于动态栅偏置应力和重复 UIS 应力,SiC 功率 MOSFET 在重复短路应力下的退化表征模型的提取工作难以完成。一方面,短路应力其实是复合应力,器件的退化是栅压应力、漏压应力以及高温应力共同作用的结果,在设计实验时无法使用控制变量的方法对它们进行剥离。例如,改变应力过程中的 V_{GS},则同时也改变了 I_{dsat},进而改变了发热功率,T_j 也会因此而变化。图 3.42 所示的 V_{th} 在不同 V_{GS} 条件下的退化量,无论是关于应力时间或者 V_{GS} 变量,在线性和对数坐标下都没有显示出稳定的退化趋势,其原因就在于此。另一方面,短路过程中严重的发热会对退化量的测量产生影响。以采用的图 3.39 的短路应力为例,在短路时 SiC 功率 MOSFET 的峰值发热功率达到了 32 kW,平均发热功率也有 24 kW,这使 T_j 迅速上升。图 3.46 的仿真结果显示,短路状态下的饱和 T_j 可高达 1 200 K 以上。虽然在应力过程中采用了低占空比同时添加热沉和风冷的方法加速散热,但是依然无法完全抑制短路时的温升。器件在短路脉冲的低电平阶段近似处于长时间降温烘烤的状态,这会使器件参数的退化产生恢复,测量值与实际退化量之间出现误差。因此,SiC 功率 MOSFET 在重复短路应力下的退化表征模型难以精确提取,不再对此作讨论。

本节详细研究了 SiC 功率 MOSFET 的动静态电学参数在重复短路应力下的退化趋势,并结合仿真结果以及分段 C-V 和 CP 实验数据,明确了器件的主要退化机理。研究表明,在应力过程中,碰撞电离率和 $E_\perp$ 峰值同时出现在器件的沟道区界面处,造成沟道区栅氧中负电荷的注入,这是 SiC 功率 MOSFET 在重复短路应力下的主要退化机理。研究还表明,重复短路应力并不会影响器件的 JFET 区栅氧界面。沟道区氧化层注入的负电荷使器件的 V_{th} 正漂,在低栅压偏置条件下沟道电阻占比大,所以此时的 R_{dson} 随着应力次数的增加逐渐增大。由于高栅压偏置条件下沟道充分开启,沟道电阻所占比重可以忽略,因此短路应力不影响此时的 R_{dson}。除此之外,SiC 功率 MOSFET 的反向阻断特性几乎不退化。器件在承受重复短路应力后的开关特性也被关注,增长的 V_{th} 抬升了米勒平台,使开启过程与关断过程分别发生延迟与提前。随着应力次数的增加,t_{on} 不断增大,t_{off} 不断减小,这也使得 E_{on} 增大,E_{off} 减小。

3.4　开关应力可靠性

在大多数情况下,SiC 功率 MOSFET 在功率系统中被当作开关器件使用,实际工作时,器件在反向阻断和正向导通两种状态之间反复切换。不同于 UIS 应力引起的由 BV_{ds} 主导的雪崩冲击,也不同于短路时高漏压和饱和电流的共同作用,在重复开关瞬间反偏漏压和导通电流交替作用于 SiC 功率 MOSFET 本身,将造成器件电学参数的退化。相比于重复 UIS 应力以及重复短路应力,重复开关应力的产生更频繁,更普遍,研究 SiC 功率 MOSFET 在重复开关应力下的电学参数退化更具有实际意义。然而现有的关于 SiC 功率 MOSFET 在重复开关应力下的退化研究并不全面,仅有的几篇文献中研究者只是简单提取了器件个别电学参数的退化趋势,将退化归笼统结为温度作用的结果,并没有深入研究 SiC 功率 MOSFET 在重复开关应力下的退化机理。本章将全面探究 SiC 功率 MOSFET 在重复开关应力下的电学参数退化趋势,并揭示其主要退化机理。

3.4.1　SiC MOSFET 开关应力平台

根据负载类型的不同,SiC 功率 MOSFET 的开关行为可以分为电阻负载开关过程和电感负载开关过程。3.2.2 节已经总结了电感负载开关的过程,这里对电阻负载开关过程做一个简要介绍。典型的电阻负载开关测试电路的拓扑结构如图 3.57 所示。负载电源的正极通过电阻负载 R 与 DUT 的漏极相连,它的负极与 DUT 的源极相连并接地。DUT 的栅极通过 R_g 与驱动电路相连。与双脉冲电感负载开关过程中依据式(3.10)对电感充电达到测试所需的 I_{load} 不同,电阻开关过程的 I_{load} 为:

$$I_{load} = \frac{V_{DD}}{R + R_{dson}(V_{gs}, V_{ds})} \tag{3.22}$$

其中 R_{dson} 是 V_{gs} 和 V_{ds} 的函数。可以看到电阻开关过程中的 I_{load} 直接由电阻负载的值决定,因此在测试时不需要采用双脉冲法,只要单脉冲驱动 DUT 的栅极,在脉冲上升沿和下降沿分别提取开启波形和关断波形即可。

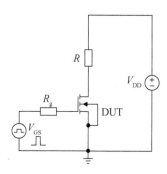

图 3.57　典型的电阻负载开关测试电路拓扑结构

图 3.58 为典型的 SiC 功率 MOSFET 的电阻负载开关波形。由于电流没有被负载钳位,因此电阻负载开关的 V_{gs} 波形没有明显的米勒平台,这是电阻负载开关与电感负载开关最显著的不同。在开启过程中,从 0 时刻到 t_1 时刻,V_{gs} 从 0 V 上升至 V_{th},在这一过程中器件尚未导通,I_{ds} 为 0 A,V_{ds} 维持在 V_{DD}。从 t_1 时刻到 t_2 时刻,器件逐渐开启,I_{ds} 开始上升,直到达到式(3.22)决定的 I_{load},与此同时 V_{ds} 开始不断下降,这一过程中 V_{gs} 依旧缓慢上升。从 t_2 时刻到 t_3 时刻,I_{ds} 已经达到 I_{load},几乎维持不变,V_{gs} 继续上升,直到达到 V_{GS},V_{ds} 有微弱减小,直到下降至 V_{on}。至此,SiC 功率 MOSFET 的电阻负载开启过程完成。器件的关断过程是开启过程的逆过程,这里不再赘述。

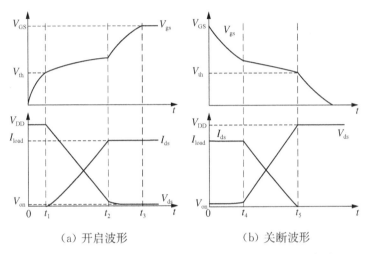

（a）开启波形　　　　　　　　（b）关断波形

图 3.58　理想 SiC 功率 MOSFET 电阻负载开启波形和关断波形

对于重复开关应力实验设计,电感负载开关过程的实现需要借助双脉冲法,且必须添加续流二极管。在第二次脉冲结束时续流电流需要一段漫长的时间才能完全耗散,这样的特性不适用于重复开关应力实验。反观电阻负载开关过程,只需要单脉冲驱动即可完成开启和关断动作,电阻负载同时也可以迅速消耗关断电流,能够大幅缩减实验时间,更适合重复应力实验。另外,电感负载开关过程与电阻负载开关过程都属于 MOSFET 的开关行为,二者作用机制类似,对 SiC 功率 MOSFET 造成的损伤趋势也相同。此处采用电阻负载开关应力,对 SiC 功率 MOSFET 进行重复开关应力实验,以提取器件的参数退化趋势,并研究其退化机理。

我们对图 3.58 中的电阻负载开关波形产生电路进行了改进,采用两个栅电阻,即输入栅电阻($R_{g(in)}$)与输出栅电阻($R_{g(out)}$),分别控制 DUT 的开启速度与关断速度,方便后续关于开关速度对器件参数退化影响的研究。实验电路的拓扑结构和实物照片如图 3.59 所示。

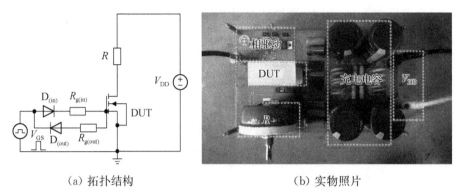

（a）拓扑结构　　　　　　　　　（b）实物照片

图 3.59　重复开关应力实验电路拓扑结构和实物照片

　　使用该电路产生的不同脉宽的 SiC 功率 MOSFET 电阻负载开关波形如图 3.60 所示。本节的目标器件为 Wolfspeed 公司生产的 SiC 功率 MOSFET 产品（C3M0280090D）。为了加速退化效果，加大开关过程中高漏压和大电流的交叠时间，将 $R_{g(in)}$ 设为 1 kΩ。当器件关断时，由于电路中寄生电感的存在，高速的 di/dt 变化会在器件漏极形成电压过冲尖峰，其作用效果类似第 4 章讨论的 UIS 应力，会对开关应力退化研究造成干扰。因此这里采用 3 kΩ 的 $R_{g(out)}$，减小关断时的 di/dt，对漏压过冲进行抑制。图 3.60 所示的实测波形中，漏压上升时没有出现过冲尖峰。其他测试条件为 $V_{DD}=500$ V，$V_{gs}=0\sim18$ V，为了得到大电流加速器件的退化机制，设 R 为 10 Ω，$I_{peak}=45$ A。一个不可忽略的现象是，随着开态时间的加长，T_j 上升，器件的 R_{dson} 不断增大，一方面造成了负载回路总电流的减小，另一方面使器件的分压变大，因此随着脉宽的加长，I_{ds} 逐渐变小，V_{ds} 逐渐增大。在 30 μs 开态时间下，I_{ds} 已经下降到 40 A，V_{ds} 上升到约 80 V。与此同时，V_{gs} 保持恒定，没有出现短路应力下的栅压减小的现象。

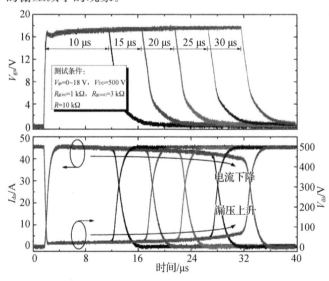

图 3.60　SiC 功率 MOSFET 在不同脉宽下的电阻负载开关波形

经过反复试验,最终选取脉宽为 25 μs 的开关应力进行重复开关实验。这一条件使 SiC 功率 MOSFET 的参数退化明显,且不会造成器件的过早失效。为了抑制应力过程中的热量积累,同样在器件背面添加热沉和风冷散热。同时将占空比设为 0.005%,即采用 500 ms 的脉冲周期,进一步抑制温升。

3.4.2　SiC MOSFET 重复开关应力退化

利用 3.4.1 节中确定的应力条件,对器件进行重复开关应力实验,在不同应力次数节点下分别测量器件的不同电学特性,提取相关参数的退化趋势。

退化首先表现为正向导通特性的退化。图 3.61 为不同开关应力次数下 SiC 功率 MOSFET 的输出转移特性曲线。随着应力次数的增加,器件的输出转移曲线不断右移,这表明在重复开关应力过程中,器件的沟道区栅氧中可能有负电荷注入。

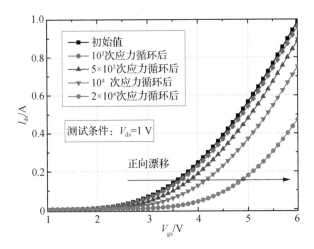

图 3.61　SiC 功率 MOSFET 在不同开关应力次数下的输出转移曲线

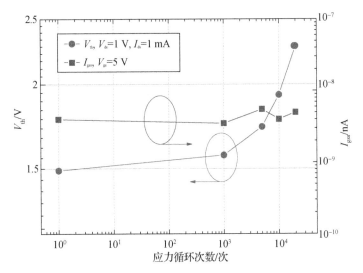

图 3.62　SiC 功率 MOSFET 的 V_{th} 和 I_{gss} 随开关应力次数的退化

在 $I_{ds}=1$ mA 条件下提取器件的 V_{th} 随应力次数的退化情况,如图 3.63 所示。经历了 2×10^4 次应力循环以后,SiC 功率 MOSFET 的 V_{th} 由初始的 1.49 V 升高到了 2.28 V。同时,在 2×10^4 次应力范围内,I_{gss} 基本稳定,维持在纳安级别,说明栅氧保持良好的绝缘特性,测量得到的 V_{th} 的退化是真实可信的。随着应力的进一步增加,器件的栅极退化严重,漏电流变大,在 2×10^4 次至 5×10^4 次应力区间内,器件失效。

图 3.63 分别显示了在低栅压($V_{gs}=5$ V)和高栅压($V_{gs}=15$ V)偏置条件下 SiC 功率 MOSFET 的 I_d-V_d 特性随应力次数的退化情况。与重复短路退化应力类似,随着 V_{th} 的增大,在低栅压偏置条件下,器件的导通能力随着应力次数的增加而大幅退化,而在充分开启的高栅压条件下,器件的导通能力退化不明显。

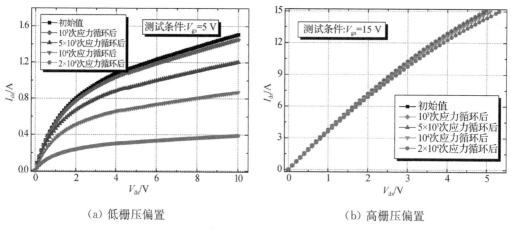

（a）低栅压偏置　　　　　　　　　（b）高栅压偏置

图 3.63　SiC 功率 MOSFET 在低栅压偏置条件和
高栅压偏置条件下 I_d-V_d 特性随开关应力次数的退化情况

由图 3.63 实测数据提取得到的 R_{dson} 如图 3.64 所示。在低栅压条件下,器件的 R_{dson} 由初始的 1.83 Ω 退化到到 2×10^4 次开关应力后的 5.78 Ω,增大了 215.85%。在高栅压条件下,器件的 R_{dson} 由初始的 265.24 mΩ 增加到 2×10^4 次应力后的 276.99 mΩ,增加了 4.43%,退化量远远小于低栅压下的 R_{dson}。这表明器件 R_{dson} 的退化很可能是由沟道区表面的退化引起的,因为在低栅压条件下沟道电阻占比大,此时 R_{dson} 的增量几乎全部来自沟道电阻,说明器件沟道区氧化层有负电荷注入。在高栅压条件下,沟道电阻的占比大幅减小,此时 R_{dson} 的成分主要是 JFET 区电阻和漂移区电阻,因此沟道区的损伤对 R_{dson} 的影响减弱。这也从侧面说明器件的 JFET 区界面的退化小,几乎不受重复开关应力的影响。

此外,通过检测在不同开关应力次数下的反向阻断特性可以观察到 SiC 功率 MOS-FET 的反向阻断特性退化,实测曲线如图 3.65 所示。和承受重复短路应力类似,器件的反向阻断特性不受重复开关应力的影响,保持稳定。这是因为在开关过程中,I_{ds} 主要经过沟道正向流过器件,不会对器件的体二极管 PN 结产生冲击,因此阻断特性不退化。另外,由于 V_{th} 增加,器件的沟道区在 $V_{gs}=0$ V 条件下处于越来越趋向于耗尽的状态,因此

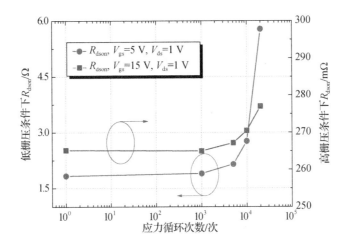

图 3.64　SiC 功率 MOSFET 的 R_{dson} 在承受不同次数重复开关应力后的退化情况

I_{dss} 也不会增大。在 $I_{ds}=100~\mu A$ 条件下提取得到器件的 BV 为 1 220 V,在 $V_{ds}=900$ V 条件下提取得到器件的 I_{dss} 为 0. 16 μA。

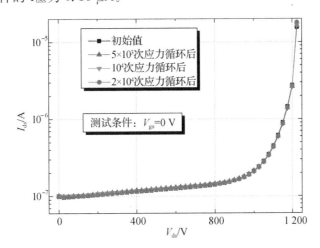

图 3.65　在承受不同次数开关应力后 SiC 功率 MOSFET 的反向阻断特性的退化情况

　　碳化硅基 MOSFET 的 V_{th}、R_{dson} 以及 BV 随重复开关应力次数的退化趋势已经明了,可以发现它们的退化现象几乎与在重复短路开关应力下的退化一致。然而 SiC 功率 MOSFET 在重复开关应力下的退化机理是否和短路应力一致,是否能为器件沟道区栅氧注入负电荷,还需要进一步分析和验证。本节将利用 Silvaco TCAD 仿真,结合分段 C-V 和 CP 界面损伤探测方法,探究 SiC 功率 MOSFET 在重复开关应力下的主要退化机理。

　　与短路时的高压大电流应力长时间共同作用不同,SiC 功率 MOSFET 在开关过程中只有开启和关断瞬间会经历高漏压和大电流的交叠,而在很长一段导通时间内,器件处于正偏栅压、大电流以及低漏压共同作用的状态。在这些开关过程中的不同阶段,器件的界面处会产生不同的应力作用效果,需要逐一进行分析。

首先使用混合模型仿真对 SiC 功率 MOSFET 的电阻负载开关过程进行模拟。电流、电压以及结温的仿真波形如图 3.66 所示,仿真条件与图 3.60 中的开关波形的实测条件保持一致。在开启过程中,V_{ds} 由 V_{DD} 下降至 V_{on},I_{ds} 由 0 A 上升至 I_{peak},二者在短时间内发生交叠,产生瞬时高功率在栅脉冲开启时使器件的 T_j 迅速上升。进入导通状态后,I_{ds} 维持在高值,V_{ds} 维持在低值,T_j 以较小的斜率缓慢上升。随着温度的上升,I_{ds} 逐渐减小,V_{ds} 逐渐增大。在关断过程中,V_{ds} 上升至 V_{DD},I_{ds} 下降至 0 A,二者再次发生交叠,产生瞬时高功率,因此在栅脉冲关断时 T_j 产生一个快速上升的尖峰。当器件关断后,SiC 功率 MOSFET 保持反偏阻断状态,T_j 由于散热系统的存在而缓慢下降。图 3.66 所示的仿真波形可以正确模拟图 3.60 中的 SiC 功率 MOSFET 的电阻负载开关过程,使用该仿真提取器件使开关过程中的应力分布是可信的。

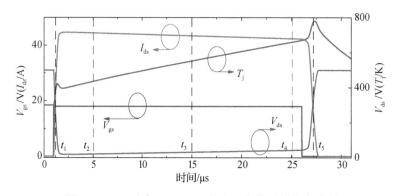

图 3.66　SiC 功率 MOSFET 的电阻负载开关仿真波形

将 SiC 功率 MOSFET 的电阻负载开关过程分为开启、导通和关断三个阶段,分别在图 3.66 所示开启阶段的 $t_1 = 1.2~\mu s$ 时刻,导通阶段的 $t_2 = 5~\mu s$,$t_3 = 15~\mu s$,$t_4 = 25~\mu s$ 时刻以及关断阶段的 $t_5 = 27.2~\mu s$ 时刻提取栅氧界面处的碰撞电离率和 $E_\perp$ 布情况,以确定开关应力造成退化的机理以及具体的损伤位置。

图 3.67 所示为开启过程中的 $t_1 = 1.2~\mu s$ 时刻 SiC 功率 MOSFET 栅氧界面处的碰撞电离率和 $E_\perp$ 的分布情况。虽然在沟道区有一个数值为正的 $E_\perp$ 峰值,但此处的碰撞电离率值很小,几乎不产生电子空穴对,这表明沟道区界面在开启过程中几乎不受损伤。反观 JFET 区界面,此时同时出现了碰撞电离率正峰值和 $E_\perp$ 的负峰值,这表明在开启过程中,JFET 区的栅氧中可能有正电荷注入。

导通过程中的 $t_2 = 5~\mu s$,$t_3 = 15~\mu s$ 以及 $t_4 = 25~\mu s$ 时刻器件栅氧界面处的碰撞电离率和 $E_\perp$ 的分布如图 3.68 所示。可以看到,碰撞电离率的峰值和 $E_\perp$ 的峰值同时出现在沟道区,意味着沟道区界面是导通时的主要损伤区域,$E_\perp$ 为正表明此时 SiC 功率 MOSFET 沟道区栅氧中可能有负电荷注入。另外不能忽略的是,随着时间的推移,碰撞电离率的值不断增大,由式(3.19)至式(3.21)可知,这是 T_j 上升造成的,表明导通时间越长,沟道区负电荷注入效应越严重。

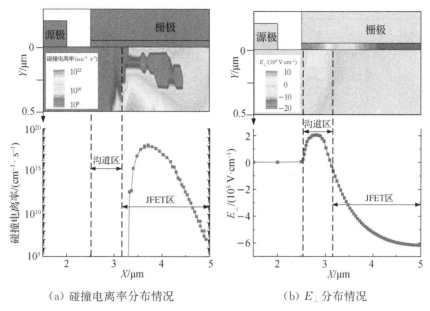

（a）碰撞电离率分布情况　　　　　　（b）$E_\perp$ 分布情况

图 3.67　碳化硅基功率 MOSFET 在开启过程中沿栅氧界面处的碰撞电离率和 $E_\perp$ 的分布情况

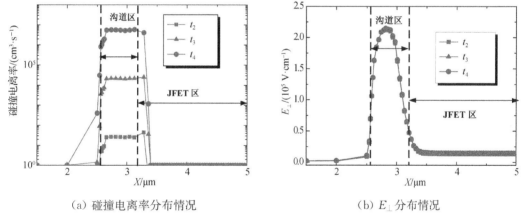

（a）碰撞电离率分布情况　　　　　　（b）$E_\perp$ 分布情况

图 3.68　SiC 功率 MOSFET 在导通过程中沿栅氧界面处的碰撞电离率和 $E_\perp$ 的分布情况

图 3.69 为关断过程中的 $t_5 = 27.2~\mu s$ 时刻 SiC 功率 MOSFET 栅氧界面处的碰撞电离率和 $E_\perp$ 的分布情况。在沟道区界面处同时出现了一个碰撞电离率的小峰和 $E_\perp$ 的正值尖峰，这表明此时沟道区氧化层中有负电荷注入。与此同时，JFET 区界面同时存在着碰撞电离率峰值的和 $E_\perp$ 的负峰值，表明 JFET 区氧化层中可能有正电荷注入。需要注意的是，此时 JFET 区界面处碰撞电离率的值比沟道界面处的碰撞电离率值高出近 10 个数量级，JFET 区的 $E_\perp$ 也高于沟道区的 $E_\perp$，因此可以判断，在关断过程中，SiC 功率 MOSFET JFET 区氧化层中的正电荷注入效应起主要作用。

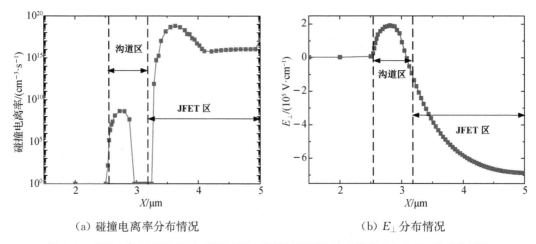

（a）碰撞电离率分布情况　　　　　　　　（b）$E_\perp$ 分布情况

图 3.69　SiC 功率 MOSFET 在关断过程中沿栅氧界面处的碰撞电离率和 $E_\perp$ 的分布情况

通过仿真分析 SiC 功率 MOSFET 在开启、导通以及关断过程中的应力情况，可以初步得到这样的结论：在开启和关断过程中，开关应力主要在器件的 JFET 区氧化层中注入正电荷；在导通过程中，开关应力主要在器件的沟道区氧化层中注入负电荷；两种机制共同作用使 SiC 功率 MOSFET 在重复开关应力下产生退化。然而根据 3.4.2 节中展现的电学参数的实测退化趋势，得到的结论为器件的主要损伤区域为沟道区。通过仿真和实测得到的结论之间存在矛盾，因此需要进一步通过实验证明 SiC 功率 MOSFET 在重复开关应力下的主要退化机理。

本节再次利用 CP 法和分段 C-V 界面探测方法，验证 SiC 功率 MOSFET 在重复开关应力下的退化机理。图 3.70 为不同开关应力次数下 SiC 功率 MOSFET 的 I_{cp} 曲线。与在重复短路应力下的退化趋势类似，随着开关应力次数的不断增加，I_{cp} 曲线的右边沿逐渐向正压方向移动，说明器件沟道区氧化层中有负电荷注入。I_{cp} 曲线的左边沿抬起点几乎不发生变化，表明器件的 JFET 区不受重复开关应力的影响。

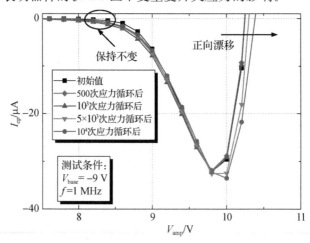

图 3.70　不同开关应力次数下 SiC 功率 MOSFET 的 I_{cp} 曲线

不同开关应力次数下的 C_g-V_g 曲线如图 3.71 所示。随着应力次数的增加,曲线的 II 区明显向正压方向漂移,这说明在应力过程中有负电荷注入 SiC 功率 MOSFET 沟道区的栅氧中。C_g-V_g 曲线的 III 区保持不变,这意味着器件的 JFET 区几乎没有损伤。

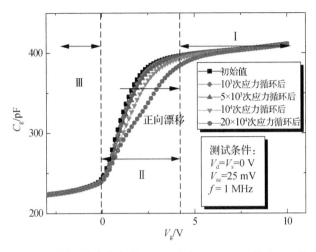

图 3.71　不同开关应力次数下 SiC 功率 MOSFET 的 C_g-V_g 曲线

CP 以及分段 C-V 界面损伤探测实验结果都表明,在重复开关应力过程中,SiC 功率 MOSFET 的沟道区氧化层中有负电荷注入,这是其主要退化机理,而器件的 JFET 区界面几乎不受影响。这一结论与器件参数的退化趋势相吻合。虽然仿真结果表明在开启和关断过程中,器件的 JFET 区承受应力,会有正电荷注入,然而实测数据并没有提供相应的证明。这可能是因为开启和关断过程非常短暂,即使有极少量正电荷注入 JFET 区氧化层,其作用效果也不明显。反而是长时间处于导通状态会造成 SiC 功率 MOSFET 的沟道氧化层中有大量负电荷注入,尤其是在导通阶段的后半段,逐渐升高的结温进一步促进了负电荷的注入。

重复开关应力下沟道区氧化层中的负电荷注入,使 SiC 功率 MOSFET 的 V_{th} 发生正向漂移以及低栅压下 R_{dson} 出现增大。无论是退化机理还是退化现象,重复开关应力的作用效果都与 3.4 节中研究的重复短路应力类似。可以预见,SiC 功率 MOSFET 承受重复开关应力后的开关特性的退化趋势也与重复短路应力实验结果相同。随着应力次数增加而逐渐增大的 V_{th} 将提升米勒平台,进一步使开启时间增加和关断时间减小。SiC 功率 MOSFET 的开关特性在重复开关应力下的具体退化情况本节不再讨论。

3.4.3　开关应力条件对 SiC MOSFET 退化影响

由以上分析可知,开启过程和关断过程持续时间短暂,因此不会对 SiC 功率 MOSFET 造成直接损伤,然而这并不意味着开启和关断过程对器件在重复开关应力下的退化毫无影响。如图 3.66 所示,开启和关断产生的瞬时高功率将迅速抬升器件的 T_j,从而影响整个开关过程的温度曲线。另外,导通时间的长短也会影响器件的温升以及注入栅氧中的负电荷密度。本小节将重点研究开启、导通和关断时间分别对 SiC 功率 MOSFET 在重复开关应力下的参数退化量的影响。由于重复开关应力主要会造成 V_{th} 的上升,因此这里只关注不同开关条件下 V_{th} 随应力次数的变化。

为了研究开启时间对 SiC 功率 MOSFET 在重复开关应力下的退化影响,将 $R_{g(in)}$ 增大为 2 kΩ,同时保持其他应力条件不变,从而达到只增加器件开启时间的效果。实测得到的开关波形如图 3.72 所示,原有开关应力波形也一并展现在图中。由于 $R_{g(in)}$ 增大了,器件的 V_{gs} 上升明显变慢。这里将 V_{ds} 从 V_{DD} 开始下降到 I_{ds} 上升到 I_{load} 的时间定义为开启时间 T_{ON}(区别于前两章中讨论的 t_{on}),它可以表征 V_{ds} 和 I_{ds} 在开启时的交叠时间。从图中可以看到,$R_{g(in)}=2$ kΩ 条件下的 T_{ON} 约为 3.6 μs,是 $R_{g(in)}=1$ kΩ 条件下的 2 倍。相比于原开关波形,在导通阶段,$R_{g(in)}=2$ kΩ 条件下的 V_{ds} 的上升速度以及 I_{ds} 的下降明显加快。这是因为 T_{ON} 越大,开启时的耗散能量越高,器件的温升越大。

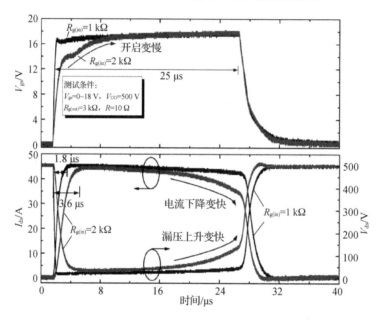

图 3.72　SiC 功率 MOSFET 在不同 $R_{g(in)}$ 条件下的电阻负载开关波形

提取 $R_{g(in)}=2$ kΩ 应力条件下 SiC 功率 MOSFET 的 V_{th} 随应力次数的退化情况,并与中心条件下的退化数据进行对比,如图 3.73 所示。加大 $R_{g(in)}$ 后器件 V_{th} 的退化速率明显增大,在承受 300 次应力后已经增加了 0.4 V,远高于相同应力次数下原有 V_{th} 的退化量。这一实验现象表明,通过增大 $R_{g(in)}$ 从而增加 T_{ON} 的确会增加 SiC 功率 MOSFET 在重复开关过程中承受的应力,令退化加速。这是因为高 T_{ON} 显著提升了导通过程中的 T_j,从而使碰撞电离率大幅提升,使相同应力次数下注入器件沟道区的负电荷密度变大。另外,高 T_{ON} 条件使器件耐受开关应力的能力减弱,在 300 次开关应力后继续增加应力次数,器件很快失效。

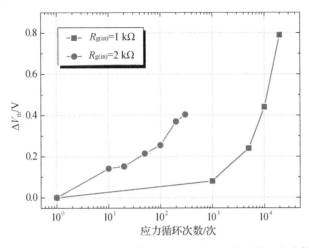

图 3.73　不同 $R_{g(in)}$ 条件下 SiC 功率 MOSFET 的 V_{th} 随开关应力次数的退化

通过增大 $R_{g(out)}$ 来增加 SiC 功率 MOSFET 在开关过程中的关断时间,并保持其他实验条件不变,进行重复开关应力实验,与中心条件下的实验结果进行对比,研究关断时长对器件退化的影响。图 3.74 为 SiC 功率 MOSFET 在 $R_{g(out)}=6\ k\Omega$ 条件下的电阻负载开关波形,作为对比,$R_{g(out)}=3\ k\Omega$ 条件下的开关波形也展示在图中。这里定义关断时间为 I_{ds} 开始快速下降到 V_{ds} 上升到 V_{DD} 的时间 T_{OFF}(区别于前两章中讨论的 t_{off}),它可以表征 V_{ds} 和 I_{ds} 在关断时的交叠时间。可以看到,增大的 $R_{g(out)}$ 使 T_{OFF} 明显加长。$R_{g(out)}=6\ k\Omega$ 条件下的 T_{OFF} 为 5.2 μs,而 $R_{g(out)}=3\ k\Omega$ 条件下的 T_{OFF} 为 3.1 μs。与此同时,$R_{g(out)}$ 对开启阶段和导通阶段的电压及电流均没有影响。图 3.75 为不同 $R_{g(out)}$ 条件下 SiC 功率 MOSFET 的 V_{th} 随开关应力次数的退化情况。加大 $R_{g(out)}$ 后,器件的退化趋势及退化量与中心条件下得到的结果几乎重合。这意味着关断过程的长短不会加剧开关过程中沟道区氧化层中负电荷的注入量,因此 $R_{g(out)}$ 不会影响 SiC 功率 MOSFET 在重复开关应力下的退化。这也从侧面证明了前文通过仿真和实验得出的结论的正确性。

在开关过程中,负电荷注入沟道区氧化层的损伤行为主要发生在导通阶段,因此导通时间 T_{on} 的长短势必会影响器件的退化。为了研究不同 T_{on} 对 SiC 功率 MOSFET V_{th} 漂移的具体作用效果,这里采用 $T_{on}=10\ μs$ 的条件,对 SiC 功率 MOSFET 进行重复开关应力实验。应力波形如图 3.60 所示。T_{on} 减小,器件在导通过程中的发热量降低,因此在导通阶段的后期,V_{ds} 的上升和 I_{ds} 的下降并不明显。图 3.76 提取了 $T_{on}=10\ μs$ 以及 $T_{on}=25\ μs$ 应力条件下的 V_{th} 随开关应力次数的退化量。从图上可以看出 $T_{on}=10\ μs$ 应力条件造成的退化量远远小于 $T_{on}=25\ μs$ 应力条件下的退化量,经过 $4×10^{4}$ 次应力循环后 SiC 功率 MOSFET 的 V_{th} 仅增加了 0.1 V,说明减小器件的导通时间可以大幅度降低 V_{th} 的退化量。这是因为降低导通时间相当于缩短了每次开关过程中的应力时间,因此注入栅氧中的负电荷减少,V_{th} 的漂移量降低。此外,缩短导通时间可以抑制 T_{j} 的上升,从而进一步降低器件在开关过程所受的损伤,使 V_{th} 的退化速率放缓。

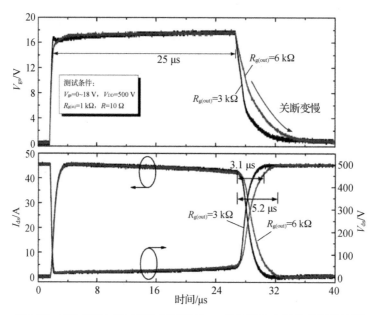

图 3.74　SiC 功率 MOSFET 在不同 $R_{g(out)}$ 条件下的电阻负载开关波形

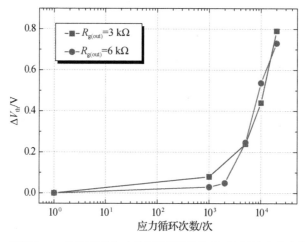

图 3.75　不同 $R_{g(out)}$ 条件下 SiC 功率 MOSFET 的 V_{th} 随开关应力次数的退化

　　至此,开关过程中的三个阶段,即开启、导通和关断阶段在重复开关应力下对 SiC 功率 MOSFET 参数退化所起的作用已经明确。开启过程虽然不会直接导致沟道区负电荷的注入,但是它会加速器件温升,开启时间越长,则器件的 T_j 越高,在导通过程中注入栅氧的电荷量越多,器件退化越明显。导通阶段是造成器件损伤的主要阶段,这一阶段开关应力令负电荷大量注入沟道区氧化层中,使 SiC 功率 MOSFET 的 V_{th} 不断正漂,导通时间越长,则退化量越大。关断过程不会造成器件的损伤,几乎不影响 V_{th} 的退化。

　　与重复短路应力实验类似的是,在重复开关应力过程中,V_{GS}、V_{DD}、R 等任意一项实验参数的变化将引起不止一项应力条件的改变。例如增加 V_{GS} 将减小器件的 R_{dson},从而减小器件的 V_{on},同时总电阻减小还会使 I_{load} 增大;又例如,减小 R 会增大 V_{on},同时增大

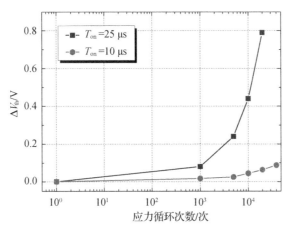

图 3.76　不同导通时间应力条件下 SiC 功率 MOSFET 的 V_{th} 随开关应力次数的退化

I_{load}。因此难以通过控制变量的方法分离不同应力参数造成的器件退化趋势。另一方面，应力过程中器件发热对 SiC 功率 MOSFET 参数退化造成的影响不能被完全排除，尤其是在开关过程的后半段，器件的 T_j 大幅上升，这会对实测值产生影响。这两方面原因使 SiC 功率 MOSFET 在重复开关应力下的退化表征模型难以被精确提取，本节不再进行相关讨论。

　　本节重点探究了 SiC 功率 MOSFET 在重复开关应力下的参数退化趋势，并详细分析了主要退化机理。研究表明，在重复开关应力过程中，器件的 JFET 区界面几乎不退化，而器件沟道区氧化层中有负电荷注入。这使得 SiC 功率 MOSFET 的 V_{th} 随着应力次数的增加而不断正漂。低栅压偏置条件下的 R_{dson} 因此大幅增加，而高栅压偏置条件下的 R_{dson} 基本保持不变。本章还结合 TCAD 仿真以及实测结果，分别探究了开关过程中的开启、导通以及关断阶段对 SiC 功率 MOSFET 退化的影响。实验结果表明：沟道区氧化层中负电荷的注入主要发生在导通阶段，尤其是导通阶段的后半段；在开启阶段，开关应力虽然不会直接造成器件退化，但是电流电压交叠产生的瞬时高功率会增加器件的 T_j，使导通阶段的电荷注入更加剧烈；关断阶段几乎不对器件的退化产生影响。本节研究的重复开关应力造成的 SiC 功率 MOSFET 退化趋势及退化机理具有实际意义，可为需要器件长时间处于开关工作状态的功率系统的设计提供指导和借鉴。

3.5　体二极管浪涌应力可靠性

3.5.1　SiC MOSFET 体二极管浪涌应力平台

　　由于电容、电感等非线性器件的充放电，电路中往往会出现瞬时大电流冲击，从而导致器件性能退化，甚至损毁。因此引入浪涌可靠性这一指标来评估功率器件承受瞬时大电流的能力。浪涌电流是指电路突然开启出现的大电流，或者是雷电击中电路或电路与雷电云层中电荷感应等外来脉冲导致的大电流。因此用户在进行电路设计选择器件之前，需要知道器件可承受的最大浪涌电流，并依此设计电路参数使器件尽可能工作在安全区域。

从浪涌电流发生电路来看,浪涌测试电路主要分为两种类型,分别为储能型和变压器型。

储能型测试电路就是用一个大电容储能,然后把能量一次性放出,适用于单次浪涌测试。变压器型测试电路就是通过截取市电并整流,然后用一个大变压器把电流升高,产生浪涌电流。储能式测试电路的优点在于其对电网的干扰比较小,而且不需要笨重的变压器,缺点是不能采用它进行多次浪涌测试,而且需要用数字控制电路对浪涌电流波形进行控制。如果利用 MOSFET 或 IGBT 作为控制开关,由于单个器件通流能力有限,还要解决器件并联产生的同步问题。变压器型测试电路的优势在于电路简单,但是缺点就是需要一个很大容量的变压器。

从浪涌波形的控制方面来看浪涌电流测试方法可以分成数字控制方法和 LC 振荡电路法。数字控制法通过 PLC、单片机、DSP 或者上位机对脉冲波形进行控制,相对复杂,但是可以方便地改变浪涌电流大小。LC 振荡电路法是通过电路中设计好的电感和电容进行振荡,通过一个晶闸管触发,产生一个浪涌脉冲。其优点在于设计简单方便,缺点在于只能产生一种浪涌脉冲。

下面分别介绍两种不同方案的浪涌测试电路原理图。

图 3.77 所示是方案一浪涌测试电路的原理图,测试平台由以下几部分组成:充电电路、浪涌电流产生电路、被测器件及其驱动电路。充电电路由一个电压源和电容组成。进行浪涌测试之前,需要对电容进行充电,由充电电路进行充电。浪涌电流产生电路由一个电容 C 和一个电感 L 组成,主要作用是产生一个符合要求的正弦电流,被测器件为 SiC MOSFET。驱动电路主要作用为控制被测器件沟道的开启/关闭状态。

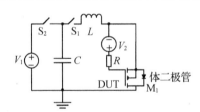

图 3.77　方案一的浪涌测试电路原理图

该电路的操作方法如下:实验开始前先闭合 S_2,断开 S_1,使电压源给电容充电。

当需要测试时,断开 S_2,闭合 S_1,通过 LC 振荡回路获得一个任意固定脉宽的正向浪涌电流。

浪涌测试电流周期:$T=2\pi\sqrt{LC}$。浪涌测试电流的幅值可调:$\frac{1}{2}CU^2=\frac{1}{2}LI^2$。

若电容、电感大小固定,则浪涌测试电流周期固定,但幅值可根据电源 V_1 而改变。

浪涌测试方案二电路主要由恒压源、电容、IGBT、示波器、电压探头、霍尔电流传感器、控制电路和上位机构成。本平台采取 IGBT 控制式浪涌电流生成法,由控制系统生成正弦半波信号,并施加到工作在线性放大区的 IGBT 栅极,从而获得浪涌电流,最大可进行峰值为 500 A 的浪涌电流试验。试验平台电路拓扑如图 3.78 所示。

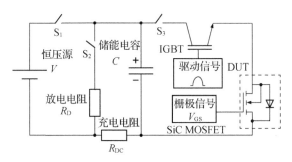

图 3.78　方案二的浪涌测试电路原理图

IGBT 作为控制开关,具有过流保护功能,可防止测试过程中波形发生失控。浪涌电流的周期与 IGBT 的驱动信号周期相同,改动 IGBT 的驱动信号周期即可控制浪涌电流的周期,若将电压源改为可变恒压源,则可改变浪潮测试电流的幅值大小,从而实现浪涌电流周期和幅值可调。

也可采用图 3.79 所示的几种其他类型测试电路,原理和浪涌测试方案二基本相似,区别在于控制系统不同。

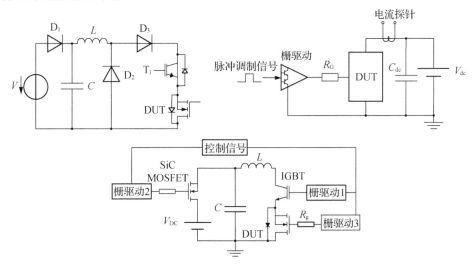

图 3.79　其他类型浪涌测试方案电路图

图 3.80 是 SiC MOSFET 承受浪涌电流时源极和漏极之间的电压曲线。V_{sd} 在最初便升高到 2.7 V,这对应了 SiC MOSFET 体二极管的开启电压,在体二极管开启之后,电压的变化趋势与正弦电流类似,随着电流的变化而变化。

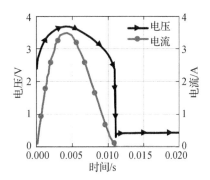

图 3.80　源极和漏极之间的电压曲线

3.5.2　SiC MOSFET 体二极管浪涌应力退化

对于 SiC MOSFET 浪涌性能的研究持续时间不长,从 2016 年开始,才有学者开始研究 SiC MOSFE 的浪涌性能,相关研究成果不足。拜罗伊特大学的 Hofstetter P 研究了不同栅压下 SiC MOSFET 耐受浪涌电流的能力,结果表明平栅器件的沟道在浪涌时是否打开对器件的浪涌可靠性几乎没有影响。另外,Hofstetter 还通过仔细观测失效器件表面情况,将栅源短接的失效现象归因于高温导致金属铝熔融,最终导致栅极金属和源极金属短接。

浙江大学的 Zhu Z Y 研究了商用 SiC MOSFET 器件在重复浪涌应力下的退化现象。随着浪涌次数的增加,器件体二极管电阻增加,反向恢复电荷减少,而阈值电压无明显变化,如图 3.81 所示。该学者通过分析 SiC MOSFET 各部分电阻的变化,得出体二极管的双极退化是主要退化机理。

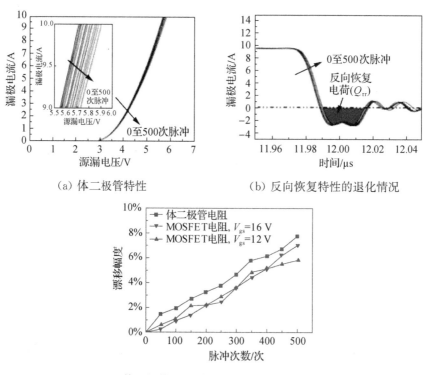

（a）体二极管特性　　　　　　（b）反向恢复特性的退化情况

（c）体二极管电阻漂移量与浪涌次数的关系

图 3.81　不同浪涌次数下 SiC MOSFET 体二极管特性、
反向恢复特性的退化情况及体二极管电阻漂移量与浪涌次数的关系

湖南大学 Jiang X 等人在重复浪涌实验中得到了与之相反的结果。他们发现在浪涌过程中体二极管压降仅有轻微变化,而阈值电压的变化非常明显,如图 3.82 所示。当浪涌过程中栅源电压为 −5 V 和 −10 V 时,阈值电压分别降低了 8% 和 17.8%。他们认为空穴注入沟道和 JFET 区的栅氧化层中是 SiC MOSFET 主要的退化机理。偏置电压引发的高栅氧化层电场和浪涌带来的高温使得空穴注入沟道和 JFET 区的氧化层中,最终导致阈值电压降低。

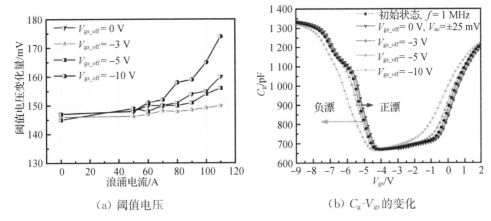

(a) 阈值电压　　　　　　　　　　　(b) C_g-V_{gs} 的变化

图 3.82　不同栅偏置条件下,在 100 次浪涌电流循环后 SiC MOSFET 中阈值电压和 C_g-V_{gs} 的变化。

3.6　高可靠 SiC MOSFET 器件新结构

明确 SiC 功率 MOSFET 在各种电热应力下的可靠性机理之后,有必要对现有的 SiC 功率 MOSFET 结构进行优化,提升其不同工作条件下的耐各种电热应力的能力。为进一步提高 SiC 功率 MOS 器件的可靠性,本节将基于 SiC MOSFET 在重复 UIS 应力和重复短路应力下的参数退化机制,提出四种具有高可靠性的新结构。

基于对重复 UIS 应力的电学参数退化分析,重复 UIS 应力主要使正电荷注入 SiC 功率 MOSFET JFET 区的氧化层中,同时,器件的沟道区不受影响。正是这些正电荷的注入改变了电场分布,增加了器件的 I_{dss},且 JFET 区栅氧中注入的正电荷吸引电子,增大了半导体表面浓度,因此器件的比导通电阻 R_{dson} 在应力之后略有降低。因此,在实际应用中,在进行器件寿命评估时,必须仔细考虑 SiC MOSFET 在重复 UIS 应力下的 I_{dss} 和 R_{dson} 退化。基于退化机理,我们提出了优化的器件结构,以降低沿 SiC/SiO$_2$ 界面的垂直电场 $E_\perp$ 及碰撞电离率,从而降低重复 UIS 应力下 SiC MOSFET 的退化。

为了提高栅氧质量,以减少 UIS 测试过程中栅氧化层的退化,在器件 JFET 区上方制作厚的台阶栅氧化层,其结构如图 3.83 所示。其中,厚的栅氧化层的厚度为 0.15 μm,且必须覆盖碰撞电离率最高的区域;P 型体区和厚栅氧化层之间的距离为 0.5 μm。该结构的优势在于通过增加高碰撞电离率区域的栅氧化层厚度,使得沿 SiC/SiO$_2$ 界面的垂直电场和碰撞电离率都有明显降低,确保器件在重复 UIS 应力下的可靠性。此外,由于该结构没有增加沟道区域上方的栅氧化层厚度,因此该结构对器件阈值电压 V_{th} 的影响可以忽略。

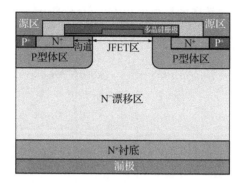

图 3.83　台阶栅氧化物的 SiC 功率 MOSFET 改进结构剖面示意图

　　图 3.84 所示结构是在 JFET 区域中间添加一个浮空的掺杂浓度为 5×10^{16} 的轻掺杂浅 P 阱，其长度为 $0.6\ \mu\mathrm{m}$，深度为 $0.3\ \mu\mathrm{m}$。该结构的优势在于其通过 JEFT 区引入的 P 型区域与 N 型漂移区形成耗尽层，以降低沿 SiC/SiO₂ 界面的垂直电场和碰撞电离率，确保器件在重复 UIS 应力下的可靠性。

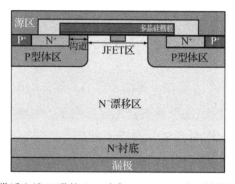

图 3.84　带浮空浅 P 阱的 SiC 功率 MOSFET 改进结构剖面示意图

　　基于对重复短路应力的电学参数退化分析，在应力过程中，碰撞电离率和 $E_\perp$ 峰值同时出现在器件的沟道区界面处，造成沟道区栅氧化层中负电荷的注入，这是 SiC 功率 MOSFET 在重复短路应力下的主要退化机理。沟道区氧化层注入的负电荷使器件的 V_{th} 正漂，在低栅压偏置条件下沟道电阻占比大，所以此时的 R_{dson} 随着应力次数的增加逐渐增大。因此，在实际应用中，在进行器件寿命评估时，必须仔细考虑 SiC MOSFET 在重复短路应力下的 V_{th} 和 R_{dson} 退化。基于退化机理，我们提出了优化的器件结构，以降低器件的沟道区界面处的碰撞电离率和 $E_\perp$，从而降低重复短路应力下 SiC MOSFET 的退化。

　　因为重复短路应力主要在 SiC 功率 MOSFET 的沟道区表面引入碰撞电离率和 $E_\perp$ 峰值，因此，可通过改进 P 型体区结构来缓和沟道所受的应力。图 3.85 为带阶梯 P 型体区的 SiC 功率 MOSFET 结构（简称 SP 结构）剖面示意。相比于传统结构，SP 结构在原有 P 型体区外侧添加了额外的延伸进入 JFET 区的阶梯 P 型体区，掺杂浓度为 $5\times 10^{16}\ \mathrm{cm}^{-3}$；该阶梯 P 型体区贴近半导体表面，厚度小于传统 P 型体区，为 $0.5\ \mu\mathrm{m}$，长度为

0.25 μm。该结构的优势在于通过阶梯 P 型体区扩展沟道长度,在短路状态下可缓和沟道表面的横向电场,另外,I_{dsat}略有降低,二者共同作用,使 SP 结构器件沟道区界面处的碰撞电离率优于传统结构。因此在重复短路应力下注入 SP 结构 SiC 功率 MOSFET 沟道区界面的负电荷密度将会减小。该结构可以抑制重复短路应力对 SiC 功率 MOSFET 的退化作用,提高器件的短路鲁棒性。

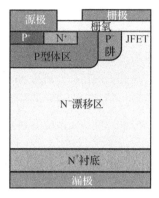

图 3.85　带阶梯 P 型体区的 SiC 功率 MOSFET 改进结构剖面示意图

在长脉冲短路测试中,器件的失效主要源于寄生 N-P-N 晶体管的触发。为了抑制寄生晶体管 N-P-N 的触发,提出了如图 3.86 所示的结构,即基于原始结构,将 P⁺ 区扩大为 3 μm。该结构的优势在于,通过较宽的 P⁺ 区域,降低 N⁺ 源区下方 P 型体区的电阻,从而减少功率耗散,且达到了抑制寄生 N-P-N 晶体管触发的目的,对应的器件短路应力承受时间增加了 23%。

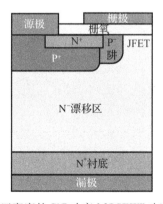

图 3.86　改变 P⁺ 区宽度的 SiC 功率 MOSFET 改进结构剖面示意图

参考文献

[1] Matsumura M , Kobayashi K , Mori Y , et al. Two-component model for long-term prediction of threshold voltage shifts in SiC MOSFETs under negative bias stress

[J]. Japanese Journal of Applied Physics, 2015, 54(4s).

[2] Lelis A J, Green R, Habersat D B, et al. Basic mechanisms of threshold-voltage instability and implications for reliability testing of SiC MOSFETs[J]. IEEE Transactions on Electron Devices, 2015, 62(2): 316 – 323.

[3] Lelis A J, Habersat D, Green R, et al. Time dependence of bias-stress-induced SiC MOSFET threshold-voltage instability measurements[J]. IEEE Transactions on Electron Devices, 2008, 55(8): 1835 – 1840.

[4] Zhou W C, Zhong X Q, Sheng K. High temperature stability and the performance degradation of SiC MOSFETs[J]. IEEE Transactions on Power Electronics, 2014, 29(5): 2329 – 2337.

[5] Ji S Q, Zheng S, Wang F, et al. Temperature-dependent characterization, modeling, and switching speed-limitation analysis of third-generation 10-kV SiC MOSFET[J]. IEEE Transactions on Power Electronics, 2018, 33(5): 4317 – 4327.

[6] Gonzalez J O, Alatise O, Hu J, et al. An investigation of temperature-sensitive electrical parameters for SiC power MOSFETs[J]. IEEE Transactions on Power Electronics, 2017, 32(10): 7954 – 7966.

[7] Riccio M, D'Alessandro V, Romano G, et al. A temperature-dependent SPICE model of SiC power MOSFETs for within and out-of-SOA simulations[J]. IEEE Transactions on Power Electronics, 2018, 33(9): 8020 – 8029.

[8] Han D, Sarlioglu B. Comprehensive study of the performance of SiC MOSFET-based automotive DC-DC converter under the influence of parasitic inductance[J]. IEEE Transactions on Industry Applications, 2016, 52(6): 5100 – 5111.

[9] Kelley M D, Pushpakaran B N, Bayne S B. Single-pulse avalanche mode robustness of commercial 1200 V/80 mΩ SiC MOSFETs[J]. IEEE Transactions on Power Electronics, 2017, 32(8): 6405 – 6415.

[10] An J J, Namai M, Yano H, et al. Investigation of robustness capability of −730 V P-channel vertical SiC power MOSFET for complementary inverter applications [J]. IEEE Transactions on Electron Devices, 2017, 64(10): 4219 – 4225.

[11] Liu S Y, Sun W F, Qian Q S, et al. A review on hot-carrier-induced degradation of lateral DMOS transistor[J]. IEEE Transactions on Device and Materials Reliability, 2018, 18(2): 298 – 312.

[12] Cheng C C, Lin J F, Wang T H, et al. Impact of self-heating effect on hot carrier degradation in high-voltage LDMOS[C]//2007 IEEE International Electron Devices Meeting. Washington, DC, USA. IEEE, 2007: 881 – 884.

[13] Nguyen T, Ahmed A, Thang T V, et al. Gate Oxide Reliability Issues of SiC

MOSFETs Under ShortCircuit Operation [J]. IEEE Trans. Power Electronics, 2015, 30 (5): 2445 – 2455.

[14] Wang Z , Shi X , Tolbert L M ,et al. Temperature-Dependent Short-Circuit Capability of Silicon Carbide Power MOSFETs[J]. IEEE Transactions on Power Electronics, 2016, 31(2):1555 – 1566.

[15] Shi Y X, Xie R, Wang L, et al. Switching characterization and short-circuit protection of 1200V SiC MOSFET T-type module in PV inverter application[J]. IEEE Transactions on Industrial Electronics, 2017, 64(11): 9135 – 9143.

[16] Zhou X T, Su H Y, Wang Y, et al. Investigations on the degradation of 1. 2 kV 4H-SiC MOSFETs under repetitive short-circuit tests[J]. IEEE Transactions on Electron Devices, 2016, 63(11): 4346 – 4351.

[17] Ouaida R, Berthou M, León J, et al. Gate oxide degradation of SiC MOSFET in switching conditions[J]. IEEE Electron Device Letters, 2014, 35(12): 1284 – 1286.

[18] Schrock J A, Pushpakaran B N, Bilbao A V, et al. Failure analysis of 1 200 V/ 150 A SiC MOSFET under repetitive pulsed overcurrent conditions[J]. IEEE Transactions on Power Electronics, 2016, 31(3): 1816 – 1821.

[19] Hofstetter P, Bakran M M. Comparison of the surge current ruggedness between the body diode of sic MOSFETs and si diodes for IGBT[C]//CIPS 2018: 10th International Conference on Integrated Power Electronics Systems. VDE, 2018: 1 – 7.

[20] Zhu Z Y, Ren N, Xu H Y, et al. Degradation of 4H-SiC MOSFET body diode under repetitive surge current stress[C]//2020 32nd International Symposium on Power Semiconductor Devices and ICs (ISPSD). Vienna, Austria. IEEE, 2020: 182 – 185.

[21] Jiang X, Wang J, Chen J J, et al. Investigation on degradation of SiC MOSFET under surge current stress of body diode[J]. IEEE Journal of Emerging and Selected Topics in Power Electronics, 2020, 8(1): 77 – 89.

[22] Liu S Y, Gu C D, Wei J X, et al. Repetitive unclamped-inductive-switching -induced electrical parameters degradations and simulation optimizations for 4H-SiC MOSFETs [J]. IEEE Transactions on Electron Devices, 2016, 63(11): 4331 – 4338.

[23] Chen X M, Chen H, Shi B B, et al. Investigation on short-circuit characterization and optimization of 3. 3 kV SiC MOSFETs[J]. IEEE Transactions on Electron Devices, 2021, 68(1): 184 – 191.

第 4 章　GaN 功率 HEMT 器件可靠性

4.1　高温偏置应力可靠性

由于 GaN HEMT 器件的栅结构、沟道以及掺杂情况都与传统 MOSFET 器件不同，因此传统功率器件的高温特性理论在 GaN HEMT 器件上并不适用。本节从 GaN HEMT 器件的结构特性和解析模型出发，分析 GaN HEMT 器件的高温特性。

4.1.1　GaN HEMT 高温特性

针对高温特性的研究，选用 GS66502B 为研究对象。根据栅极结构的特点，可以将栅极部分等效为两个二极管串联，即 D_{J1} 和 D_{J2} 阳极接阳极串联，如图 4.1 所示。根据此结构和尺寸参数，在 Silvaco TCAD 软件上搭建器件电学参数仿真平台。仿真设置栅金属功函数为 4.8 eV，为模拟 Mg 在 GaN 中的掺杂情况，栅极 P-GaN 层选用了不完全电离模型，掺杂电离能设为 0.17 eV，掺杂浓度为 2×10^{19} cm^{-3}，激活后的空穴浓度为 4×10^{17} cm^{-3} 左右。仿真结果显示 V_{th} 为 1.2 V，和实测值接近，输出特性曲线和实测值能较好吻合，说明该仿真平台可以进行 P-GaN HEMT 电学特性仿真研究。

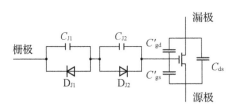

图 4.1　P-GaN HEMT 栅结构等效电路

图 4.2 为所研究的待测器件（DUT）的转移特性实测结果。从图中可以看出，随着 DUT 壳温上升，漏源电流（I_{ds}）抬起点对应的栅源电压（V_{gs}）向左漂移，证明 DUT 的阈值电压 V_{th} 在变小。为研究高温下阈值电压变化的物理机理，需要从解析模型出发，分析各种物理参数在高温下的变化过程。

图 4.3 是仿真得到的 25 ℃ 和 150 ℃ 环境下的栅极 P-GaN 层能带分布图。其中 φ_{bi} 为内建电势，V_{G_s} 为肖特基结上的外部电压降，ψ_s 为 P-GaN 和势垒层界面处的表面势，ΔE_{c1} 是 P-GaN 和势垒层的能带偏差，ΔE_{c2} 为势垒层和沟道层的能带偏差，q 为电子电荷量，ΔV_b 为势垒层上的电压降。根据能带分布，可以得到阈值电压计算公式（4.1）：

$$V_{th} = \phi_{Bn} + \psi_{bi} + V_{G\_S} + \psi_s - (\Delta E_{c2} - \Delta E_{c1})/q - \Delta V_b \tag{4.1}$$

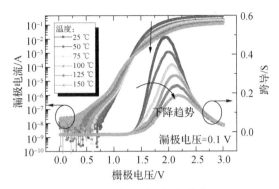

图 4.2　高温转移特性曲线

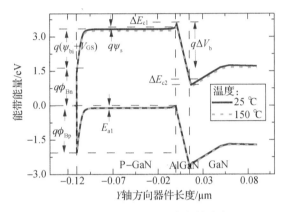

图 4.3　不同温度下能带参数分布

图 4.3 中导带和能带弯曲程度相同，那么：

$$\psi_{bi} + V_{G\_S} = \phi_{Bp} - E_{a1}/q \tag{4.2}$$

其中 ϕ_{Bp} 是肖特基金属相对于价带的势垒高度。禁带宽度为：

$$E_g = q(\phi_{Bn} + \phi_{Bp}) \tag{4.3}$$

根据解析模型，可以使用沟道处的导带能级（E_{c_ch}）来评估阈值电压变化情况。E_{c_ch} 计算公式为：

$$E_{c\_ch} = E_g/q - E_{a1}/q + \psi_s - (\Delta E_{c2} - \Delta E_{c1}) - \Delta V_b \tag{4.4}$$

其中：

$$E_{a1} = E_F - E_V \tag{4.5}$$

E_V 是价带顶，E_F 是费米能级，E_{a1} 是 Mg 的电离能。随着温度的增加，电离的 Mg 离子浓度也会增加，空穴浓度也会相应增加，对应的费米能级和能带会随之变化，E_{a1} 值也会相应变化，ψ_s 值也随空穴浓度相应变化。相应变量的变化值如图 4.4 所示。但是二者随温度的变化有一部分相互抵消。ΔE_{c1} 和 ΔE_{c2} 也是部分可以抵消。高温时，P-GaN 层和势垒层中的空穴浓度均有所变化，二者导致的 ΔV_b 变化可以被部分抵消。由此可以得出结论，禁带宽度在高温时的变化和 P-GaN 中空穴浓度的增加会对 P-GaN HEMT 器件的阈值变化有着直接影响。高温下的 Mg 离子电离也对阈值电压的变化有一定程度的影响。

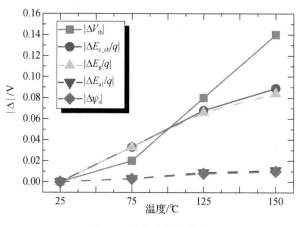

图 4.4　能带参数变化值

图 4.2 还显示了跨导的变化。高温时跨导随温度升高有显著降低。公式(4.6)、(4.7)给出了 P-GaN HEMT 漏电流的解析模型和跨导的解析模型公式。由于金属耗尽层附近的 Mg 掺杂为电致完全电离,因此常温和高温时肖特基结附近的空穴浓度没有差别,耗尽层的扩展不受温度影响,耗尽层电容不发生变化。高温时肖特基结电容两端的电压降由结电容存储的电荷量的变化决定,即 dV_{G_S}/dV_{gs} 由结电容存储的电荷量的变化决定。而结电容电荷运动范围为几十纳米的 P-GaN 层,高温对电荷运输快慢产生的影响可以忽略,因此可以忽略高温时 dV_{G_S}/dV_{gs} 的变化。从公式(4.7)可以看出,影响跨导的主要参数为沟道电子迁移率 μ_{eff}。25 ℃～150 ℃ 范围内 2DEG 中的电子迁移率随温度单调变化,因此跨导也随温度单调变化。

$$I_{ds}=\frac{W_g\mu_{eff}qK_{pi}(V_{gs}-V_{G\_S}-V_{th}-V_{ds}/2)V_{ds}}{(d_{AlGaN}+d_{GaN})l_g} \tag{4.6}$$

$$g_m=dI_{ds}/dV_{gs}=\frac{W_g\mu_{eff}qK_{pi}V_{ds}}{(d_{AlGaN}+d_{GaN})l_g}(1-dV_{G\_S}/dV_{gs}) \tag{4.7}$$

其中,W_g 为栅宽,μ_{eff} 为沟道电子迁移率,q 为电子电荷量,K_{pi} 为体因子,V_{gs} 为栅源电压,V_{G_S} 为肖特基结上的外部电压降,d_{AlGaN} 和 d_{GaN} 分别为 AlGaN 和 GaN 的厚度,l_g 为栅长。

图 4.5 为实测 DUT 的导通电阻随温度变化情况。提取导通电阻时,I_{ds} 为 500 mA,V_{gs} 为 6 V。由于 R_{on} 主要体现为沟道电阻,所以受 2DEG 浓度和电子迁移率 μ_{eff} 影响较大。高温时,极化效应产生的二维电子气浓度变化不大,而迁移率受散射影响而显著降低,最终导致测得的 R_{on} 显著增加。图 4.5 还给出了不同栅压下导通电阻随温度变化情况。对于传统 Si 和 SiC 器件,高温使阈值电压 V_{th} 降低,并且在一定温度范围内电子迁移率随温度上升,使得导通电阻在低栅压时并不随温度单调变化,而是先减小后增大。而 P-GaN HEMT 器件并没有出现这一现象,根本原因是 2DEG 的 μ_{eff} 随温度单调变化且变化显著。

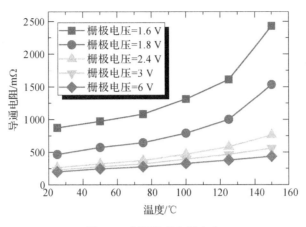

图 4.5　高温导通电阻变化

相比 MOSFET 器件，P-GaN HEMT 的劣势之一就是栅极漏电流（I_{gss}）较大，在设计栅极驱动电路时 I_{gss} 的大小也成为必须考虑的问题，对栅极漏电流在高温时的变化研究也具有现实意义。图 4.6 给出了不同温度下实测 I_{gss} 曲线，测试时 V_{ds} 为 0 V。可见当 $V_{gs} < V_{th}$ 时，I_{gss} 非常小，这是因为此时栅下方沟道仍处于耗尽状态，载流子较少，无法形成有效的漏电流。当 $V_{gs} > V_{th}$ 时，沟道逐渐形成，电子浓度逐渐增加，有一定量的载流子流过栅电极，I_{gss} 逐渐增加。根据 P-GaN 栅结构，可以理解图 4.6 中曲线斜率的变化。P-GaN 栅结构由两个二极管串联组成，如图 4.1 所示。栅上加正栅压偏置时，金属和 P-GaN 组成的二极管 D_{J1} 处于反偏状态，D_{J1} 的漏电流主要为空穴隧穿引起的。而 P-GaN、AlGaN、GaN 组成的二极管 D_{J2} 处于正向偏置状态，GaN PN 二极管的开启电压为 3 V 左右，当 D_{J2} 上的压降小于二极管开启电压值时，D_{J2} 漏电流为热电子发射带来的，当 D_{J2} 上的压降大于二极管开启电压时，D_{J2} 就形成了正向开启电流。因此，可根据上述漏电流特性，将曲线划分为三个区域，如图 4.6 所示。区域 I 中，P-GaN HEMT 沟道关断，I_{gss} 没有明显增加。区域 II 中，D_{J1} 和 D_{J2} 都关断，但是 HEMT 沟道已形成，两个二极管均已经有明显的漏电流，使 I_{gss} 逐渐增加。区域 III 中，D_{J2} 开启，漏电流进一步上升，但是整体的 I_{gss} 最终变化还是受到了 D_{J1} 的空穴隧穿率限制。当温度升高时，I_{gss} 抬起点随阈值电压变化，即 I_{gss} 的抬起点电压随温度上升向变小。由于高温加强了热电子发射和隧穿过程，区域 II 和区域 III 的 I_{gss} 随温度均有明显上升。

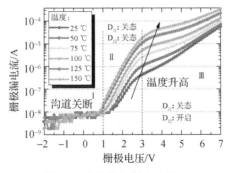

图 4.6　高温栅极漏电流特性

　　关态漏电流(I_{dss})决定了器件的耐压能力和关态功耗,在系统应用中也是一个需要考虑的关键参数。图 4.7 为不同温度下 I_{dss} 随电压变化的测试曲线,测试时 V_{gs} 为 0 V,可以看出 I_{dss} 随温度增加非常明显。对于此处的 DUT,I_{dss} 主要为漏源之间的漏电流。图 4.8 为 I_{dss} 路径的仿真图,可见关态时,漏电流主要流过缓冲层。DUT 中的缓冲层通常为 C 掺杂,以提高缓冲层电阻率,减小漏电流并提高耐压。在高温时,C 掺杂的电离能显著降低,C 掺杂带来的陷阱会电离,电子不再被束缚,缓冲层的电阻率会随之降低,缓冲层漏电流增加显著。

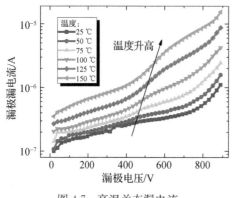

图 4.7　高温关态漏电流

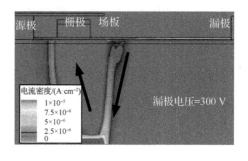

图 4.8　关态电流路径

　　除了静态的电学特性,本节还研究了高温环境下 P-GaN HEMT 的动态特性变化,图 4.9(a)展示了 GS66502B 的栅电容特性和端电容特性在高温下的变化情况。从图 4.9(a)中可以看出,高温主要会引起 DUT 的栅电容(C_g)下降,测试时漏电极和源电极短接,测试频率为 1 MHz,交流信号幅值为 25 mV。电容测试值可根据以下公式计算:

$$C_g = \frac{1}{j\omega Z_m} = 1 \Big/ \left(\frac{1}{C_{J1}} + \frac{1}{C_{J2}} + j\omega R_{CH} \right) \tag{4.8}$$

公式中 R_{CH} 为沟道电阻,Z_m 为测试中的阻抗。可见,测试得到的电容值受沟道电阻影响较大,即测试值受分布效应影响。由以上讨论可知,2DEG 迁移率随温度变化明显,导致 R_{CH} 在高温条件下有显著退化,因此测试过程中的 R_{CH} 随温度升高产生的变化使得栅电容的测试值显著减小。对于本征电容,其大小在高温下变化并不显著。如前面所讨论的,栅金属附近的 Mg 掺杂在施加栅偏压时会电致完全电离,因此空穴浓度很高并且不随温度变化,栅下方为耗尽层电容,耗尽层随温度变化并不明显,因此本征栅电容随温度不会有显著变化。

　　图 4.9(b)显示端电容在高温时的变化较小,测试时频率为 1 MHz,交流信号幅值为 25 mV。端电容包括输入电容 C_{iss},输出电容 C_{oss} 和反馈电容 C_{rss}。输入电容由栅源电容 C_{gs} 和栅漏电容 C_{gd} 组成,即 $C_{iss} = C_{gs} + C_{gd}$。输出电容由 C_{gd} 和漏源电容 C_{ds} 组成,即 $C_{oss} = C_{gd} + C_{ds}$。反馈电容即 C_{gd}。在高压下,这些电容都由耗尽层电容决定,与横向耗尽层扩展有关,而横向的沟道电子浓度随温度升高无显著变化,耗尽层扩展随温度升高也没有明显变化。因此,测试得到的端电容在高温情况下比较稳定。

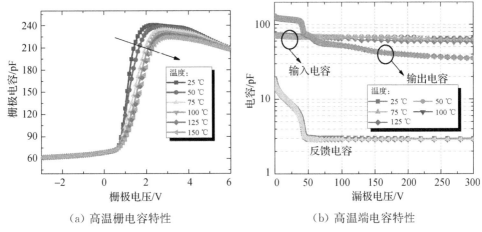

（a）高温栅电容特性　　　　　　　　　（b）高温端电容特性

图 4.9　P-GaN HEMT 高温栅电容特性和高温端电容特性

本节还对 P-GaN HEMT 器件在高温状态下的开关特性进行了研究,开关特性测试采用典型的双脉冲测试电路,理想情况下的双脉冲波形图如图 4.10 所示。首先需要理解 P-GaN HEMT 的开关过程。研究器件开启过程时,选取双脉冲第二段的脉冲信号上升沿过程,研究器件关断过程时,选取第一个脉冲下降沿过程。这样可以确保开关参数的提取条件一致,即开关电压和开关电流一致。图 4.11(a)为 P-GaN HEMT 器件的开启过程,在该过程中 V_{gs}、V_{ds} 和 I_{ds} 均发生变化。从 t_0 开始,栅驱动电路对栅电容进行充电,栅压逐渐上升但器件还未开启,栅下方沟道还处于耗尽状态,此时,栅电流(i_g)给栅电容 C_g 充电。到达 t_1 时刻时,栅压达到阈值电压 V_{th},栅下方沟道中的电子开始聚集,器件导通,流过器件的电流开始上升直到达到负载电流值(I_{load}),此时 i_g 继续给 C_g 充电。到达 t_2 时刻时,器件从高组态变为低阻态,器件的 V_{ds} 开始下降,同时器件的栅漏电容 C_{gd} 开始放电,i_g 为 C_{gd} 放电电流,C_g 不再充电,同时 V_{gs} 不继续上升,这个现象为米勒效应。此时的栅压为平台电压 $V_{plateau}$,直到 t_3 时刻 V_{ds} 降为器件的导通电压。通常 GaN 功率器件的 C_{gd} 很小,器件维持平台电压的时间也较短,电压下降更快。t_3 时刻以后,i_g 继续为器件 C_g 充电,V_{gs} 继续上升到目标值,I_{ds} 继续上升,电流上升斜率由负载电感值决定,电感上的压降为:

$$L_{load} = \frac{dI_{load}}{dt} = V_{load}(t) \tag{4.9}$$

器件关断时,如图 4.11(b)所示,V_{gs} 首先下降,C_g 放电,到 t_4 时刻栅压降为 $V_{plateau}$ 时,器件 R_{CH} 上升,器件由低阻变为高阻,器件 V_{ds} 开始上升,同时 C_{gd} 开始充电,i_g 为 C_{gd} 的充电电流。到 t_5 时刻,器件充电完成,电压上升为母线电压 V_{dc},随后器件中的 I_{ds} 开始下降,C_g 继续放电,V_{gs} 也继续下降。到达 t_6 时刻时,V_{gs} 降到器件阈值电压 V_{th},器件沟道完全关断,I_{ds} 降为 0,C_g 持续放电,直至 V_{gs} 降为 0,到达 t_7 时刻。

开关过程中的电压电流计算公式为:

$$I_{ds} = g_m[vG(t) - V_{th}] \tag{4.10}$$

$$vG(t) = V_{gs}\{1 - e^{-t/R_g[C_{gs} + C_{gd}(V_{ds})]}\} \tag{4.11}$$

$$V_{gp} = V_{th} + \frac{I_{load}}{g_m} \tag{4.12}$$

$$t_{i,r} = R_{gon}\left[C_{gs} + C_{gd}(V_{ds})\right]\ln\left[V_{gs}\Big/\left(V_{gs} - \frac{I_{load}}{g_m} - V_{th}\right)\right] \tag{4.13}$$

$$t_{v,f} = \frac{R_{gon}C_{gd}(V_{ds})}{V_{gs} - V_{gp}}(V_{ds} - V_{dson}) \tag{4.14}$$

$$t_{v,r} = R_{goff}C_{gs}\frac{V_{ds} + V_{FD} - V_{on}}{V_{gp}} \tag{4.15}$$

$$t_{i,f} = R_{goff}(C_{gs} + C_{gd}(V_{ds}))\ln\left(\frac{V_{gp}}{V_{th}}\right) \tag{4.16}$$

$$E_{on} = \frac{t_{i,r} + t_{v,f}}{2}I_L V_{ds} \tag{4.17}$$

$$E_{off} = \frac{t_{i,f} + t_{v,r}}{2}I_{ds} V_{ds} \tag{4.18}$$

$$E_{total} = E_{on} + E_{off} \tag{4.19}$$

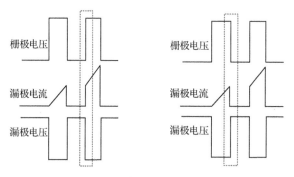

图 4.10 双脉冲开关波形简化图

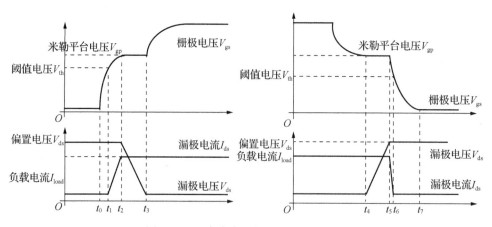

图 4.11 双脉冲波形中的详细开关过程

图 4.12 为实测的 DUT 开启过程，DUT 为 GS66502B。从图中可以看出，随着温度的上升，V_{gs} 到达米勒平台的时刻延后且平台电压 $V_{plateau}$ 变大，电流上升时间($t_{i,r}$)也变慢，

电压下降时刻推迟。由公式(4.12)可以看出，V_{gp} 的变大主要是 g_m 减小导致的，相应地，$t_{i,r}$ 也随着 g_m 的减小而增加，电压下降在平台到达后开始，所以也出现电压下降推迟的现象。

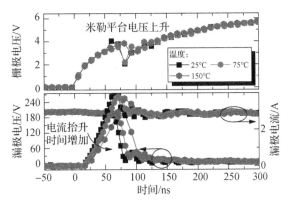

图 4.12　高温开启过程变化

对于关态过程，开关参数变化和开态过程相反。如图 4.13 所示，随着 V_{gp} 的增加，V_{gs} 在高温情况下先到达平台电压，随之 V_{ds} 开始上升，I_{ds} 开始下降，因此出现高温状态下关断速度更快的情况。

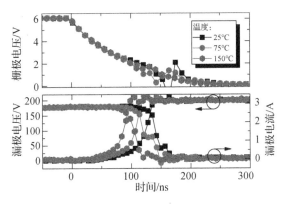

图 4.13　高温关断过程变化

根据公式可以计算出开关时间和开关损耗，图 4.14 给出了开关时间和开关损耗随时间变化关系。高温可以使开启速度变慢使关断速度更快，但由于关断过程更快，高温使得整体的开关损耗呈现下降的趋势。

总的来说，虽然 GaN 材料具有良好的高温特性，但由于目前的功率 GaN 器件主要以横向结构为主，导致材料优良的高温特性不能得到很好发挥，比如横向沟道电子迁移率受温度影响显著，一些电学特性在高温下的变化仍然需要引起足够的重视。

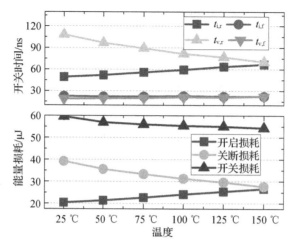

图 4.14　高温开关时间和开关损耗

4.1.2　GaN HEMT 漏偏应力可靠性

高压应力下陷阱效应引起的电流崩塌是 GaN 器件存在的普遍性问题,这主要是由外延层、材料界面各种缺陷导致。动态电阻是功率 GaN 器件电流崩塌问题的具象化。对动态电阻进行准确表征一直是业内面临的问题,准确表征动态电阻有利于掌握器件特性,评估工艺成熟度,为工艺和器件结构改进、动态电阻现象缓解提供宝贵意见。

（1）P-GaN HEMT 动态电阻机理

P-GaN HEMT 器件动态电阻现象主要由两类陷阱效应引起,一是势垒层陷阱,二是缓冲层陷阱,如图 4.15 所示。在器件受到高压应力时,器件内部会出现高电场,电子在高电场中会被加速。势垒层出现陷阱效应时,被加速的电子会被这些陷阱捕获;当缓冲层存在陷阱时,被加速的电子也可能会被缓冲层陷阱捕获。在应力撤销后,器件正常开启,而这些被捕获的电子不能及时释放。陷阱能级越浅,电子释放速度越快;陷阱能级越深,电子释放速度越慢。滞留在陷阱中的电子会形成带电中心,影响沟道的电子迁移率,从而造成沟道电阻的增加,在器件电学特性层面上表现为电阻的增加。随着器件的开启,沟道电流会导致热量产生,对陷阱中电子的释放起到辅助作用。开启时间越长,电子被释放的越多,带电中心越弱,对沟道电子迁移率的影响也逐渐消失。在器件特性层面上就表现为电阻值的动态变化。对于势垒层表面陷阱,可以使用原子层淀积工艺（ALD）生长钝化层以提高界面质量,或者生长应力缓解层（SRL）,如 GaON 材料来减小界面晶格失配带来的缺陷,目前这些手段已经可以极大改善动态电阻问题,但由于存在晶格失配的问题,表面陷阱效应无法根除。对于缓冲层陷阱,可以在衬底上方生长超晶格结构从而防止晶格失配产生的缺陷向沟道层蔓延,另外在缓冲层掺杂时还应该使用损伤小的掺杂工艺,以免带来额外陷阱,但是缓冲层陷阱效应带来的动态电阻依然无法根除。总的来说,目前功率 P-GaN HEMT 器件依然或多或少面临动态电阻问题。

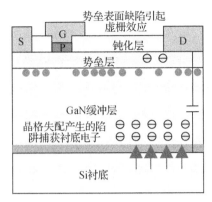

图 4.15　导致电流崩塌的陷阱效应

（2）高温反偏应力可靠性研究

高温反偏应力（HTRB）是 P-GaN HEMT 器件在功率电子系统中面临的最常见最典型的可靠性问题。P-GaN HEMT 在承受高温反偏应力时，会加重动态电阻问题，上一节中我们对此已作过讨论；其次还会出现阈值电压不稳定的情况，但其退化原理与导通电阻退化有所差别。在极高温度环境时，陷阱的势垒降低，这些陷阱问题将会更加突出。

首先考虑势垒层陷阱带来的问题。如图 4.16 所示为器件在静态高压偏置情况下器件电场分布情况，可见，电压较低时，电场峰值主要在栅拐角区域。在高压时，二阶和三阶场板末端下方的钝化层和势垒层表面会出现高电场，此电场会加快势垒层陷阱捕获电子的速度，从而形成带电中心，使电阻发生变化。在高温导致陷阱势垒降低的情况下，会有更多的载流子被更深的能级捕获。再加上长时间应力，被深能级捕获的载流子浓度更高，带电中心的范围扩大，造成更加严重的电学参数退化问题。同时，栅拐角处的势垒层中的电场也很突出，会使得此处发生陷阱效应，加重电学参数的退化，带来阈值电压不稳定问题及导通电阻退化问题。

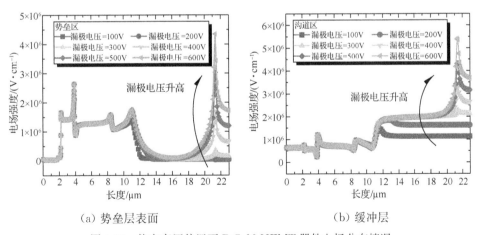

（a）势垒层表面　　　　　　　　　　　　（b）缓冲层

图 4.16　静态高压偏置下 P-GaN HEMT 器件电场分布情况

其次需要考虑缓冲层中的陷阱问题。往往在缓冲层进行 Fe 掺杂或者 C 掺杂时已实现高阻状态,而这些掺杂往往会带来额外的陷阱。实验已经证明,目前采用 C 掺杂可以在实现高阻的同时减少缺陷,从而缓解动态电阻问题。然而,C 掺杂依然无法避免陷阱问题。仿真时在缓冲层加陷阱会发现明显的电流崩塌现象,如果能级较深,将会导致导通电阻退化的持续时间更长。在长时间的高温反偏应力下,将会有更多的深能级陷阱被捕获。

浮空 P-GaN 层在高压应力下也会在一定程度上被影响。如图 4.17 所示,在高压应力下,P-GaN 栅中的空间电荷层扩展,P-GaN 外延或 P-GaN 界面带来的深能级陷阱会捕获空间电场中被加速的电子,导致载流子存储现象发生。该现象主要会带来阈值电压不稳定的问题,使得高温状态下,载流子更容易越过势垒注入浮空的 P-GaN 层,带来更严重的 V_{th} 动态变化问题,从而加重导通电阻的退化。

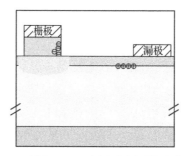

图 4.17　浮空 P-GaN 层在高压下的电荷分布

而在温度达到 200 ℃以上的情况下,缓冲层漏电流会更为显著,如图 4.18 所示。因此高电场导致的热电子量会更加丰富,势垒层陷阱的能级等物理参数会发生显著改变,大量的陷阱能级变低,电子逸出更加容易,这与传统常温静态偏置应力下的参数退化机制有所偏差,因此传统 125 ℃以下温度下的研究机制已不再适用。

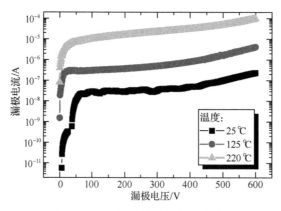

图 4.18　220 ℃时的关态漏电流情况

4.1.3　GaN HEMT 栅偏应力可靠性

在功率电子系统中,无论 P-GaN HEMT 器件工作在开启状态还是关断状态,都面临着栅偏置应力。目前已有大量关于 DC 和 AC 栅偏置应力下的栅可靠性问题研究的文献。本节考虑系统的实际应用环境,研究了 P-GaN HEMT 器件在续流状态下的动态栅偏置应力带来的可靠性问题。

为进行动态栅偏置应力的研究,需要搭建测试平台。我们选用 GS66504B 作为待测器件,为模拟功率 P-GaN HEMT 在半桥电路中的续流工作状态,搭建了续流应力测试平台,使 P-GaN HEMT 的栅偏置交替工作在 $V_{gs}>0$、$V_{gs}<0$ 和 $V_{gd}>0$ 的状态,如图 4.19 所示。在应力过程中,将 P-GaN HEMT 器件作为续流器件,器件工作在反向导通状态,即工作在第三象限,该反向开启特性类似于 MOSFET 的体二极管特性,如图 4.20 所示,器件的反向开启电压随栅源电压偏置 V_{gs} 的不同而变化,V_{gs} 越小,反向开启电压就越大,反向工作电流越大,随之源漏电压(V_{sd})越大且栅漏电压 V_{gd} 越大。随着 DUT 工作电流的变化,DUT 的栅偏置出现动态变化,DUT 的 $V_{gs}>0$、$V_{gs}<0$ 和 $V_{gd}>0$ 交替出现。在测试过程中,应该控制开关器件的脉冲信号,使得 DUT 的工作电流间歇出现,防止 DUT 过热而带来额外的温度影响,影响器件退化机理的研究。图 4.21 显示了不同脉冲占空比对器件壳温(T_c)的影响,表明在 DUT 应力过程中应该将脉冲占空比控制在 0.08% 以内。图 4.22 给出了应力过程中 DUT 上的电流电压波形,表明在应力过程中器件两端承受着正向 V_{gd} 应力,器件沟道承受着反向电流应力。

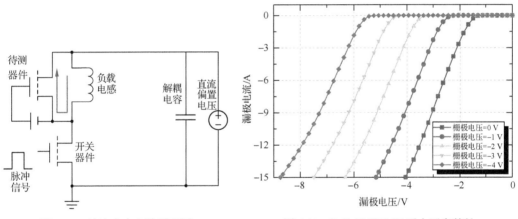

图 4.19　续流应力电路原理图　　　　图 4.20　P-GaN HEMT 反向开启特性

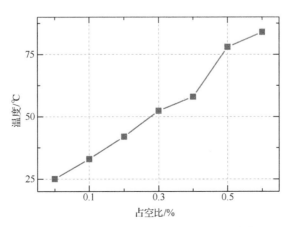

图 4.21　续流应力周期和器件壳温变化关系

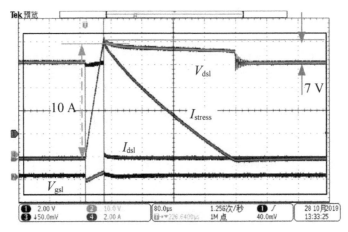

图 4.22　续流应力波形图

图 4.23 给出了 DUT 在 2×10^4 个应力脉冲内的转移特性变化曲线,可以看出,随着脉冲个数的增加,DUT 的 V_{th} 呈增加趋势。提取 V_{th} 时,V_{ds} 为 0.1 V,I_{ds} 为 1 mA。DUT 的 V_{th} 在 2×10^4 循环应力条件下增加 6.5%。

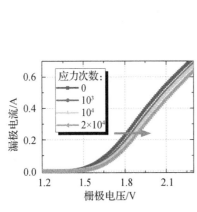

图 4.23　续流应力下的转移特性漂移

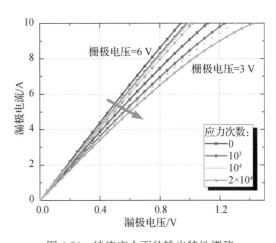

图 4.24　续流应力下的输出特性漂移

图 4.24 给出了器件 R_{on} 随应力脉冲次数增加而变化的情况。在 V_{gs} 等于 6 V 时,输出特性曲线有明显的正漂,R_{on} 在 2×10^4 个脉冲之后退化了 7%,在低栅压时,输出特性的漂移更加明显,R_{on} 在 2×10^4 个脉冲之后退化了 36%。在高栅压时,沟道完全开启,器件的导通电阻主要是 2DEG 电阻。在低栅压时,R_{on} 主要为栅下方区域的电阻,R_{on} 的显著变化说明栅下方区域遭受了损伤。

同样地,我们还给出了反向续流特性的变化。图 4.25 中的结果显示,在 2×10^4 个应力脉冲后,器件的 V_{sd}(即器件的反向开启电压)退化了 4.5%。V_{sd} 提取条件是 $V_{gs} = 0$,$I_{ds} = -10$ A。反向开启时,仍然是正向开启时的沟道,因此 V_{sd} 变化的原因与 V_{th} 变化原因相似。根据此前的研究,持续的电流应力的确会产生热应力从而使器件的 R_{on} 增加,但是不会损伤器件的栅区域。然而此续流应力条件下,既有 R_{on} 退化也有 V_{th} 退化,说明该应力致使器件退化的机理的确不同。根据器件的工作状态,可以猜测是栅偏置的动态变化造成了器件的电学参数退化。

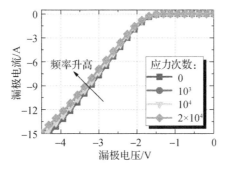

图 4.25　续流应力下的反向开启特性漂移

为了验证动态栅偏置应力导致的电学参数退化机理,改变器件的续流应力条件,如表 4.1 所示。图 4.26 给出了器件在不同栅源偏置、占空比和续流电流条件下的电学参数退化数据。可以看出,DUT 栅压 V_{gshold} 越小时,R_{on} 退化越小。在应力时,V_{gd} 是正值,使得器件栅电极遭受应力。而 V_{gs} 为负值时,金属 P-GaN 组成的二极管 D_{J1} 偏向于正偏状态,因此肖特基结势垒降低,在一定程度上缓解了正 V_{gd} 的应力。在不同的应力脉冲占空比条件下,R_{on} 的退化比例也有所不同,占空比越小,应力恢复时间越长,最终参数退化越少。对于不同的应力电流 I_{stress},电学参数退化比例也会不同。对于较小的应力电流,动态的栅偏置也会更小,最终导致的器件电学参数退化更小。

表 4.1　动态栅应力条件

	V_{gshold}/V	I_{stress} 峰值/A	脉冲占空比/%
条件 I	0	10	0.08
条件 II	−3.3	10	0.08
条件 III	0	10	0.02
条件 IV	0	1	0.08

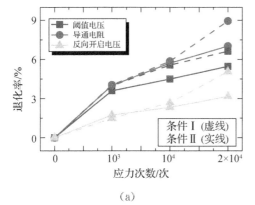

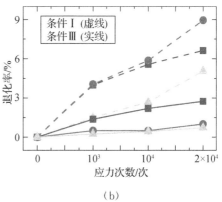

(a)　　　　　　　　　　　　　　　　　(b)

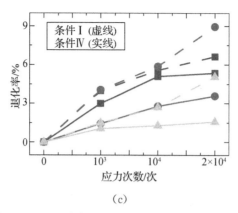

(c)

图 4.26　在(a) 条件 I 和 II、(b) 条件 I 和 III、(c) 条件 I 和 IV 下续流应力下的参数漂移

我们同时对其他电学参数也进行了监测。图 4.27 给出了动态栅偏置应力后 I_{dss} 的变化情况，图 4.28 给出了动态栅偏置应力后 I_{gss} 的变化情况。由结果可以看出，经过一定数量的应力循环后，器件的 I_{dss} 有小幅增加，这主要是高电流应力导致的缓冲层陷阱变化引起的。而 I_{gss} 在一定的应力循环后出现了分段性的变化。在 $V_{gs} < V_{th}$ 时，I_{gss} 变化不大，而 $V_{gs} > V_{th}$ 后，沟道电子浓度上升，较大的 I_{gss} 形成。P-GaN 层中的损伤必定引起耗尽层的变化和两个二极管之间的压降变化。随着栅压的逐渐上升，D_{J1} 的压降变化受损伤影响出现差异，导致结的隧穿率发生变化，从而引起漏电流的变化，当 V_{gs} 足够大时，损伤的影响逐渐饱和，漏电流不再有明显区别。此结果证明栅内部的 P-GaN 层的确随动态栅应力的变化发生了损伤。

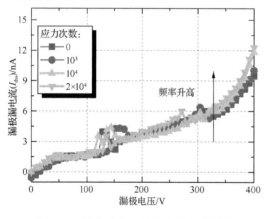

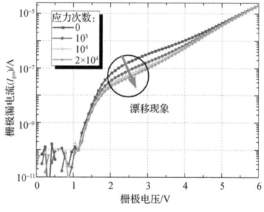

图 4.27　续流应力下的关态漏电流漂移　　　　图 4.28　续流应力下的栅极漏电流漂移

利用 Silvaco TCAD 软件仿真对内部机理损伤进行分析和验证。根据 GS66504B 结构和尺寸，搭建了仿真平台，如图 4.29(a) 所示。同时，为了验证肖特基栅接触的特性，还将栅金属设置为欧姆接触来对比验证。仿真采用器件-电路混合模式，在器件外围搭建了如图 4.19 所示的电路，脉冲信号为单脉冲。信号周期和实际测试的信号周期保持一致。图 4.29(b) 为一个应力周期前后欧姆栅接触器件的栅极能带分布。图 4.29(c) 为一个应力周期前后肖特基栅接触器件的栅极能带分布。图 4.29(d) 为一个应力周期前后肖

特基栅金属接触器件的栅极空穴分布。图 4.29(e)为一个应力周期前后肖特基栅金属接触器件的栅极电子浓度分布。可以观察到应力前后欧姆接触器件栅结构的能带图没有发生明显变化,肖特基接触器件的栅结构能带有明显变化,对于肖特基器件,应力后 P-GaN 中的空穴浓度和电子浓度都有所增加,说明在应力时,有载流子注入 P-GaN 层。但是空穴注入的变化量相对本来的空穴浓度而言是极小的,而电子的变化相对原来的浓度而言更为显著。对于肖特基接触器件,P-GaN 层在两个二极管中间,变成一个浮空结构,载流子一旦注入 P-GaN 层,就很难得到释放。对于 P 型 GaN 工艺而言,难免会存在外延缺陷问题和界面接触缺陷问题,并且栅金属接触的界面即使在平衡态也存在电场,因此注入 P-GaN 中的电子很容易被陷阱捕获形成负电中心。当应力撤销时,陷阱电子很难得到释放从而会造成栅特性的变化。

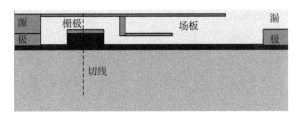

（a）仿真器件结构示意

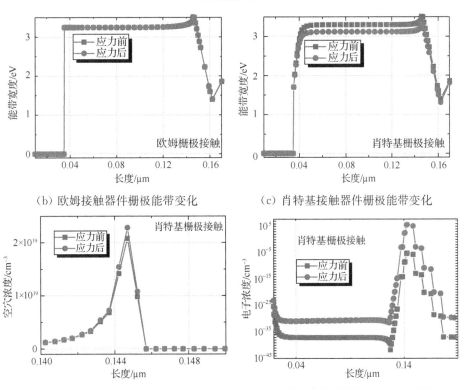

（b）欧姆接触器件栅极能带变化　　　　　（c）肖特基接触器件栅极能带变化

（d）肖特基接触器件栅极空穴浓度分布　　（e）肖特基接触器件栅极电子浓度分布

图 4.29　不同栅接触器件仿真对比

　　我们同时考核了器件高温状态下动态栅偏置应力导致的电学参数变化情况,类似于高温反偏(HTRB)考核,选取 R_{on} 为敏感参数。图 4.30 为不同环境温度下动态栅偏置应力导致的导通电阻退化情况,可以看出在高温情况下 R_{on} 的退化更为严重。这是因为结势垒和陷阱的势垒在高温下更低,载流子更容易注入 P-GaN 层,陷阱更容易捕获注入的电子。

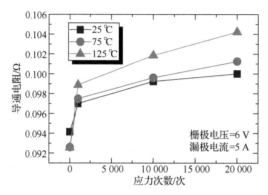

图 4.30　不同环境温度下动态栅偏置应力导致的导通电阻退化

4.2　阻性负载开关应力可靠性

　　阻性负载开关应力测试是一种经典的针对氮化镓功率器件的系统级应力测试考核。为了涵盖各种各样不同应用中可能出现的情况,测试中应力条件都是最为严苛的,为极限条件。通常情况下,应力条件不会造成器件不可逆的损坏,我们希望在该应力条件下随时间发生可表征的退化。就目前而言,全球范围内针对氮化镓器件最佳的行业应用场合尚未达成统一,因此可以借鉴硅基分立功率器件的实际应用条件,即 80% 的器件最大承受电压或 100% 器件推荐应用电压,在最大承受温度的条件下工作 1 000 h 来考核。对待测器件的样品进行抽样考核以提供器件稳定的一致性,一般而言,在 3 个不同生产批次中,每批随机抽取 8 个样品用于考核,以代表工艺的稳定性。

4. 2. 1　GaN HEMT 阻性负载开关测试平台

　　衡量功率氮化镓器件产品可靠性的测试会更注重于测试复杂的应用端电路,比如面向客户的应用评估测试板、应用电路或者是成品 PCB 电路板。应用端电路各种元件之间的相互影响增加了系统的复杂性,能更好地反映氮化镓器件在实际应用中的表现。阻性负载开关电路便是这种应用电路中的一种。

　　阻性负载开关电路拓扑如图 4.31(a)所示,器件的漏极与母线电压之间有一个电阻,流过器件的电流由母线电压和该电阻大小决定,其开关轨迹如图 4.31(b)所示,由于阻性负载开关能更加直观地表现出器件自身特性和开关过程,因此该电路结构多出现于氮化镓器件重复硬开关测试当中,同时也具有便于实现和控制、器件开关频率变换灵活等优点。

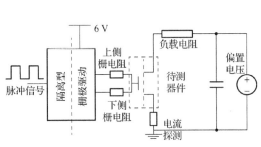

（a）阻性负载开关电路拓扑　　　　　　　（b）阻性开关测试板

图 4.31　阻性负载开关电路拓扑与阻性开关测试板

为了准确预测待测器件的使用寿命,应力条件应根据能够涵盖所有不同应用用例的最严格的条件来计算。一般情况下可以采取更严格的加速实验方法,同时应规定电路中待测器件的电压、电流、频率、结温、占空比等,并提供如图 4.31(b)所示的开关轨迹。测试所推荐的最佳应力条件如表 4.2 所示。

表 4.2　测试所推荐的最佳应力条件

应力参数	条件	实际应用举例
DC bus 电压	最大推荐工作电压;最大耐压的 80%	480 V/650 V 器件
工作结温	最大工作温度限制	典型的工作结温,包括最高工作结温
峰值电流	符合最大功率条件即可	
开关频率	保证维持在最大工作结温以下	硬开关应用下 100 kHz
栅驱动条件	待测器件本身所推荐的驱动条件	

现实中操作寿命一般较长,为了避免等待,可以使用加速老化的应力条件来等效器件的开关应用。对于系统级测试,必须小心因加速条件可能导致的其他组件故障。所以在加速考核时,应当确保系统中其他组件能够在该应力条件下正常工作。

4.2.2　GaN HEMT 阻性负载开关应力退化

接下来着重介绍共源共栅极结构(Cascode)GaN HEMT 在重复阻性负载应力下的电学参数退化,同时分析不同的参数退化机制,所采用的器件为 Transphorm 公司 650 V 电压量级的 TPH3206PSB,我们研究了其在阻性负载重复硬开关条件下 V_{th}、导通电阻(R_{dson})等电学参数的退化趋势及内在机理。其中,阻性负载应力测试电路拓扑如图 4.32 所示,实验采用负载电阻 R_{load} 调节负载回路电流大小,同时采用如图 4.33 所示高精度快速钳位电路实现对器件应力后动态电阻 $R_{dy,on}$ 的实时监测,该实验可以实现 300 ns 内 $R_{dy,on}$ 的快速提取。

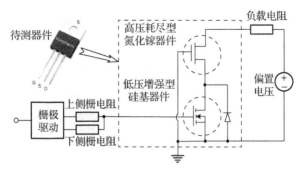

图 4.32　重复阻性负载测试电路拓扑

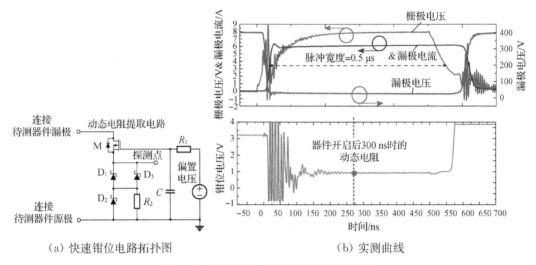

（a）快速钳位电路拓扑图　　　　（b）实测曲线

图 4.33　快速钳位电路拓扑图及实测曲线

　　为避免器件自热影响,将实验负载电流设置为 6 A,脉冲占空比设置为 0.5%,脉冲周期时间设置为 100 μs 以充分排除温度对实验结果的影响,图 4.34 为热成像仪所捕获的应力过程中的热分布情况,可以看出即使在 4×10^6 次重复阻性负载应力后器件的壳温 T_c 变化仅仅 2 K,因此可以认为该应力条件下所测量的电学参数变化与温度无关。

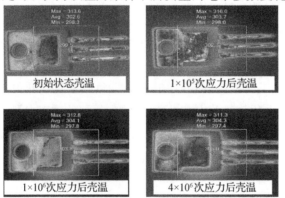

（a）器件背面散热金属板的热分布情况

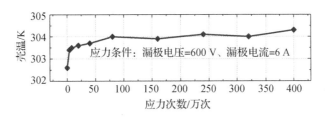

（b）不同应力次数后提取的器件壳温

图 4.34　重复阻性开关应力后器件背面散热金属板的热分布情况和不同应力次数后提取的器件壳温

由于 Cascode GaN HEMT 本身的阈值电压由级联的低压硅 MOSFET 决定,而低压硅 MOSFET 的阈值电压鲁棒性很优异,因此如图 4.35 所示,在重复阻性硬开关应力后阈值电压的飘移量很小。除此以外,栅极电压 $V_{gs}=3$ V 条件下,器件的导通电阻退化了 20%,而栅极电压 $V_{gs}=8$ V 条件下,器件的导通电阻几乎没有发生改变。这一现象说明 D-mode GaN HEMT 内部栅极下方的氧化层可能是主要损伤区域,由于低栅压下级联的硅 MOSFET 开启不完全,较大的电阻使得 D-mode GaN HEMT 栅极源极之间存在电压差,阻碍了 D-mode GaN HEMT 的沟道的完全开启。而高栅压下,硅 MOSFET 完全开启,导通电阻很小,这时 D-mode GaN HEMT 栅极源极之间几乎不存在电压差,沟道能完全开启,此时沟道电流饱和,因此导通电阻基本不发生退化。

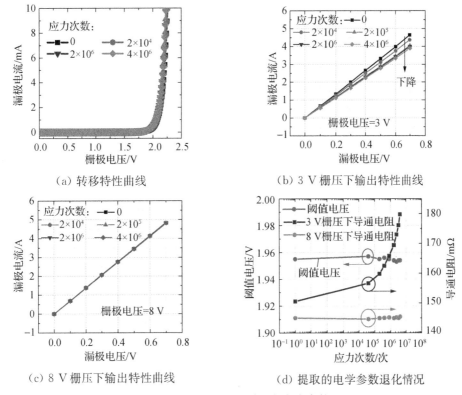

（a）转移特性曲线

（b）3 V 栅压下输出特性曲线

（c）8 V 栅压下输出特性曲线

（d）提取的电学参数退化情况

图 4.35　重复阻性开关后的各类参数

为了进一步验证 D-mode GaN HEMT 沟道区域的损伤,我们测试了栅压为 0 V 条件下器件的反向导通电阻退化的情况。如图 4.36 所示,随着应力循环次数的增加,器件的反向导通电阻也发生了一定程度的退化。Cascode GaN HEMT 的反向导通是由硅 MOSFET 的体二极管和 D-mode GaN HEMT 的反向导通电阻组成的,由于硅 MOSFET 具有优异的开关鲁棒性,其体二极管不会发生退化,由此可以推断器件反向导通电阻的退化是由 D-mode GaN HEMT 沟道区域的退化造成的。

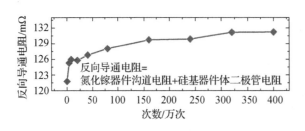

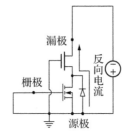

（a）提取的反向导通电阻　　　　　　　（b）反向导通电流路径示意图

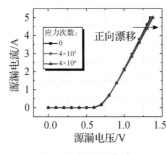

（c）反向导通曲线

图 4.36　反向导通电阻、电流路径示意图及反向导通曲线

　　阻性开关过程可以主要分为四个阶段:开启阶段、开通保持阶段、关断阶段、关断保持阶段。我们进一步通过对比实验分析损伤敏感阶段,结合仿真手段进行分析并提出相应的保护措施。图 4.37 为不同时长开通保持和关断保持阶段下 3 V 栅压器件的实验结果,其中圆点曲线为更短开通保持状态下重复开关退化结果(t_{on} 由 0.5 μs 缩短至 0.3 μs)、三角形曲线为更长关断保持状态下重复开关退化结果(t_{off} 由 99.5 μs 增加至 149.5 μs),其余应力条件保持不变。从结果可以看出这两个阶段对器件的退化影响不大,因此可以判断主要为开启阶段与关断阶段导致了 GaN 出现明显退化。

　　通过调节开启电阻与关断电阻进一步实现对开启、关断时间的控制,图 4.38 为不同栅电阻下器件的阻性负载开关波形,图 4.39 为该条件下 3 V 栅压导通电阻退化量提取值,可以明显看出采用更高开启栅电阻会导致更为严重的退化。通过仿真结果图 4.40 可以观测到在开启阶段 D-mode GaN HEMT 栅下方同时出现了明显的碰撞电离与高电场,在该阶段会出现明显的热电子注入现象,而在低栅压下沟道下方的负电中心会影响沟道电子浓度从而导致器件导通电阻增大,而高栅压下主要为漂移区电阻,因此影响不大。因此,在系统应用中,为避免长期工作导致的器件参数退化,提高功率开关的可靠性,可以采取减小开启时间或者采用软开关模式的措施。

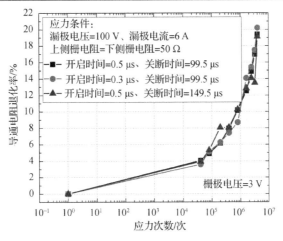

图 4.37　不同时长开通保持阶段及
关断保持阶段重复阻性负载开关下 3 V 栅压器件的导通电阻退化情况

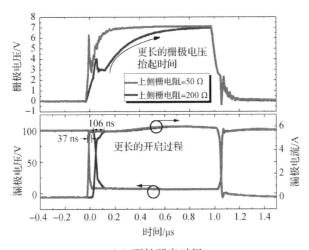

（a）更长开启时间

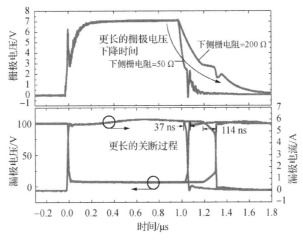

（b）更长关断时间

图 4.38　不同栅电阻下器件的阻性负载开关波形

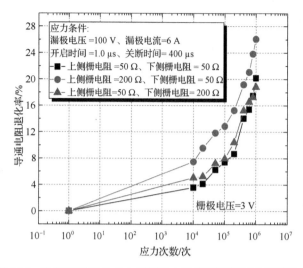

图 4.39　重复阻性开关应力后器件 3 V 栅压下导通电阻提取值

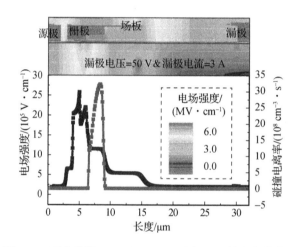

图 4.40　开启阶段 D-mode HEMT 电场及碰撞电离分布图

4.3　非钳位感性负载开关可靠性

在功率电子应用中,功率开关器件一旦被应用在无钳位保护的电路系统中,遇到感性负载或者较大的感性寄生时,此时其被称为非钳位感性负载开关(Unclamped Inductive Switching, UIS)。在此过程中,负载电感在器件开态过程中所聚集的能量在器件关断瞬间无法有效释放,导致器件要承受电感存储的所有能量,从而会产生一些严重的可靠性问题。本节将研究 GaN HEMT 器件在单次和重复 UIS 应力时的可靠性问题。首先研究 GaN HEMT 器件 UIS 耐受机理,然后研究 GaN HEMT 器件在单次 UIS 应力下的失效机理,最后研究 GaN HEMT 器件重复 UIS 应力电学参数退化机理。

4.3.1　GaN HEMT 单次 UIS 失效

为研究 GaN HEMT 器件的 UIS 耐受机理,采用如图 4.41(a)所示拓扑电路。DUT 是 GS66508B,使用隔离式驱动芯片 Si8271 和函数发生器提供栅极脉冲信号,开启栅电阻 R_{g_on} 和关断栅电阻 R_{g_off} 都是 10 Ω。测试板如图 4.41(b)所示,负载电感 L_{load} 为 3 mH,母线电压 V_{bus} 为 50 V,同时,为减小电流测试带来的额外寄生电感,测试系统使用分流器测试流过器件的电流。

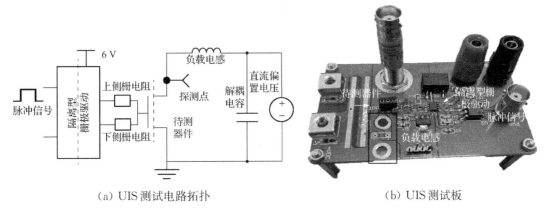

(a) UIS 测试电路拓扑　　　　　　　　　　(b) UIS 测试板

图 4.41　UIS 测试平台

测试时给 DUT 栅电极一个脉冲,使 DUT 开启后的工作电流达到 0.3 A。在 DUT 关断后,电感存储的电流通过 DUT 释放,测试得到的 UIS 波形如图 4.42 所示。由图可见,DUT 关断之后的 V_{ds} 达到近 1 300 V。根据实测的 V_{gs} 和 V_{ds} 变化波形,可以划定 4 个时刻以便对 UIS 过程进行详细分析:

(1) t_1 时刻为 DUT 的 V_{gs} 开始下降的初始时刻,此时 DUT 关断过程开始,R_{CH} 开始增加,流过 DUT 的电流 I_{ds} 也随之开始下降,接着电路母线电压 V_{bus} 开始给 DUT 的 C_{oss} 充电,接着 DUT 的 V_{ds} 持续上升,到 t_2 时刻上升到 V_{bus} 值。

(2) t_2 时刻 V_{ds} 到达 V_{bus} 值之后,由于电路中无其他电流泄放通路,DUT 依然承受电感电流的冲击,时刻 t_3 期间,V_{ds} 还会持续上升,电感中的能量逐渐转移到 DUT 的寄生电容之中。

(3) 在 t_4 时刻,电感中储存的所有的能量都转移到了器件的寄生电容之中,此时 V_{ds} 达到了最大值 V_{peak}。根据测试结果可知,V_{peak} 值极大,超过了 DUT 标称耐压值,因此 DUT 在此时刻面临巨大的失效风险。

(4) 在 t_4 时刻之后,电感不再对 DUT 寄生电容充电,DUT 寄生电容中的能量逐渐释放,向电感充电,此时测得的负电流为电容放电时的位移电流,如图 4.42(b)所示。t_4 过程以后,V_{ds} 也随着寄生电容放电而减小,当减小为负值时,DUT 反向开启,DUT 沟道电阻开始耗散电流,电感继续充电。单次 UIS 冲击的器件完整电压和电流波形如图 4.42(c)所示。

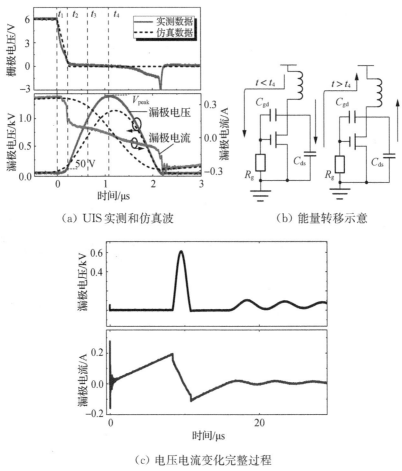

（a）UIS 实测和仿真波   （b）能量转移示意

（c）电压电流变化完整过程

图 4.42　UIS 过程研究

　　UIS 能量在电感和 DUT 寄生电容中的转换过程类似一个谐振电路，电感中存储的能量在谐振过程中被耗散完毕后，器件的 V_{ds} 回归母线电压 V_{bus}。而对于 Si/SiC 器件而言，电感中的能量会被雪崩过程耗散，一般不存在谐振过程，并且在雪崩过程中，Si/SiC 器件的漏电压会被钳位在雪崩击穿电压值，不会承受高压。

　　根据上述 UIS 耐受过程，可以建立以下模型：

$$E_1 = \frac{1}{2} I_{load}^2 L_{load} \tag{4.20}$$

$$E_2 = \int_0^{V_{bus}} V_{ds} \left(\int_0^{V_{bus}} C_{oss}(V_{ds}) \, dV_{ds} \right) dV_{ds} \tag{4.21}$$

$$E_3 = \int_0^{V_{peak}} V_{ds} \left(\int_0^{V_{peak}} C_{oss}(V_{ds}) \, dV_{ds} \right) dV_{ds} \tag{4.22}$$

$$E_4 = E_1 + E_2 - E_3 \tag{4.23}$$

公式中 I_{load} 是负载电感中的最大电流。E_1 是储存在负载电感中的能量。E_2 是器件 $V_{ds} = V_{bus}$ 时器件输出电容 C_{oss} 中的能量。E_3 是 t_1 到 t_4 时刻开关能量损耗。E_4 是 t_4 时刻存

储在 C_{oss} 中的能量,当器件失效时,E_4 值能反映 GaN HEMT 器件的 UIS 耐受能量。

总的来说,由于缺乏雪崩过程,GaN HEMT 有着相对较弱的 UIS 耐受能力。UIS 能量需靠多个谐振周期才能被完全耗散。

GaN HEMT 器件在 UIS 过程中的 V_{peak} 达到一个极大值,一旦超过器件的耐受范围,必将导致器件的损坏。对于 GS66508B 而言,当 V_{bus} 为 50 V,L_{load} 为 2 mH,漏极电流 I_{ds} 达到 0.4 A 时,V_{peak} 达到 1.4 kV,并且器件受到了永久性损毁。图 4.43 给出了实测的单次 UIS 失效波形。根据上节公式计算出的 UIS 能量仅 186 μJ 左右。而对于 Si 和 SiC 器件,UIS 耐受能量通常为几十到几百毫焦。GaN HEMT 在 UIS 过程中没有被钳位,因此失效电压高达 1.4 kV,而对于 Si/SiC 器件,UIS 失效电压一般被钳位在雪崩击穿电压,并且维持一段时间,直到器件热失效。对于 GaN HEMT,电压达到 V_{peak} 时立即失效,没有明显的雪崩热量产生。

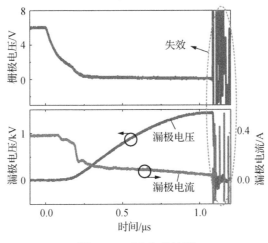

图 4.43　UIS 失效波形

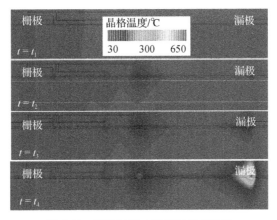

图 4.44　UIS 过程中晶格温度变化图

为寻找器件具体的失效位置,深入探究器件失效机理,我们在 Silvaco TCAD 仿真平台上进行了 GaN HEMT 的 UIS 特性仿真。图 4.42(a)中的虚线为仿真结果,该仿真结果与实测 UIS 波形较为符合,但是由于仿真中并没有设置精准的寄生参数,因此波形存在一定偏差。图 4.44 为 GaN HEMT 器件在 UIS 过程中晶格温度分布图,其中时刻按照图 4.42 中所标注时刻提取。在不同的时刻,器件内部的最高晶格温度出现的位置有所不同。在漏压较小时,晶格温度最高点在漂移区场板末端附近。随着漏压逐渐增加,耗尽层逐渐展宽,电场主要集中在漏极附近,漏电极附近的晶格温度逐渐升高。到 t_4 时刻,漏电极附近的晶格温度达到最高。这些仿真结果说明,GaN HEMT 器件在单次 UIS 条件下的失效位置大致在漏电极附近。仿真结果还进一步给出了器件内部电场强度的分布情况和器件内部碰撞电离分布情况,如图 4.45 所示。可以观察到,在器件到达 1.4 kV 电压时,器件漏电极附近的电场峰值高达接近 4 MV·cm^{-1},这里同时也是碰撞电离最强的地方。一般在发生雪崩击穿时,碰撞电离值会非常大,然而此时仿真得到的数值相对较小,因此初步判定 GaN HEMT 器件未发生雪崩击穿。器件内部场板末端虽然也出现了高电场,但该位置处在钝化层,下方的半导体晶格部分不易发生严重损坏。结合实测波形和仿真结果,排除器件失效点出现在场板末端的半导体层的可能。另外,器件栅拐角处的电场峰值较漏电极附近的电场峰值小,并且晶格温度也不如漏电极附近高,因此失效点更可能发生在漏电极附近,这同时也说明场板设计使得栅极得到很好的保护。

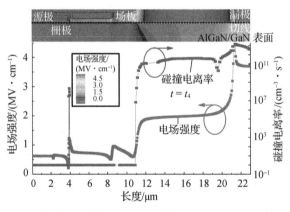

图 4.45　UIS 过程中电场和碰撞电离分布

　　根据失效波形和仿真结果,可以判断 GaN HEMT 内部并未发生雪崩现象,因此 GaN HEMT 在 UIS 应力下的失效机理和传统的 Si/SiC 器件相比会有较大的不同。对于 GaN HEMT 器件,沟道界面处的晶格失配会导致极强的压电极化效应,产生极化电场,由此产生二维电子气。根据已有文献中所述物理机制,极强的电场也会产生逆向的压电效应,称为逆压电效应。逆压电效应发生时会使半导体材料晶格发生机械性的位错损伤,从而造成器件的漏电。而当器件漏电瞬间增加并且同时承受大电压的时候,器件上的功率就会很大,从而产生热量烧毁半导体,造成器件永久性的损伤。为验证这一结论,给失效样品做去层分析。如图 4.46 所示,在去层以前,芯片的烧毁点在漏电极的末端,去除所有的钝化层和金属层之后,器件的半导体层仍然有烧毁的痕迹,对照正常电极位置可以发现,烧毁点的中心仍然在漏电极附近。对另外一个 UIS 失效样品进行纵向切割,可以观察到失效的截面,如图 4.46 所示,我们发现失效区域较大,失效区域边缘延伸至漏电极。说明漏电极在烧毁区域的边缘仍然承受着比栅和源电极更严重的失效风险。

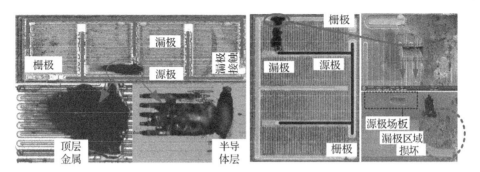

图 4.46　失效样品表征

综合以上实验结果和仿真结果,可以得出如下结论:GaN HEMT 在 UIS 过程中承受着极高的电压应力,此时漏电极附近出现极高的电场,这会导致逆压电效应的发生,使晶格产生机械性的位错,从而导致器件漏电增加,高电压和漏电的增加使器件承受较大功率,可能导致器件烧毁。

4.3.2　GaN HEMT 重复 UIS 应力退化

很多情况下,单次的 UIS 应力并不会造成器件的永久性损伤,而重复的 UIS 应力积累会造成器件的电学参数退化。本节着重研究 GaN HEMT 器件在重复 UIS 应力条件下的动静态电学参数退化机理。

在进行重复 UIS 测试时,我们对型号为 GS66508B 的 GaN HEMT 器件进行了测试。电路中负载电感为 3 mH,流过器件的电流峰值为 0.3 A,V_{peak} 峰值为 1.3 kV。为了防止重复的 UIS 使得器件发热而对纯电应力的 UIS 造成干扰,重复 UIS 应力的脉冲占空比为 1%,以避免工作中壳温升高的影响。每完成一定数量的应力周期,对器件的动静态特性进行一次测试。

(1) 静态特性的退化

图 4.47 显示了 DUT 输出特性随应力次数的变化情况。图中所示为 $V_{gs} = 6$ V 时测得的输出特性曲线,可见输出特性曲线有明显的漂移,表明器件的 R_{on} 在上升。在 $V_{gs} = 5$ V,$I_{ds} = 5$ A 时,提取 R_{on} 数值,10 万次应力之后 R_{on} 的变化量为 13%。图 4.48 给出了转移特性曲线随应力次数的变化情况。我们观察到转移特性曲线也正向漂移,在 $V_{ds} = 0.1$ V,$I_{ds} = 1$ mA 时提取 V_{th},发现 10 万次应力之后 V_{th} 退化了 26%。

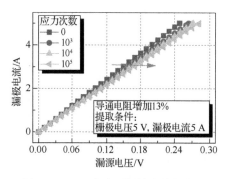
图 4.47　UIS 应力下的输出特性变化

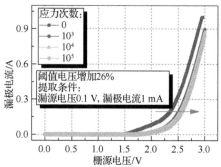
图 4.48　UIS 应力下的转移特性变化

为分析以上电学参数退化原因，在 Silvaco TCAD 仿真平台上对 GaN HEMT 的 UIS 过程进行仿真研究，着重分析器件内部电场等物理量的变化情况。图 4.49 所示为栅下方电场强度分布，此时的 V_{ds} 值分别为静态偏置 400 V 和 UIS 应力过程中的 400 V 瞬态值，电场提取值显示，在应力时刻，栅下方的纵向电场相比静态偏置时有所增强。根据电场方向可推断出，在各种陷阱效应中，载流子注入现象最有可能发生，在 UIS 应力发生时，将会有电子在电场作用下注入栅区域。电子在高压应力下，会在高电场中获取能量，然后注入 P-GaN 层，由于金属/P-GaN 二极管和 P-GaN/AlGaN 二极管的存在，P-GaN 层处于浮空状态，电子注入后很难释放，同时浮空的 P-GaN 层中的高电场和电子陷阱也会捕获注入的电子，从而造成阈值电压 V_{th}、导通电阻 R_{dson} 等电学参数的退化。此外，栅下方势垒层中存在陷阱，电子在电场作用下被势垒层陷阱捕获，形成带电中心，也会对电学参数的退化造成一定影响。考虑到在 UIS 应力下漏极电压会更高，会有更强的电场应力，使得注入栅极中的电子变多，P-GaN 层中的陷阱效应更加明显，这和载流子存储现象类似。工艺制备过程中异质外延和表面钝化的问题也会导致势垒层不可避免地存在陷阱效应，一旦有高电场，电子就会被表面各种能级的陷阱捕获。

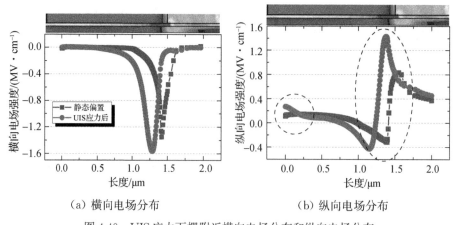

（a）横向电场分布　　　　　　　　（b）纵向电场分布

图 4.49　UIS 应力下栅附近横向电场分布和纵向电场分布

为验证重复 UIS 应力对栅区域造成的损伤，我们测试了 DUT 应力后的栅极漏电流特性。如图 4.50(a) 所示,可以发现重复 UIS 应力后 DUT 的栅极漏电流明显减小,I_{gss} 的减小印证了栅区域存在陷阱效应,无论是 P-GaN 层电子陷阱还是势垒层电子陷阱,都会形成负电中心,影响载流子运输,使 I_{gss} 受到影响。同时观察到 I_{gss} 抬起点发生了变化,如图 4.50(b) 所示,说明沟道电子的聚集受到了影响。

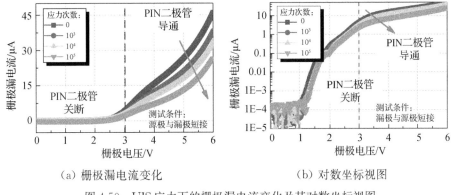

(a) 栅极漏电流变化　　　　　　　(b) 对数坐标视图

图 4.50　UIS 应力下的栅极漏电流变化及其对数坐标视图

我们同时测试了器件的栅电容 C_{gs} 与 C_{dg} 的变化,如图 4.51(a) 所示,测试频率为 1 MHz,交流幅值为 30 mV。结果显示器件的 C_{gs} 在应力后也出现了正向漂移,说明沟道的形成的确受到了应力影响。和 V_{th} 退化原理相近,栅极附近的电子陷阱在应力时捕获电子,在应力撤销后形成的负电中心抑制了沟道的形成。

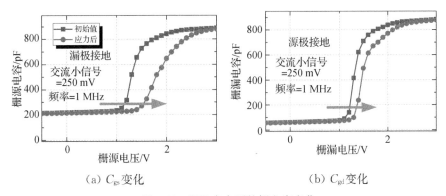

(a) C_{gs} 变化　　　　　　　(b) C_{gd} 变化

图 4.51　UIS 应力下的栅电容变化

为验证重复 UIS 应力对势垒层造成的损伤,我们测试了器件的漏源电容 C_{ds} 的变化,如图 4.52 所示,测试频率为 1 MHz,交流幅值为 30 mV。可以发现 C_{ds} 的漂移主要发生在漏压 $V_{ds}<100$ V 的区域,根据电容分段漂移模型可知一阶场板末端下方在重复 UIS 应力下受到损伤并发生了陷阱效应,使耗尽层的扩展发生变化。

同时,我们还观察了器件在重复 UIS 应力后的阻断特性变化,表现为关态漏电流 I_{dss} 的变化,如图 4.53 所示。在对器件施加重复 UIS 应力后立即测量器件的 I_{dss},发现器件的 I_{dss} 随应力次数的增加呈减小的趋势,这个现象和电流崩塌类似,缓冲层中的陷阱被 UIS 过程中的高电场激活,形成负电中心,抑制了载流子的流动,使漏电流微弱减小。

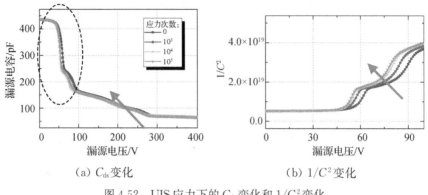

（a）C_{ds}变化　　　　（b）$1/C^2$变化

图 4.52　UIS 应力下的 C_{ds} 变化和 $1/C^2$ 变化

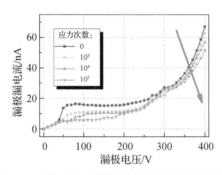

图 4.53　UIS 应力后短时间内的关态漏电流变化

　　然而，在撤销应力待器件恢复数分钟之后再测量器件的 I_{dss}，发现器件的 I_{dss} 随应力次数的增加呈增大的趋势，如图 4.54（a）所示。为探究 I_{dss} 增加的机理，在 Silvaco TCAD 平台上对 UIS 过程进行仿真，提取器件在 UIS 峰值电压处的碰撞电离分布和空穴电流路径，如图 4.54（b）所示。我们发现在高漏压情况下，场板末端的碰撞电离较为严重，严重的碰撞电离会导致更多的电子空穴对产生，空穴会沿着势垒层表面到达栅极区域。工艺制备过程中异质外延和表面钝化的问题会导致势垒层不可避免地存在陷阱效应，有文献证实陷阱中就包含空穴陷阱。通过仿真发现，一旦势垒层有空穴陷阱，其就会捕获空穴电流路径上的空穴，形成正电中心，势垒层会形成额外的漏电路径，从而造成漏电流的增加。随着应力撤销后恢复时间的增加，漏电流大小会回归到初始值。值得注意的是，发生碰撞电离的条件较为苛刻，因此相关的陷阱能级较深，不易被激活，因此在正常高压偏置下不会被观察到。深能级陷阱的释放速度慢，经过数十分钟后漏电流才能恢复。而在应力释放后的初期，电子陷阱的影响更为显著，因此先测到漏电流在减小。随着电子陷阱的恢复，空穴陷阱的影响逐渐出现，测到漏电流增加。

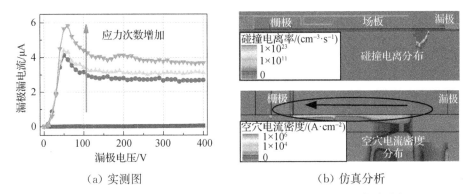

(a) 实测图　　　　　　　　　　　　　　　(b) 仿真分析

图 4.54　UIS 应力后长时间内关态漏电流变化的实测图和仿真分析

(2) 开关特性的退化

我们还对 GaN HEMT 在重复 UIS 应力后的开关特性进行了研究,测试结果如图 4.55 和图 4.56 所示。可以观察到应力之后,开启过程中电流上升速度变慢,从而使电压下降速度也变慢;关断过程中电流下降速度更快,电压上升速度也变快。

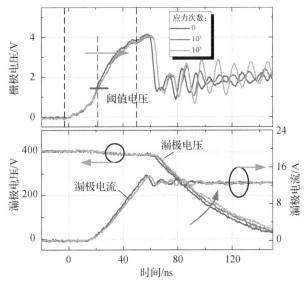

图 4.55　UIS 应力后开启过程变化

从测试结果可以发现 V_{th} 对器件开关过程的影响最为显著。在 UIS 应力之后,器件开启时,随着 V_{th} 的增大,栅到达平台电压的时刻也推迟,随之电压电流的响应也变慢;在关断过程中,随着 V_{th} 的增大,栅到达平台电压的时刻提前,随之电压电流的响应也变快。

我们进一步提取了开关参数变化和开关损耗的变化,如图 4.57 所示。由于测得的关态过程变化更大,因此最终计算得出的总开关损耗变小。

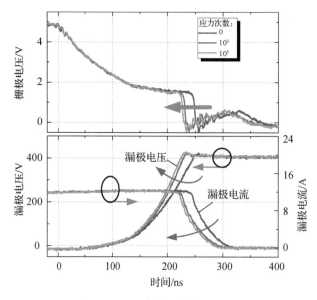

图 4.56　UIS 应力后关断过程变化

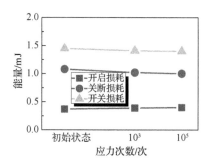

图 4.57　UIS 应力后开关损耗的变化

4.4　短路可靠性

　　在系统应用时,例如在半桥电路中,控制逻辑发生错误的问题不可避免,这就使得 GaN HEMT 器件面临短路风险。在短路状态下,器件开启时电源能量直接注入,瞬时功率巨大,极易发生失效。通常要求功率器件具有一定的短路鲁棒性,以防发生短路时造成功率电子系统的损坏。本节将研究 GaN HEMT 器件在短路应力时的可靠性问题,首先研究 GaN HEMT 器件的短路耐受机理,然后研究在单次短路应力下的失效机理,最后研究在重复短路情况下的电学参数退化机理。

4.4.1　GaN HEMT 单次短路失效

　　采用图 4.58(a)所示的电路拓扑搭建短路测试平台。通过栅驱动芯片给器件栅极施加脉冲控制信号,通过直流电源给电压提供总线电压,由于短路过程中能量较大,因此在直流电源旁并联大型电解质电容组,以提供足够大的电流。所测器件为 GS66504B,典型的短路波形如图 4.58(b)所示。单次短路条件下,器件在开启瞬间有一个明显电流过冲,随着短路时间的增加,沟道电流产生的热量使得晶格温度上升,从而导致沟道二维电子气迁移率的下降和沟道电阻的增加,流过器件的短路电流随之下降。随着短路时间的增加,电路持续发热,沟道电阻持续增加,电流也随之持续减小,形成负反馈。值得注意的是,GaN HEMT 器件沟道电子迁移率受温度影响显著,因此电流下降明显。再加上封装影响散热,器件最终会因过热而损坏。

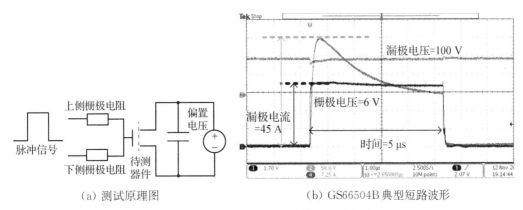

（a）测试原理图　　　　　　（b）GS66504B 典型短路波形

图 4.58　短路测试原理图及典型短路波形

为研究 P-GaN HEMT 器件的失效机理,将 V_{bus} 设置为 300 V,脉冲时间设置为 1 ms。图 4.59 所示为短路失效波形。在短路开始时,电流快速上升的同时 V_{gs} 上升到预定值。晶格温度上升还导致栅极漏电流的增加,栅极漏电流使外部栅电阻产生压降,导致器件栅部分的分压不足,测试得到的 V_{gs} 下降。随着应力时间的增加,晶格温度上升导致 R_{CH} 上升,电流下降。当电流下降为较低值时,晶格温升现象得到缓解,晶格温度短暂下降,致使栅极漏电流短暂减小,栅电极分压上升,使得测试值回升。然而,在电流持续加热的情况下,热量继续积累,晶格温度又开始慢慢增加,电流持续减小,同时,栅极漏电流持续增加,测得的 V_{gs} 也随之减小,V_{gs} 的降低进一步增大了 R_{CH}。短路后期,在 V_{gs} 和晶格温度的共同影响下,短路电流和 R_{CH} 形成负反馈。当热量持续积累到恒定值时,器件无法承受短路产生的热量,从而损毁。测试结果显示,GS66504B 器件在 300 V 短路条件下,短路耐受时间为 886 μs。

为进一步探究器件的短路失效位置,我们搭建了 Silvaco TCAD 仿真平台,图 4.60 显示了仿真得到的短路时的晶格温度分布情况。可见短路时,P-GaN HEMT 的热量集中在场板末端下方的半导体层,即晶格温度最高点在场板末端的半导体层。我们同时提取了短路时场板末端下方半导体层中的电流密度和电子浓度分布情况。可以观察到,场板末端附近的电流密度很高,而此处由于耗尽作用,局部自由电子浓度较低,局部电阻率较高。短路电流集中在电阻率较高的区域,就会产生更高的功率,因此该区域的晶格温度最高。

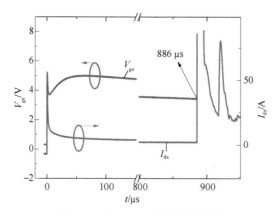

图 4.59　GS66504B 短路失效波形

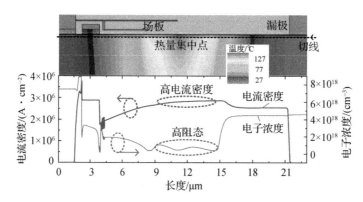

图 4.60　短路发生时器件内部晶格温度分布情况、电流密度和电子浓度的提取值

总的来说,短路发生时,器件仍然承受着高漏电压,同时场板为低电位,因此场板仍然有耗尽作用,场板末端为深度耗尽区域。同时,短路电流也在场板末端的深度耗尽区域聚集,导致场板末端的晶格温度很高,在短路失效发生时,场板末端为器件的失效点。

由短路失效机理可知,短路鲁棒性主要取决于短路电流大小。短路过程中短路电流处于动态变化过程,即电流先上升到峰值,再下降到较低值。电流上升到峰值的速率和下降的速率决定了晶格温度变化快慢,当晶格在一定时间内积累更多热量时,器件将更容易失效。

4.4.2　GaN HEMT 重复短路应力退化

在实际应用中,短路脉冲产生概率较小,并且一般会为器件配备短路保护电路。然而,重复积累性的脉冲也会对器件造成损伤。本小节将研究器件在重复短路条件下的电学参数退化机理。

（1）实验设置

因器件在短路过程中会产生热量,因此需要控制好脉冲占空比,防止器件在脉冲条件下持续发热从而造成器件失效,或者使纯短路条件的损伤恢复从而影响分析。在多个脉冲下,器件的过冲电流会立刻减小,这是由陷阱效应引起的。如图 4.61 所示为短路脉冲占空比对器件壳温的影响,可见在漏极电压为 100 V 的条件下,短路脉冲的占空比应该控制在 0.05% 以内才能防止器件壳温显著上升。所测试器件仍为 GS66504B。一定应力次数之后,测试 DUT 典型的静态特性包括转移特性、输出特性、阻断特性和栅极漏电流,动态特性包括端电容、开关特性。

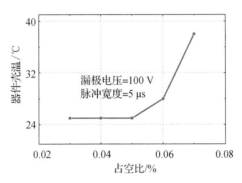

图 4.61　短路脉冲占空比和器件壳温的关系

值得注意的是,由于 GaN HEMT 器件栅结构特殊,浮空的 P-GaN 会带来不稳定因素。图 4.62 为连续短路脉冲的短路电流波形,可以看出连续脉冲时器件的峰值电流会严重下降,这和器件的 V_{th} 退化情况有关。在关态应力下,P-GaN 栅会发生载流子存储效应,导致器件 V_{th} 的增加。短路应力以后,晶格温度会显著增加,这会提升载流子注入 P-GaN 层的概率,加重载流子存储效应,导致重复短路后栅下方的势垒高度发生变化,使得栅下方沟道电子浓度变少,R_{CH} 增加。

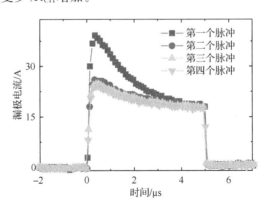

图 4.62　连续短路脉冲短路电流的变化

（2）静态特性退化

图 4.63 显示了器件在短路应力前后转移特性曲线变化情况。从图中可见曲线明显正向漂移,在 $V_{ds}=1$ V,$I_{ds}=1$ mA 处取值,1 000 次短路应力时器件的 V_{th} 退化达到 40%。器件的输出特性也有明显的漂移,如图 4.64 所示,预示着器件的 R_{on} 有明显增加。图 4.65 中栅电容特性曲线也在正向漂移,这和 V_{th} 的漂移有关。在 $V_{gs}=6$ V,$I_{ds}=5$ A 时

取值,1 000 次短路应力后器件的 R_{on} 退化了 35%。在 V_{th} 变化和 R_{on} 变化的共同作用下,器件的反向开启特性也发生了明显变化,如图 4.66 所示,反向开启特性曲线的抬起点和斜率均发生了变化。在 $V_{gs}=-3$ V, $I_{ds}=-5$ A 时,1 000 次短路应力后器件的反向开启电压退化了 40%。然而反向阻断特性并没有明显变化,如图 4.67 所示,这是因为内部缓冲层电场不高并且浅能级的陷阱效应在剩余温度下恢复较快。而栅区域产生了深能级的陷阱,因而造成损伤,退化恢复困难,因此 V_{th} 和 R_{on} 退化严重。此外,栅极漏电流在短路应力之后也有变大的趋势,如图 4.68 所示。通常情况下,栅偏置应力和高压漏偏置应力一般会导致 I_{gss} 的减小。I_{gss} 的增大预示着栅区域有不同的损伤机理。

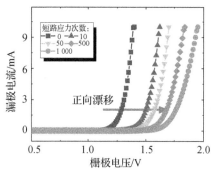

图 4.63　短路应力下转移特性曲线变化

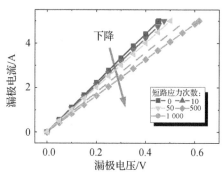

图 4.64　短路应力下输出特性曲线变化

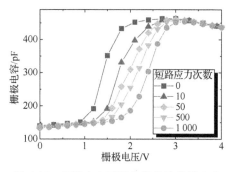

图 4.65　短路应力下栅电容特性曲线变化

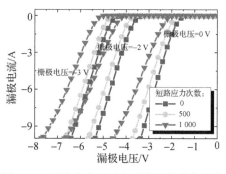

图 4.66　短路应力下反向开启特性曲线变化

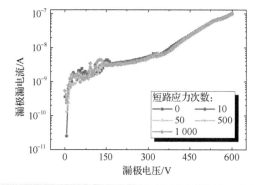

图 4.67　短路应力下反向阻断特性曲线变化

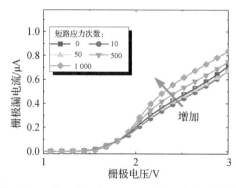

图 4.68　短路应力下栅极漏电流特性曲线变化

　　为探究短路造成的 I_{gss} 变化,我们用 TCAD 软件对器件的短路状态进行仿真。图 4.69 所示结果为 GaN HEMT 中的物理参数在短路应力前和短路应力后的变化,可以观察到 P-GaN 层中的电势在短路后有所下降,说明施加的栅电压更多降落在 SBD 上,相应的 PIN 极管上的压降就更小,沟道处的电子势垒更高,电子浓度更少,即沟道开启程度与 GaN 层电势的变化和载流子存储现象有关。另外在 AlGaN 层也有一个大电场,该电场会加剧 Mg 在势垒层的电离,从而改变沟道势垒高度,增加 I_{gss}。

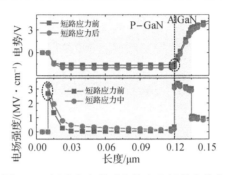

图 4.69　短路应力前后电势和电场强度分布

　　前文已经讨论了 I_{gss} 的大小主要由栅极 SBD 的漏电流大小决定。而 SBD 的漏电流主要和金属半导体界面的隧穿机制、接触附近的电场强度、半导体掺杂浓度、界面陷阱与温度有关。由图 4.69 可知,在短路应力时,SBD 结处的电场强度大幅增加,因此会激活更多的界面陷阱。当应力撤销时,界面陷阱捕获的载流子会辅助隧穿,从而使得测试的 I_{gss} 增加。

　　R_{on} 的退化率相比 UIS 应力结果而言较为严重,最主要的原因是短路应力的功率较大,由此导致的晶格温度上升会加剧陷阱效应。从图 4.60 中的仿真结果可以看出,短路应力在漂移区场板末端会带来热点。类似于电流崩塌现象,场板末端的电场会给电子提供能量从而被陷阱捕获。短路发生时,晶格温度上升,使得深能级陷阱的势垒高度短暂下降,电场会使得更多的电子被热点附近的深能级陷阱捕获。当应力撤销时,陷阱能级恢复,被捕获的电子释放周期变得更长,从而导致测得的 R_{on} 退化更加严重。

　　我们还研究了不同温度下的电学参数退化特性。在保持短路应力脉冲占空比不变的情况下,通过陶瓷加热片加热器件,使器件工作时的环境温度不同。为确保测试电学参数值时环境温度一致,需要在测试之前将器件的壳温降为室温。而器件降温需要一段时间,撤销电应力时应避免器件由余温导致的陷阱效应的恢复。因此,在做重复短路应力实验时,加热时间仅为总应力时间的一半,这样能确保温度降为室温时,器件仍在承受电应力,避免在器件余温的帮助下恢复陷阱效应。实验策略如图 4.70 所示。根据实验结果,我们发现在不同的环境温度下,器件的电学参数退化量有所不同,如图 4.71(a)所示,温度越高,V_{th} 退化量相对越少。而对于 R_{on},如图 4.71(b)所示,不同的环境温度并不会造成退化量的变化。这种现象说明 V_{th} 的退化机制和 R_{on} 的退化机制的确有所不同。栅区域的退化更多的是载流子存储现象,温度越高,载流子越容易复合,从而使存储现象越弱,造成V_{th}的退化相对越少。而漂移区的陷阱效应为深能级陷阱效应,被捕获的电子很难得到释放。高晶格温度使得被应力激活的陷阱量趋于饱和,因此不同环境温度下R_{on}的退化量并不会有太大区别。

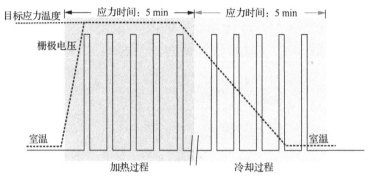

图 4.70　变温的重复短路应力测试策略

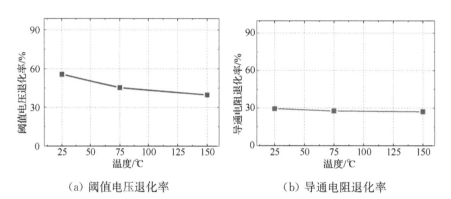

（a）阈值电压退化率　　　　　　（b）导通电阻退化率

图 4.71　变温下的阈值电压和导通电阻退化率

　　TCAD 的仿真如图 4.72 所示,在漂移区添加电子陷阱,发现R_{on}的确会发生明显退化,而V_{th}没有任何变化,这进一步说明V_{th}的退化机制和R_{on}的退化机制的确不相同,验证了上文的分析结果。

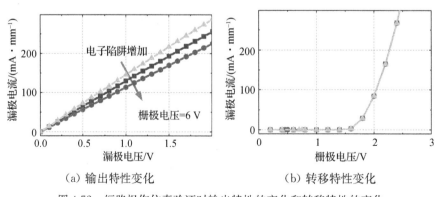

（a）输出特性变化　　　　　　　（b）转移特性变化

图 4.72　短路损伤仿真验证时输出特性的变化和转移特性的变化

（3）动态特性的退化

对动态特性的研究包含了对端电容的变化和开关特性变化的研究。图 4.73 给出了短路应力前后 P-GaN HEMT 器件端电容随电压的变化情况。其中输入电容 $C_{\text{iss}}=C_{\text{gs}}+C_{\text{gd}}$，输出电容 $C_{\text{oss}}=C_{\text{gd}}+C_{\text{ds}}$，反馈电容 $C_{\text{rss}}=C_{\text{gd}}$。根据结果可以观察到 C_{rss} 曲线以及 C_{oss} 曲线负向漂移，而 C_{iss} 没有明显变化。因为测试 C_{iss} 时，器件栅压并没有达到阈值电压以上，测试得到的 C_{gs} 不会有明显变化，而 C_{gd} 与 C_{gs} 相比则很小，因此 C_{iss} 值不会发生明显变化。C_{gd} 和 C_{oss} 的负漂是因为漂移区的电子陷阱形成的负电中心会辅助耗尽，相同电压下耗尽层更宽，测得的电容值也就越小，整体表现为电容曲线的负漂。

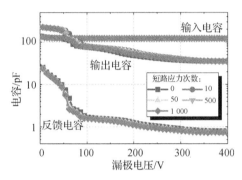

图 4.73　短路应力下的端电容变化

上一节 UIS 应力造成的电学参数退化分析结果表明 V_{th} 的增大会使平台电压变大，从而使器件开启特性变慢，关断特性变快。而短路的开关特性测试结果表明，器件的开启延迟时间和关断延迟时间均变小。采用传统理论并不能分析这种现象背后的原因。值得注意的是，传统开关模型适用于有栅氧层的功率器件，器件在开关时的关键过程是栅电容充电过程，而对于 GaN HEMT 器件，栅电流较大成为一个不可忽视的因素。栅极漏电流本身的大小会影响器件栅内阻的大小，从而影响栅响应速度的快慢。由前文讨论可知，短路应力还会造成栅极漏电流的增加。此时，大的栅极漏电流必定会使得栅的响应速度更快，即栅压的变化速率（$\mathrm{d}V_{\text{g}}/\mathrm{d}t$）更快，对应电压的变化和电流变化也相应变快。

值得注意的是，虽然短路的损伤使器件的开关参数朝着有利趋势变化，然而其根本原因是栅极金半接触的电场加强带来的界面损伤，过大的电场会带来额外风险，如接触处的金半结的击穿。因此，要尽量避免短路应力的损伤。

4.5　高可靠 GaN HEMT 器件新结构

4.5.1　混合漏极接触空穴注入结构设计

通常情况下，实现氮化镓功率器件常关特性的一种常见方式是在 AlGaN 势垒层和栅极金属之间插入一层 P 型氮化镓层。通过设计 P-GaN 层掺杂水平和厚度，可以使负电荷耗尽栅极下方的二维电子气。这种器件的一个典型例子便是栅注入型晶体管

(GIT)。P-GaN 栅极只提高栅极以下异质结的电位,从而使器件变为增强型,且由于 P-GaN 层仅仅位于栅极区域,对栅漏之间导电沟道的影响很小,因此不会影响整个器件的低导通电阻和大电流能力。

高压增强型氮化镓 P-GaN 栅晶体管虽然使器件实现了常开,但同时面临着电流崩塌这一严重问题。所谓电流崩塌效应是指 GaN HEMT 器件漏极电压超过一定值后,随着漏极电压的增加,流过器件的电流开始下降,不能达到理想的电流值这一现象。在 HEMT 工作过程中,当漏极与源极之间的电压足够大,沟道内的热电子会发生隧穿到达 AlGaN 层表面,被栅极到漏极之间的表面态俘获,这些负电荷好比在栅漏电极之间存在的另一个栅极,也就是形成了所谓的"虚栅"。"虚栅"的存在使栅极形成的耗尽区横向扩展,沟道 2DEG 浓度减小,电流崩塌现象出现。由于这些表面态能级的充放电时间通常很大,赶不上高频信号的频率,所以在高频下,"虚栅"会调制沟道电子的浓度,使器件输出电流减小,输出功率密度和功率密度附加效率减小,形成电流崩塌。

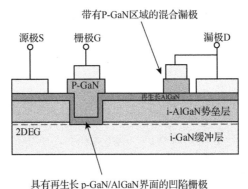

图 4.74　混合漏极的 GIT 结构示意图

为了解决这种所谓的电流崩塌现象,一种混合漏极的 GIT 结构被设计了出来,该结构的特点是在漏极的左侧额外放置一块 P-GaN 区域,并且与漏极相连,电位相同,结构如图 4.74 所示,该结构也被称为混合漏极 GIT(HD-GIT)。这种结构可以成功抑制高漏压下的电流崩塌现象。其原理如图 4.75 所示,附加在漏极旁的 P-GaN 区域在器件关断时通过向沟道注入空穴,和沟道热电子复合,从而补偿外延层的电子陷阱,减缓高漏压下电子陷阱的作用。

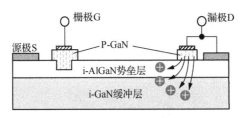

图 4.75　混合漏极的 GIT 对电流崩塌现象的抑制原理

4.5.2　P-GaN HEMT 欧姆-肖特基混合栅极接触结构设计

由于 P-GaN HEMT 中栅区域都会被 P 型掺杂的氮化镓层覆盖,栅极的接触通常都会选用功函数比较大的金属材料,如金、镍等金属或合金等,因此 P-GaN HEMT 中栅极金属与半导体层的界面通常都是肖特基接触,如图 4.76(a)所示。此时,金属层、P-GaN层、AlGaN/GaN 层三者之间就形成了两个背靠背的二极管,如图 4.76(b)所示,上方是一个由金属和 P-GaN 层组成的肖特基势垒二极管,下方是一个由 P-GaN、AlGaN/GaN 组成的 PIN 二极管。由于两个二极管是背靠背的,因此栅区域的中间部分是浮空的,它的电位是由上方肖特基势垒二极管和下方 PIN 二极管之间的电荷平衡状态所决定。为了使器件获得更好的亚阈值特性和更优秀的开关特性,对栅区域中间浮空节点的控制就显得尤为重要。当在栅极施加负向偏压时,上方的肖特基势垒二极管导通,下方的 PIN 二极管截止,导致栅区域中间浮空节点的电势与栅极内建电势一致;当在栅极施加正向偏压时,上方的肖特基势垒二极管截止,下方的 PIN 二极管导通,导致栅区域中间浮空节点的电荷无法释放。因此 P-GaN 层中间的浮空节点对器件自身的开关特性产生了很大的影响。

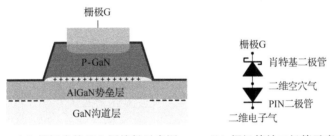

（a）栅极肖特基金属接触示意图　　　（b）栅极等效二极管示意图

图 4.76　肖特基接触

除此以外,对于具有肖特基栅接触的 P-GaN HEMT,P-GaN 层的浮空特点导致其与任何终端没有直接的电气连接,这就导致该区域存在一种会严重影响栅极可靠性的电荷存储现象。如图 4.77 所示,当在器件漏电极施加一个高压 V_{ds} 时,栅极和漏极之间的电容 C_{dg} 会被充上大小为 Q_{gd} 的电荷。当导电沟道中的二维电子气被漏极高压耗尽后,漏极靠近栅这一侧的沟道层会留下不可移动的带有正电的电荷,此时栅极金属/P-GaN 层肖特基势垒二极管正向导通,P-GaN 层中的空穴流出留下电离出来的净负电荷,这些净负电荷被沟道区的正电荷束缚在 P-GaN 层中。如图 4.77 所示,当施加在漏极的偏置电压降低到一个较低的值的时候,栅极和漏极之间的电容 C_{dg} 理论上会释放出大小为 Q_{gd} 的电荷,此时由于金属- P-GaN 层肖特基势垒二极管反向截止,导致 P-GaN 层中被净正电荷吸引的净负电荷无法被栅极金属释放,即 P-GaN 层中存在电荷存储现象,此时若要使器件开启,需要对栅极施加额外的正向电压来耗尽 P-GaN 层中存储的电荷,这会导致器件的阈值正向漂移。

除了漏压应力,栅极电压应力也会导致器件的阈值电压发生漂移。P-GaN 层中的空穴的变化会导致阈值电压漂移,空穴在 P-GaN 层中的积累会导致器件的阈值电压负漂,空穴在 P-GaN 层中被耗尽会导致器件的阈值正漂。

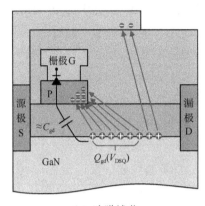 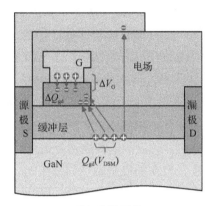

（a）陷阱捕获　　　　　　　　　　　（b）陷阱释放

图 4.77　应力过程中陷阱捕获和释放的过程

P-GaN 层中空穴的变化主要表现为器件的栅极漏电流大小的变化。栅极漏电流较大的肖特基金属接触在栅压应力下,尽管金属/P-GaN 层肖特基势垒二极管反偏,但是电子会随着正向偏置电压流出栅极,最终导致空穴在 P-GaN 层中积累,积累的空穴在 P-GaN 层中属于多子,当器件要开启时,更低的正向栅压便可使沟道打开,器件完全导通,表现为器件的阈值电压负向漂移。栅极漏电流较小的肖特基金属接触在栅压应力下,金属/P-GaN 层肖特基势垒二极管反偏,此时电子不会随着正向偏置电压流出栅极,最终导致空穴在 P-GaN 层中被耗尽,当器件要开启时,需要施加更高的正向栅压才可使沟道打开,器件完全导通,表现为器件的阈值电压的正向漂移。

同时,栅压应力的大小也对 P-GaN 层中电荷的存储有一定的影响。绝缘肖特基接触条件下,施加正栅压应力时,肖特基结反偏,PN 结正偏,GaN 层中电子注入 P-GaN 中,与空穴复合,P-GaN 中空穴注入 GaN 层中,等价于 P-GaN 层中空穴被耗尽,阈值正漂。当施加较低的栅压应力时,空穴通过上方的金属/P-GaN 层肖特基势垒二极管隧穿至 P-GaN 层中,而下方的 PIN 二极管反向截止,阻止了空穴的流出,因此 P-GaN 中积累空穴,导致阈值负漂;当施加较高的栅压应力时,下方的 P-GaN/AlGaN/GaN PIN 二极管导通,电子注入 P-GaN 层,且此时 P-GaN 层中的空穴通过 PIN 二极管注入 GaN,等效于 P-GaN 中空穴耗尽,阈值正漂。

无论是漏压应力还是栅压应力造成的器件的阈值漂移,这一现象都会影响器件工作时的导通电阻,导致更高的导通损耗。尽管器件正向导通时,可以通过调控器件的驱动电压来降低器件的导通电阻及导通损耗,但是器件反向开启时,由于 P-GaN HEMT 本身没有体二极管的存在,器件的反向导通是通过二维电子气沟道实现的,因此反向二极管的开启电压取决于器件本身的阈值电压。而电荷存储效应的存在不利于器件反向开启,这一方面会造成损耗的增加,另一方面会提高系统的不稳定性,因此需要提出新的器件结构来抑制乃至消除电荷存储现象。虽然欧姆型栅 P-GaN HEMT(欧姆- HEMT)可以消除这种影响,但相对较大的栅漏决定了有较高的连续栅电流来维持稳态工作电压。此外,使用欧姆栅极接触的 GaN HEMT 实现电流驱动模式将增加驱动电路的复杂性。因此,提供一种既能提高器件 V_{th} 稳定性又能降低 I_{gss} 的新技术是十分必要的,这将为系统设计中开关器的选择提供有价值的指导。

我们提出了一种全新的混合栅极金属接触技术来消除电荷存储效应,稳定阈值电压,该技术由间隔的欧姆栅极接触和肖特基金属栅极接触组成。

图 4.78 显示了混合栅极金属接触的示意图。欧姆型金属接触区域设置在肖特基型金属接触的中间。这种几何分布使栅极叠加区域被划分为间隔肖特基势垒和高电阻率区域。高电阻率区域可以提供一个自由载流子的"放电路径",可以有效地缓解电荷存储效应。同时,在高栅极电压的正向偏压下,肖特基金属形成的损耗层将有助于欧姆金属下方区域的耗尽,从而获得更高的栅极工作电压范围。

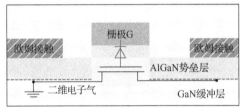

(a) 肖特基栅极金属接触HEMT　　　　(b) 混合栅极金属接触HEMT

图 4.78　混合栅极金属接触的结构示意图

该结构基于新型混合栅极金属接触的技术,通过在肖特基金属接触中间插入一块欧姆型栅极区域,为栅极提供一个自由载流子的"放电路径",以缓解电荷存储效应,有效提高阈值电压的稳定性,同时使栅极漏电流没有明显增加。

4.5.3　P-GaN HEMT 极化超结(PSJ)结构设计

由于 GaN 功率器件存在大量的陷阱与缺陷,导致高压开关期间存在严重的电流崩塌现象,器件的导通电阻增加,给器件的可靠性带来了严峻的挑战。图 4.79 显示了 Si 衬底上的常规 GaN HEMT 以及关断状态下的电场分布,该器件性能受限的主要原因有以下几点:

(1) 常规 GaN HEMT 器件在关态下的电场分布不均匀,其局部产生的峰值电场会诱导电流崩塌现象。为了提高器件的可靠性与击穿电压,需要进行复杂且精确的场板设计来均衡器件的表面电场,这显著增加了器件设计的成本。

(2) 即使设计了场板结构,场板边缘存在的峰值电场仍然会诱导电流崩塌现象的产生。

(3) 由于 Si 衬底与 GaN 外延层晶格常数和热膨胀系数的不匹配而产生的固有拉伸应力也会影响器件的可靠性。

（4）由于 GaN-on-Si 中存在垂直漏电流，所以器件的击穿电压受到 GaN 缓冲层厚度的影响，因此高压应用的 GaN HEMT 需要厚的缓冲层和过渡层，这使得晶片更容易弯曲和产生裂纹。

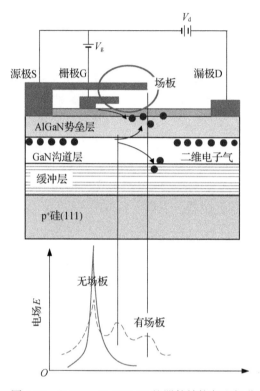

图 4.79　GaN-on-Si HEMT 的器件结构与电场分布

基于常规 GaN-on-Si HENT 的上述问题，我们提出了制造低成本高压 GaN 功率器件的另一种解决方案：在蓝宝石衬底上实现 GaN 的极化超结结构（GaN PSJ）。

GaN PSJ 结构于 2006 提出，是基于 GaN/AlGaN/GaN 结构异质结界面处的正负极化电荷补偿的技术。如图 4.80 所示，该结构在 AlGaN(0 0 0 1)/GaN(0 0 0 1)界面积累 2DEG，在 GaN(0 0 0 −1)/AlGaN(0 0 0 1)界面积累二维空穴气（2DHG），栅极的下方通过 P-GaN 与 2DHG 形成欧姆接触。当 GaN PSJ 器件关断耐压时，2DEG 通过漏极抽走，2DHG 通过栅极抽走，使得器件表面产生从 AlGaN 下表面指向上表面的均匀电场，实现了有效的电荷平衡，在提高器件耐压的同时显著抑制了电流崩塌现象。GaN PSJ 结构与 Si 中的超结结构类似，如图 4.81 所示，其击穿电压随着 PSJ 长度增加而线性增加，这显著优化了击穿电压与导通电阻的折中关系，目前已经超过 4H-SiC 器件的极限。

为了实现 GaN PSJ 结构均衡的表面电场，需要建立 2DEG 与 2DHG 的电荷平衡。图 4.82(a)显示了给定 AlGaN 厚度为 47 nm 时，2DHG 与 2DEG 密度随 P-GaN 层厚度的变化趋势，可以看出 2DHG 的密度强烈依赖于 P-GaN 层的厚度：当 P-GaN 层厚度小于 6 nm 时，2DHG 密度低于 10^{12} cm^{-2}；2DHG 的密度随着 P-GaN 层厚度的增加而增加，当 P-GaN 厚度达到 20 nm 时，2DHG 的浓度等于 2DEG；当 P-GaN 层厚度继续增加时，

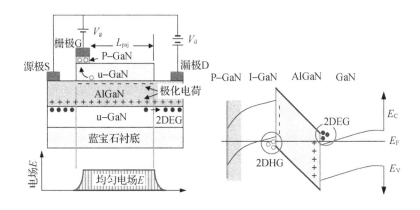

图 4.80　GaN PSJ 结构与原理

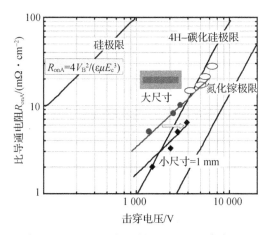

图 4.81　GaN PSJ 的比导通电阻 Vs. 击穿电压

2DHG 的浓度几乎不再增加。这是由 P-GaN 层表面的费米能级钉扎现象导致的,其表面导带边缘以下的 0.5 eV 至 1.7 eV 之间存在着表面陷阱能级,导致 P-GaN 层表面存在耗尽区。当 P-GaN 层厚度较小时,耗尽区接近 GaN(0 0 0 −1)/AlGaN(0 0 0 1)界面,使得 2DHG 浓度下降。图 4.82(b)显示了给定 P-GaN 层厚度为 30 nm 时,2DHG 和 2DEG 的密度都随着 AlGaN 厚度的增加而增加,因此未来要实现较高密度的 2DEG 与 2DHG,应尽量增加 AlGaN 层的厚度,但是 AlGaN 层厚度应存在临界值,否则如果 AlGaN 层厚度超过晶格弛豫的临界厚度,会导致外延层产生裂纹。

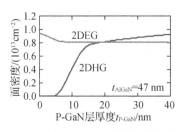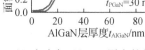

(a) 密度与 P-GaN 层厚度的关系　　　(b) 密度与 AlGaN 厚度的关系

图 4.82　2DEG、2DHG 的密度与 P-GaN 层厚度和 AlGaN 厚度的关系

　　在过去几年中，基于 PSJ 技术的高性能二极管以及增强型的 PSJ-HEMT 已经出现，其中基于蓝宝石衬底制作的 PSJ-HEMT 有超过 3 kV 的击穿电压，且能完全抑制电流崩塌现象，这进一步证实了 PSJ 技术能实现有效的电荷平衡和电场分布。最近，PSJ 技术已经延伸到了垂直 GaN 器件的研发中，垂直 PSJ 器件与拥有 1 kV 击穿电压的 SiC 相比，比导通电阻预计将降低 2 个数量级。如图 4.83 所示，PSJ 技术另外一个突出的优势在于，借助于该技术可以同时制造 NMOS 与 PMOS 电路，目前单片集成的 CMOS 反相器的开发已实现。此外，GaN PSJ 结构非常适合应用于固态断路器，因为 GaN PSJ 在具有低饱和电流的同时，也能保持超低的导通电阻。因此，PSJ 技术可以为各种应用的高功率密度单芯片集成铺平道路。

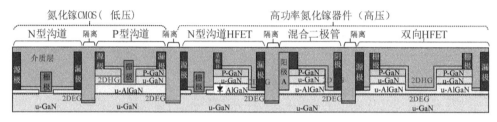

图 4.83　GaN PSJ 单片集成方案

　　在 GaN 器件被视为主流的功率半导体器件出现之前，有许多科学技术以及制造方面的挑战，为了充分利用 GaN 高频功率开关的优势，从使用分立器件制造功率转换电路的一般方案过渡到完全集成的片上功率系统是先决条件。因此，GaN PSJ 技术将有助于为超高功率密度转换器打造一个可行的集成电力电子的新时代。

参考文献

[1] Bakeroot B, Stockman A, Posthuma N, et al. Analytical model for the threshold voltage of p-(Al)GaN high-electron-mobility transistors[J]. IEEE Transactions on Electron Devices, 2017, 65(1): 79 - 86.

[2] Kotecha R M, Zhang Y Z, Wallace A, et al. An accurate compact model for Gallium nitride gate injection transistor for next generation of power electronics design [C]//2017 IEEE 18th Workshop on Control and Modeling for Power Electronics (COMPEL). Stanford, CA, USA. IEEE, 2017: 1 - 6.

[3] Deng W L, Huang J K, Ma X Y, et al. An explicit surface potential calculation and compact current model for AlGaN/GaN HEMTs[J]. IEEE Electron Device Letters, 2015, 36(2): 108 - 110.

[4] Liu X K, Chiu H C, Wang H Y, et al. 2.4 kV vertical GaN PN diodes on free standing GaN wafer using CMOS-compatible contact materials[J]. IEEE Journal of the Electron Devices Society, 2018, 6: 825 - 829.

［5］ Moens P，Banerjee A，Uren M J，et al. Impact of buffer leakage on intrinsic relia-
bility of 650V AlGaN/GaN HEMTs［C］//2015 IEEE International Electron Devices
Meeting (IEDM). Washington，DC，USA. IEEE，2015：35.2.1 – 35.2.4.

［6］ Wu T L，Bakeroot B，Liang H，et al. Analysis of the gate capacitance-voltage
characteristics in P-GaN/AlGaN/GaN heterostructures［J］. IEEE Electron Device
Letters，2017，38(12)：1696 – 1699.

［7］ Baliga B J. Fundamentals of Power Semiconductor Devices［M］. New York：Spring-
er，2008.

［8］ Huang S，Jiang Q M，Yang S，et al. Effective passivation of AlGaN/GaN HEMTs by
ALD-grown AlN thin film［J］. IEEE Electron Device Letters，2012，33(4)：516 – 518.

［9］ Zhang L，Zheng Z Y，Yang S，et al. P-GaN gate HEMT with surface reinforce-
ment for enhanced gate reliability［J］. IEEE Electron Device Letters，2021，42(1)：
22 – 25.

［10］ Joshi V，Tiwari S P，Shrivastava M. Part Ⅱ：Proposals to independently engineer
donor and acceptor trap concentrations in GaN buffer for ultrahigh breakdown Al-
GaN/GaN HEMTs［J］. IEEE Transactions on Electron Devices，2019，66(1)：
570 – 577.

［11］ Wei J，Xu H，Xie R L，et al. Dynamic threshold voltage in P-GaN gate HEMT
［C］//2019 31st International Symposium on Power Semiconductor Devices and
ICs (ISPSD). Shanghai，China. IEEE，2019：291 – 294.

［12］ Liu S Y，Tong X，Wei J X，et al. Single-pulse avalanche failure investigations of
Si-SJ-MOSFET and SiC-MOSFET by step-control infrared thermography method
［J］. IEEE Transactions on Power Electronics，2020，35(5)：5180 – 5189.

［13］ Kelley M D，Pushpakaran B N，Bayne S B. Single-pulse avalanche mode robust-
ness of commercial 1200 V/80 mΩ SiC MOSFETs［J］. IEEE Transactions on
Power Electronics，2017，32(8)：6405 – 6415.

［14］ Qi J W，Yang X，Li X，et al. Avalanche capability characterization of 1.2 kV SiC
power MOSFETs compared with 900V Si CoolMOS［C］//2019 IEEE 10th Interna-
tional Symposium on Power Electronics for Distributed Generation Systems
(PEDG). Xi'an，China. IEEE，2019：55 – 59.

［15］ Islam Z，Haque A M，Glavin N. Real-time visualization of GaN/AlGaN high elec-
tron mobility transistor failure at off-state［J］. Applied Physics Letters，2018，113
(18).

［16］ Wang M J，Yan D W，Zhang C，et al. Investigation of surface-and buffer-induced cur-
rent collapse in GaN high-electron mobility transistors using a soft switched pulsed I-V
measurement［J］. IEEE Electron Device Letters，2014，35(11)：1094 – 1096.

[17] Liu S Y, Li S, Zhang C, et al. Single pulse unclamped-inductive-switching induced failure and analysis for 650 V P-GaN HEMT[J]. IEEE Transactions on Power Electronics, 2020, 35(11): 11328 – 11331.

[18] Wu T L, Bakeroot B, Liang H, et al. Analysis of the gate capacitance-voltage characteristics in P-GaN/AlGaN/GaN heterostructures[J]. IEEE Electron Device Letters, 2017, 38(12): 1696 – 1699.

[19] Hu Q L, Hu B, Gu C R, et al. Improved Current collapse in recessed AlGaN/GaN MOS-HEMTs by interface and structure engineering[J]. IEEE Transactions on Electron Devices, 2019, 66(11): 4591 – 4596.

[20] Fernández M, Perpiñà X, Roig J, et al. P-GaN HEMTs drain and gate current analysis under short-circuit[J]. IEEE Electron Device Letters, 2017, 38(4): 505 – 508.

[21] Xue P, Maresca L, Riccio M, et al. A comprehensive investigation on short-circuit oscillation of P-GaN HEMTs[J]. IEEE Transactions on Electron Devices, 2020, 67(11): 4849 – 4857.

[22] Lian Y W, Lin Y S, Lu H C, et al. AlGaN/GaN HEMTs on silicon with hybrid Schottky-Ohmic drain for high breakdown voltage and low leakage current[J]. IEEE Electron Device Letters, 2012, 33(7): 973 – 975.

[23] Kaneko S, Kuroda M, Yanagihara M, et al. Current-collapse-free operations up to 850 V by GaN-GIT utilizing hole injection from drain[C]//2015 IEEE 27th International Symposium on Power Semiconductor Devices & IC's (ISPSD). Hong Kong, China. IEEE, 2015: 41 – 44.

[24] Wei J, Xie R L, Xu H, et al. Charge storage mechanism of drain induced dynamic threshold voltage shift in P-GaN gate HEMTs[J]. IEEE Electron Device Letters, 2019, 40(4): 526 – 529.

[25] Zhang C, Li M F, Li S, et al. Threshold voltage stability enhancing technology for P-GaN HEMTs using hybrid gate structure[J]. IEEE Electron Device Letters, 2022(99): 1.

[26] Kawai H, Yagi S, Hirata S, et al. Low cost high voltage GaN polarization super-junction field effect transistors[J]. physica status solidi (a), 2017, 214(8).

[27] Liu P C, Kakushima K, Iwai H, et al. Characterization of two-dimensional hole gas at GaN/AlGaN heterointerface [C]//The 1st IEEE Workshop on Wide Bandgap Power Devices and Applications. Columbus, OH, USA. IEEE, 2013: 155 – 158.

第 5 章　可靠性寿命预测模型及软件集成

5.1　SiC 功率 MOSFET 器件 SPICE 模型

SiC 功率 MOSFET 是下一代开关器件,由于它可以在更高的开关频率和更高的工作温度下工作,且具有更低的功率损耗,因此有望在许多应用中取代传统的硅功率开关器件。一个精确的 SiC 功率 MOSFET 模型对于器件性能的评估、系统设计以及功率转换的性能预测来说是必要的,在此基础上许多模型也陆续被提出。

现有的 SiC 功率 MOSFET 模型可以分为物理模型、半物理模型、数值模型、半数值模型以及行为模型这五种类型:

(1) 物理模型的建模依据是半导体物理学,模型应用了很多微电子学物理公式与大量的物理参数。模型的精确度很高,但是参数的提取过程非常复杂。模型的复杂度过高,更加适用于器件的仿真而非电路级仿真。

(2) 半物理模型是在物理模型的基础上,通过数学拟合的方法建立的模型。该模型建模复合器件的物理机理,精确度得到了保障;同时使用数学方法进行简化,模型的复杂度不会太高;

(3) 数值模型主要是基于 TCAD 仿真软件建立的模型,建立模型时需采用器件内部材料的注入比例、形态和器件的外部结构尺寸信息。

(4) 半数值模型是物理模型和数值模型相结合的模型,例如求解器件中的载流子分布的泊松方程为物理模型,而方程的解由数值方法获得,这种模型需要迭代或使用近似函数来获得解析解。

(5) 行为模型是根据 SiC 功率 MOSFET 的输入输出特性,采用经验公式和数学拟合公式建立的模型。模型参数和物理特性无关,由器件的数据手册中提供的特性曲线和数据通过数学拟合的方式提取得到,模型只能在一定范围内反映器件的实际工作状态,超出拟合条件外的仿真精度不高,但是建模过程简单且仿真时间短,模型复杂度低。

按照器件建模的形式来分类,SiC 功率 MOSFET 模型则可以分为宏模型(子电路模型)、紧凑型模型以及纯数值模型三种:

(1) 数值模型主要用于器件级的仿真,强调根据半导体器件物理特性,预测特定器件的热学、光学以及电学特性。数值模型的实现需要使用迭代之类的数值算法来求解一系列的基于半导体物理的偏微分方程,需要超大规模的计算机与内存作为支撑,且计算时间长,模型不容易收敛。

（2）宏模型功能较完善，仿真速度较快，一般使用仿真器标准的器件模型搭建，或者运用仿真器内部集成的一些函数、功能搭建模型。具体来说，宏模型的建模方案主要适用于搭建新型器件模型。宏模型的开发虽然相对容易，但是由于宏模型一般会受到仿真器已有功能、器件模型的限制，较难实现理想的模型效果。因此宏模型是一种方便实用但受到仿真器局限的 SPICE 建模方法。

（3）紧凑型模型一般是在行为模型与物理模型的基础上搭建的。该模型基于物理的建模方法，使用近似假设来获得解析解，其开发周期长，开发难度大，但是具有明显的物理意义，模型的扩展性很强，可以表征不同的器件效应，适用于不用工艺下的器件，但高阶的物理效应则需要一些经验模型的加入来简化模型。

综合分析各类模型的优缺点，我们发现基于行为模型与半物理模型的紧凑型模型比较符合 SiC 功率 MOSFET 的电路级仿真需求。由于 SiC 功率 MOSFET 与 Si MOSFET 的内部结构类似，因此 SiC 功率 MOSFET 的电路仿真模型基本上都是在传统的硅基模型基础上改进而成的。一种常见的 SiC 功率 MOSFET 电路仿真模型结构如图 5.1 所示，模型中主要包括：内核 MOS 沟道 M_N，三个寄生电容 C_{gs}、C_{gd} 与 C_{ds}，体二极管 D_b，三个寄生电阻 R_g、R_s 与 R_d。

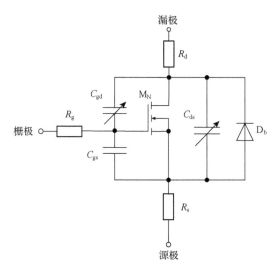

图 5.1　一种常见的 SiC 功率 MOSFET 电路仿真模型

根据该电路仿真模型，可以将建模的流程分为两个部分：静态特性建模与动态特性建模。静态特性建模的考虑因素是 SiC 功率 MOSFET 的直流 I-V 特性，静态特性建模包括内核沟道建模、内部电阻建模及体二极管建模；动态特性建模的考虑因素是动态开关特性，即导通与关断的瞬态波形，动态特性建模包括结电容建模与体二极管建模。

5.1.1　SiC 功率 MOSFET 直流模型

SiC 功率 MOSFET 可以直接采用 BSIM3v3 模型作为其直流模型。同时采用 LEVEL1

的二极管模型作为 SiC 基 VDMOS 器件的反向续流二极管模型,此二极管模型可模拟 SiC 功率 MOSFET 器件的第三象限特性和击穿特性。

接下来介绍不同工作区域的模型公式。

线性区电流公式:

$$I_{ds}=\mu_{eff}C_{ox}\frac{W}{L}\frac{1}{1+V_{ds}/(E_{sat}L)}\frac{(V_{gst}-A_{bulk}V_{ds}/2)V_{ds}}{1+R_{ds}\mu_{eff}C_{ox}\dfrac{(V_{gst}-A_{bulk}V_{ds}/2)V_{ds}}{1+V_{ds}/(E_{sat}L)}} \tag{5.1}$$

其中,μ_{eff} 为完整迁移率,W 为器件沟道宽度,L 为器件沟道长度,C_{ox} 为单位面积的栅电容,E_{sat} 为饱和横向电场强度,$V_{gst}=V_{gs}-V_{th}$,A_{bulk} 为考虑体电荷效应的系数,R_{ds} 为源漏寄生电阻。

饱和区电流公式:

$$I_{ds}=Wv_{sat}C_{ox}(V_{gst}-A_{bulk}V_{dsat})\left(1+\frac{V_{ds}-V_{dsat}}{V_A}\right)\left(1+\frac{V_{ds}-V_{dsat}}{V_{ASCBE}}\right) \tag{5.2}$$

其中,W 为器件沟道宽度,C_{ox} 为单位面积的栅电容,$V_{gst}=V_{gs}-V_{th}$,A_{bulk} 为考虑体电荷效应的系数,V_{dsat} 为饱和电压,v_{sat} 饱和载流子速度,V_{ASCBE} 为衬底电流体效应(Substrate Current Body Effect,SCBE)引起的厄利电压。

亚阈值区电流公式:

$$I_{ds}=I_{s0}\left(1-\exp\left(-\frac{V_{ds}}{V_t}\right)\right)\exp\left(\frac{V_{gs}-V_{th}-V_{off}}{nV_t}\right) \tag{5.3}$$

$$I_{s0}=\mu_0\frac{W}{L}\sqrt{\frac{q\varepsilon_{SiC}N_{ch}V_t^2}{2\phi_s}} \tag{5.4}$$

其中,参数 V_t 为热电压,V_{off} 为补偿电压,μ_0 为材料本征迁移率,参数 n 为亚阈摆幅参数,ε_{SiC} 为 SiC 介电常数,N_{ch} 为沟道掺杂浓度,$\phi_s=-2\phi_F$,ϕ_F 为费米势。

体二极管的正向偏置电流公式:

$$I_d=\frac{I_{d1}}{1+\left(\dfrac{I_{d1}}{IK}\right)^{\frac{1}{2}}} \tag{5.5}$$

$$I_{d1}=I_s\left(\exp\left(\frac{V_d}{nV_t}\right)-1\right) \tag{5.6}$$

$$I_s=J_s\cdot AREA+J_{sw}\cdot PJ \tag{5.7}$$

其中,J_s 为结饱和电流密度,J_{sw} 为侧面结饱和电流密度,n 为二极管发射系数,$AREA$ 为源结面积,PJ 为源结的周长,IK 为大注入条件下的电流衰退。

上文已经介绍了直流模型相关理论,接下来就可以使用模型参数提取软件来提取模型的参数了。模型参数提取流程如图 5.2 所示,可以按照接下来所述的步骤提取模型参数。

(1) 设置模型的一些基本参数,如 t_{ox},x_j,r_{sh} 等。各参数物理意义如下:

t_{ox}:栅氧厚度。

x_j:结深。

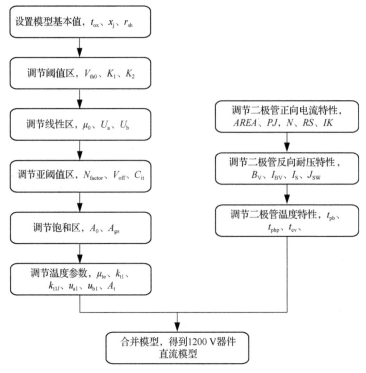

图 5.2　模型提参流程示意图

r_{sh}：源漏方块电阻值。

（2）调节阈值区。涉及的主要参数为：V_{th0}，K_1，K_2。

V_{th0}：长沟道零衬偏时的阈值电压，它是阈值电压的一个基本值。

K_1：阈值电压一次衬偏效应系数，表征衬偏效应对阈值电压的影响程度，主要用于调节衬偏部分的开启曲线。

K_2：阈值电压二次衬偏效应系数，表征衬偏效应对阈值电压的影响程度，主要用于调节衬偏部分的开启曲线。

（3）调节线性区。涉及的主要参数为：μ_0，U_a，U_b。

μ_0：在纵向电场较弱情况下载流子的迁移率，属于迁移率中的一个基准量。

U_a：栅压降低载流子迁移率一次系数。随着栅压的增加，纵向电场不断变大，有效迁移率不断减小，该系数主要用来调节线性区电流特性的中后段。

U_b：栅压降低载流子迁移率二次系数。随着栅压的增加，纵向电场不断变大，有效迁移率不断减小，因为该系数是 V_{gs} 的平方项系数，所以效果比 U_a 更为显著，主要用来调节线性区电流特性的后段。

（4）调节亚阈值区。涉及的主要参数为：N_{factor}，V_{off}，C_{it}。

N_{factor}：亚阈值区摆幅因子。亚阈值电流与 $\exp(qV_{gs}/(nkT))$ 成正比，N_{factor} 即为公式中的 n，是决定亚阈值斜率的重要参量，可调节 N_{factor} 改变亚阈值斜率。

V_{off}：亚阈值区的一个电压参数，可用来拟合 I_{off}。V_{off} 没有物理意义，是一个拟合参数，可使亚阈值电流平移。

C_{it}：单位面积的界面陷阱电容，但它只是一个直流参数，不会影响电容特性，主要用来调节亚阈值斜率。

（5）调节饱和区。涉及的主要参数为：A_0，A_{gs}。

A_0：与沟道长度相关的体电荷参数，该参数会影响 A_{bulk} 的值，从而影响饱和电流值。沟长越短，这种影响越小。实际中该参数用来调节饱和电流的值，特别是栅压较小时的饱和电流值。

A_{gs}：与栅压有关的体电荷参数，同样会影响 A_{bulk} 的值，从而影响饱和电流，不同的是栅压越大，A_{gs} 对 A_{bulk} 的影响就越大，所以 A_{gs} 主要用来调节栅压较大时的饱和电流。

（6）调节温度参数。涉及的主要参数为：μ_{te}、k_{t1}、$k_{\text{t1}l}$、u_{a1}、u_{b1}、A_{t}。

μ_{te}：迁移率温度指数。

k_{t1}：迁移率温度修正参数。

$k_{\text{t1}l}$：沟道长度对阈值电压温度系数的影响。

u_{a1}：U_{a} 的温度系数。

u_{b1}：U_{b} 的温度系数。

A_{t}：饱和速度的温度系数。

以上步骤完成后，就可以用 SPICE 模型模拟器件的转移特性和输出特性了，接下来介绍体二极管相关参数提取步骤：

（1）调节体二极管正向电流特性。涉及的主要参数为：$AREA$，PJ，N，RS，IK。

$AREA$：结面积。

PJ：源结的周长。

N：体二极管发射系数，决定二极管开启后电流上升的斜率。

RS：体二极管寄生的串联电阻，对开启后电流上升的斜率有影响。

IK：大注入条件下的电流衰退，可用于调节大电流时的电流减小程度。

（2）调节体二极管反向耐压特性。涉及的主要参数为：B_{v}，I_{BV}，J_{S}，J_{SW}。

B_{v}：反向击穿电压点。

I_{BV}：反向击穿后的电流上升速度。

J_{S}：PN 结单位面积（底面方向）的反向饱和电流密度。

J_{SW}：PN 结单位长度（侧面方向）的反向饱和电流密度。

Model Builder Program 简称 MBP，可用于功率器件 SPICE 模型的参数提取。其可以大批量生成模型，具有自动化、开放式、建模简单易用、支持 BSIM6 等先进的模型、提取套件完整等优势。图 5.3 和图 5.4 是用 MBP 软件提取模型参数后，进行模型仿真的效果。其中实测结果用点表示，仿真结果用线表示。

图 5.3 和图 5.4 分别展示了不同温度下该模型转移特性、输出特性和体二极管正向

特性的拟合结果。整体看来,在不同温度与不同偏置条件下,该模型得到的转移特性和输出特性仿真结果与实际测试结果之间的误差基本小于15%,该模型可以精确地拟合器件的准饱和区、饱和区及线性区,能实现较好的拟合结果。体二极管正向偏置特性的均方根误差小于3%,最大误差小于5%,可准确地描述 SiC 功率 MOSFET 器件的体二极管正向偏置特性。

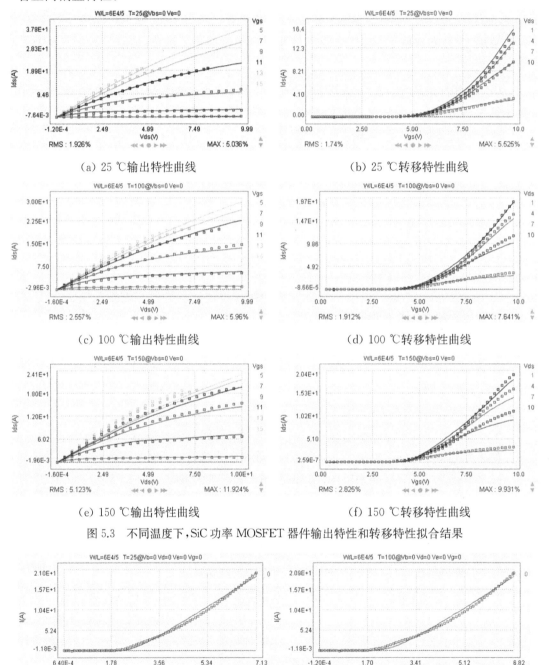

(a) 25 ℃输出特性曲线　　　　　　　　(b) 25 ℃转移特性曲线

(c) 100 ℃输出特性曲线　　　　　　　　(d) 100 ℃转移特性曲线

(e) 150 ℃输出特性曲线　　　　　　　　(f) 150 ℃转移特性曲线

图 5.3　不同温度下,SiC 功率 MOSFET 器件输出特性和转移特性拟合结果

(a) 25 ℃下体二极管正向偏置特性曲线　　　(b) 100 ℃下体二极管正向偏置特性曲线

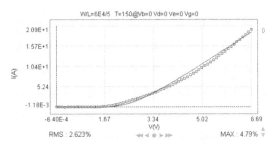

（c）150 ℃下体二极管正向偏置特性曲线

图 5.4　不同温度下，SiC 功率 MOSFET 器件体二极管正向偏置特性拟合结果

5.1.2　SiC 功率 MOSFET 交流模型

MOSFET 器件的寄生电容组成如图 5.5 所示，包括栅源电容 C_{gs}，栅漏电容 C_{gd}，源漏电容 C_{ds}。但在器件的数据手册中，一般使用输入电容 C_{iss}，输出电容 C_{oss}，反向传输电容 C_{rss} 来表示器件的寄生电容，这种不同表示方法之间的关系为式（5.8）。

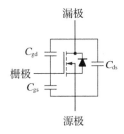

图 5.5　MOSFET 的寄生电容

$$\begin{cases} C_{iss} = C_{gs} + C_{gd} \\ C_{oss} = C_{ds} + C_{gd} \\ C_{rss} = C_{gd} \end{cases} \tag{5.8}$$

一个典型的 SiC 功率 MOSFET 器件元胞结构如图 5.6 所示，包含一个重掺杂的 N^+ 衬底，一个轻掺杂的 N^- 漂移区，这样做使得器件具备更高的击穿电压，但同时会使得器件的整体导通电阻提高，因此 JFET 区的掺杂浓度常常会被提高。

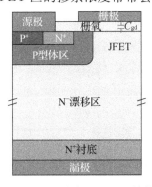

图 5.6　SiC 功率 MOFET 结构

接下来依次介绍三个端电容的物理组成。

首先是栅源电容 C_{gs}。在大多数器件中，栅源电容 C_{gs} 常常是三个电容中最大的一个，也是与器件材料相关性最大的电容。如图 5.7 所示，栅源电容主要包括栅极和源极金属之间的介质电容 C_{sm}，栅极与 N⁺ 源区之间的交叠电容 C_{N+} 以及栅极与 P 型体区之间的交叠电容 C_P，三个电容并联即为栅源电容。

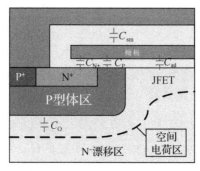

图 5.7　寄生电容的组成

（1）介质电容 C_{sm}：该电容类似于常见的平板电容，由金属栅、金属源以及介质层组成，大小也与栅极宽度 W_g、元胞宽度 W_{cell}、介质层的介电常数 ε_{ox}、距离源极厚度 t_{IEox} 有关，其表达式为：

$$C_{sm} = \frac{W_g}{W_{cell}} \cdot \frac{\varepsilon_{ox}}{t_{IEox}} \tag{5.9}$$

（2）源区交叠电容 C_{N+}：该电容为因 N⁺ 源区与金属栅极之间存在重叠区域从而产生的寄生电容，主要与交叠面积 W_{N+}、元胞宽度 W_{cell}、介质层的介电常数 ε_{ox}、氧化层厚度 t_{ox} 有关，其表达式为：

$$C_{N+} = \frac{W_{N+}}{W_{cell}} \cdot \frac{\varepsilon_{ox}}{t_{ox}} \tag{5.10}$$

（3）P 型体区交叠电容 C_P：该电容在不加电压时与源区交叠电容相同，仅与交叠面积、介质层有关。当栅极加电压后，交叠区域的载流子浓度会发生变化，从而导致交叠区域的电荷发生变化，影响整体电容的大小。因此该交叠电容 C_P 可以进一步细分为两个电容的串联：介质层电容 C_{ox} 与沟道电容 C_C，其中沟道电容 C_C 的大小依赖于 V_{gs}。具体来说，当 V_{gs} 为一个较大的负电压（−5 V 左右），电容保持在一个恒定的值时，大量的载流子在沟道的表面形成高浓度的积累层，电荷随栅压的变化有限，无电压调制效应；随着 V_{gs} 的增大，沟道表面积累层的空穴浓度开始迅速下降，电子的浓度开始上升，器件进入耗尽状态，沟道中电子和空穴的交界处开始出现耗尽层，C_{gs} 也随着耗尽层的出现开始下降，并在 $V_{gs} = V_{th}$ 附近出现最小值；当 V_{gs} 继续增大后，沟道开始导通，沟道电容 C_C 也逐渐减小消失，导致 C_{gs} 整体电容的上升，电容逐渐饱和，最终不随 V_{gs} 变化，保持为一个定值。

综上所述，栅源电容 C_{gs} 的物理模型较为复杂，需要考虑介质电容这样的固定电容，也需要考虑沟道中载流子浓度的变化引起的沟道电容的非线性影响。在大部分的 SiC

MOSFET 建模中,由于沟道电容的变化对栅源电容的整体影响较小,考虑到模型的复杂度与精度,常常将 C_{gs} 设置为一个常数。一些较为精确的模型常使用双曲正切函数 tanh 来描述 C_{gs} 关于 V_{gs} 在零电压附近切换的过程,并使用一些参数配合实测数据进行拟合。一种常用的 C_{gs} 行为模型表达式为:

$$C_{gs} = \frac{1}{2} C_{gsm} (1 - \tanh(V_{gs})) + C_{gsmin} \tag{5.11}$$

式(5.11)中需要提取的参数为 C_{gsm} 与 C_{gsmin},它们分别代表 V_{gs} 在较高的负电压与正电压时对应的固定电容值,可以通过器件的 C-V 特性曲线来获得这两项参数。

接下来是栅漏电容 C_{gd} 的物理模型。栅漏电容 C_{gd} 也被称为米勒电容,作为输入电容 C_{iss} 的一部分,它也是器件的反向传输电容 C_{rss},它尽管在数值上小于另外两个寄生电容,但栅漏电容是对器件的开关特性影响最大的电容,主要原因是 C_{gd} 具有很强的非线性,其建模的精度会直接影响器件的动态损失计算以及抗电磁干扰性能。

如图 5.8 所示,栅漏电容由栅氧介质层电容 C_{ox} 与耗尽层电容 C_{gdj} 串联组成,介质层栅氧电容的大小与栅极的面积、介质层介电常数以及厚度相关,是一个定值电容。耗尽层电容 C_{gdj} 是一个受栅压与漏压控制的电容,随着 V_{dg} 的变化,依据不同的掺杂浓度 N_D,耗尽层的厚度 W_{gd} 会发生变化,从而影响整体的栅漏电容。除此之外,耗尽层电容 C_{gdj} 还与栅极和漏极的正对面积 A_{gd}、介电常数 ε_{SiC} 有关。C_{gdj} 与 W_{gd} 的物理表达式为:

$$C_{gdj} = A_{gd} \cdot \frac{\varepsilon_{SiC}}{W_{gd}} \tag{5.12}$$

$$W_{gd} = \sqrt{\frac{2\varepsilon_{SiC} V_{dg}}{q N_D}} \tag{5.13}$$

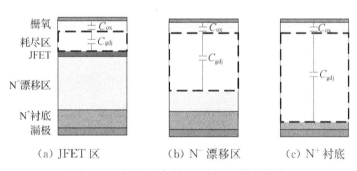

图 5.8 不同电压条件下的耗尽层扩展状态

如图 5.8 所示,随着 V_{dg} 的增加,耗尽层会逐渐扩展到 JFET 区、N$^-$ 漂移区以及 N$^+$ 衬底区。但由于器件不同区域的掺杂浓度不同,耗尽层在其中扩展的速度也不同,载流子浓度越大的区域,耗尽层在其中扩展的速度就越慢,栅漏电容下降的速度也会越慢。因此,当 V_{dg} 较低时,耗尽层在 JFET 区中扩展,由于 JFET 区的掺杂浓度相对较高,C_{gd} 下降的速度也相对较慢;当耗尽层扩展到 N$^-$ 漂移区之后,C_{gd} 下降的速度因为漂移区的轻掺杂加快了。耗尽层边界到达 JFET 与 N$^-$ 漂移区边界的电压称为夹断电压 V_P(pinch-off voltage)，夹断电压的大小通常是几十伏特。当 V_{dg} 继续增大，耗尽层将会扩展到 N⁺ 衬底，此时器件将会被视作穿通（punch-through）器件，穿通电压与漂移区掺杂、厚度均有关。由于衬底高浓度掺杂，C_{gd} 将会维持一个定值，不再随着漏压继续变化。综上所述，符合栅漏电容 C_{gd} 物理机理的全电压域数值模型很难获得，通常使用子电路模型或分段模型来对其进行描述。

C_{gd} 子电路建模中最著名的模型是 SIEMENS 开关模型，其示意图如图 5.9 所示。该子电路模型中包含了一路 PMOS 控制的二极管与电阻的串联电路，一路 NMOS 控制的 RC 电路，其建模思路仿照了 C_{gd} 的物理模型：当 V_{dg} 小于 0 时，S_{WMN} 打开，$C_{gd} = C_{gdmax}$，电容不会随 V_{dg} 变化；当 V_{dg} 大于 0 时，S_{WMP} 打开，C_{gd} 为两个二极管电容的串联。D_{gd1} 是一个低电压电容，其反向击穿电压 $V_{RM(DGD1)}$ 被设置为 JFET 区的夹断电压 V_P；D_{gd2} 是一个高电压电容，$V_{RM(DGD2)}$ 约为 MOSFET 击穿电压。当 $0 \leqslant V_{dg} < V_{RM(DGD1)}$ 时，绝大部分的电压都分布在 D_{gd1} 上，D_{gd2} 上的电压约为 0，因此 C_{DGD1} 为非线性电容，C_{DGD2} 为定值电容，C_{gd} 为这两个电容的串联值；当 $V_{dg} > V_{RM(DGD2)}$ 时，D_{gd1} 上的电压为 $V_{RM(DGD1)}$，而其余的电压由 D_{gd2} 承担，此时 C_{DGD1} 为定值电容，C_{DGD2} 为非线性电容。需要注意的是，在 SIEMENS 电路模型中，需要将电阻阻值设置得很大，不能影响整体器件的静态模型。SIEMENS 模型在原理上很贴近 C_{gd} 的物理原理，但是使用二极管电容来模拟非线性电容会存在一些问题：

（1）模型整体的参数太多，需要拟合两个二极管的参数，测试数据的拟合较为困难。

（2）使用二极管电容来模拟耗尽层电容会存在拟合值与实际测试数据不符合的问题，其精确度不如数值模型。

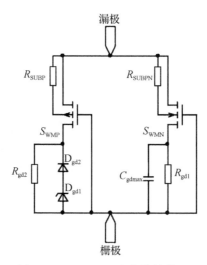

图 5.9　SIEMENS 电容等效模型

对于栅漏非线性电容的建模除了可采用 SIEMENS 子电路模型外，还可采用常用的分段数值模型。分段数值模型不需要考虑 C_{gd} 在 $V_{dg}<0$ 与 $V_{dg}>V_{PT}$ 时的状态，可以统一将其设置为定值电容，只需要将中间段的非线性电容进行数值拟合即可在满足精度的同时简化器件的建模。以下介绍一种基于二极管电容的分段数值模型。

与 SIEMENS 子电路模型建模思路相似，同样可以使用二极管电容来模拟栅漏电容 C_{gd} 的非线性。在 SPICE 模型中，一个二极管电容的建模公式为：

$$C_J = C_{J0} \frac{1}{(1-V_d/V_J)^M} \tag{5.14}$$

其中，C_{J0} 为零偏时的 PN 结电容，V_J 为 PN 结偏压，M 为修正系数。由于该二极管电容公式对于 C_{gd} 的拟合精度不高，因此需要使用一些近似函数来对该公式中的 V_J 进行二次修正。这里选择双曲正切函数 $\tanh(x)$，该函数对于状态的切换模拟更加精确。图 5.10 为 $1+\tanh(x)$ 在 $(-5,5)$ 区间内的函数图像。

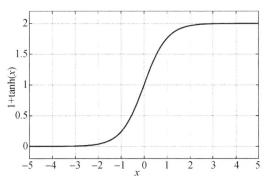

图 5.10 $1+\tanh(x)$ 的函数图像

修正后的非线性电容 C_{gd} 的分段公式为：

$$C_{gd} = \begin{cases} C_{OX} & V_{dg}<0 \\ C_{J0}(1+V_{dg}(1+k_a(1+\tanh(k_b \cdot V_{dg}-k_c))))^{-M} & 0 \leqslant V_{dg} \leqslant V_{PT} \\ C_{MIN} & V_{dg}>V_{PT} \end{cases} \tag{5.15}$$

其中，重要的参数为 C_{J0}、k_a、k_b、k_c 以及 M，这些参数需要通过测试数据进行拟合得出。C_{J0} 表示整体函数的大小；k_a 表示 $1+\tanh(x)$ 的大小，该参数会影响公式模拟的精度；k_b、k_c 表示了 $\tanh(x)$ 的横纵坐标的缩放。该模型相较于 SIEMENS 子电路模型复杂度降低了，不需要额外的电路进行扩充，同时可以使用更少的参数获得更好的拟合效果。

最后一个电容是源漏电容 C_{ds}，对于一个功率 MOSFET 器件来说，C_{ds} 电容的物理机理为 P 型体区与 N 型漂移区组成的 PN 结耗尽电容，因此可以使用二极管电容对该电容建模，该模型的公式与公式（5.14）相同，且拟合精度较高，可以直接使用。

5.2　GaN 功率 HEMT 器件 SPICE 模型

5.2.1　沟道电流模型

　　近年来，AlGaN/GaN HEMT 器件被广泛应用于大功率、高压和高频应用领域。为了充分发挥 AlGaN/GaN HEMT 器件的潜力，需要应用精确而强大的电路仿真，电路仿真的准确性和收敛性在很大程度上依赖于 AlGaN/GaN HEMT 的紧凑模型。基于物理机理的紧凑模型是首选，因为它们具有更好的模型可扩展性，如器件尺寸、几何结构和工作温度等方面的可扩展性。除此之外，紧凑型模型具有一定的预测能力，可方便设计人员预测器件乃至电路的性能。ASM-HEMT 模型是为功率及射频器件应用量身定做的一种基于表面势的物理基模型，ASM-HEMT 建模流程图如图5.11 所示，其核心思想是求解薛定谔方程和泊松方程，从而推导出 AlGaN/GaN HEMT 器件的表面势，然后建立起表面势与栅偏压的关系，从而计算得到沟道 2DEG 密度与栅偏压的关系。然后，利用成熟的表面势模型和漂移扩散输运机制，求解出在整个工作区域连续可导的核心漏电流解析模型和端口电荷解析模型，然后将实际器件中的关键效应包含于核心漏电流解析模型中来表征真实的 AlGaN/GaN HEMT 器件行为。

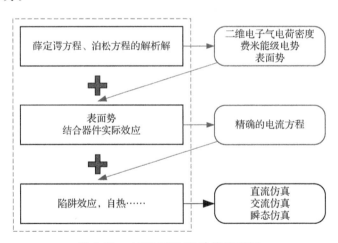

图 5.11　ASM-HEMT 建模流程图

　　ASM-HEMT 模型通过求解表面势进而建立漏极电流和端口电荷解析方程，是一种基于表面势计算方法的模型，因此表面势的求解是整个 ASM-HEMT 模型的核心问题，而二维电子气的形成是 GaN 功率 HEMT 器件工作的核心。

　　已知表面势与 AlGaN/GaN 异质结三角势阱中的费米能级电势有关：

$$\psi_x = V_f + V_x \tag{5.16}$$

其中，ψ_x 是表面势，V_f 是三角势阱中费米能级的电压，V_x 是沟道上任意位置的电压。

因此,计算费米能级电压 V_f 是进一步求解表面势的主要工作。

一方面,通过求解 AlGaN/GaN 异质结三角势阱中的薛定谔方程可以得到子带的位置:

$$E_n = \left(\frac{\hbar^2}{2m_1}\right)\left(\frac{3}{2}\pi qE\right)^{\frac{2}{3}}\left(n+\frac{2}{3}\right) \tag{5.17}$$

其中,E_n 是子带能级位置,q 是电子电荷量,E 是三角势阱中的电场,$n=0,1,2,\cdots$,m_1 是三角势阱中电子的有效质量,$\hbar$ 是普朗克常数。仅考虑前两个能量最低的子能带 E_0 和 E_1,如图 5.12 所示,可以得到:

$$E_{0,1} = k_{0,1}E^{\frac{2}{3}} \tag{5.18}$$

其中,$k_{0,1}$ 是常数。

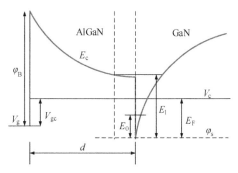

图 5.12　AlGaN/GaN 异质结能带图

另一方面,通过求解泊松方程可以得到电场 E 与二维电子气电荷密度 n_s 之间的关系:

$$\varepsilon E = qn_s \tag{5.19}$$

其中,ε 是 AlGaN 材料的介电常数,n_s 是二维电子气电荷密度。结合式(5.18)与式(5.19),可以得到:

$$E_{0,1} = \gamma_{0,1}E^{\frac{2}{3}} \tag{5.20}$$

$$k_{0,1} = \gamma_{0,1}\left(\frac{C_g}{q}\right)^{\frac{2}{3}} \tag{5.21}$$

其中,$\gamma_{0,1}$ 为薛定谔-泊松方程参数,C_g 是单位面积栅电容且 $C_g=\varepsilon/d$,ε 是 AlGaN 材料的介电常数,d 是 AlGaN 势垒层厚度。

同时,二维电子气电荷密度 n_s 与费米能级 E_F 的位置紧密相关。根据费米-狄拉克分布函数,可以求得二维电子气电荷密度 n_s:

$$n_s = D\int_{E_0}^{E_1}\frac{\mathrm{d}E}{1+\mathrm{e}^{\frac{q(E-E_F)}{kT}}} + 2D\int_{E_1}^{\infty}\frac{\mathrm{d}E}{1+\mathrm{e}^{\frac{q(E-E_F)}{kT}}} \tag{5.22}$$

其中,E 是能量,D 是二维电子气状态密度,在子能带 E_0 和 E_1 之间二维电子气状态密度为 D,在子能带 E_1 以上二维电子气状态密度为 $2D$;E_F 是费米能级,k 是玻尔兹曼常数,T

是温度。进一步通过积分可得：

$$n_s = DV_t \left[\ln\left(1 + e^{\frac{E_F - E_0}{V_t}}\right) + \ln\left(1 + e^{\frac{E_F - E_1}{V_t}}\right) \right] \tag{5.23}$$

其中，V_t 是热电压且 $V_t = kT/q$。

假设 AlGaN 势垒层完全电离，根据电荷平衡，可以得到：

$$n_s = \frac{\varepsilon}{qd}(V_{go} - V_f) = \frac{C_g}{q}(V_{go} - V_f) \tag{5.24}$$

$$V_{go} = V_g - V_{OFF} \tag{5.25}$$

其中，V_{go} 是施加到沟道表面的栅电压，V_g 是栅极电压，V_{off} 是器件的截止电压。

需要注意的是，式(5.20)、式(5.23)和式(5.24)是超越方程，不能直接得到解析解。因为栅压 V_g 会影响费米能级 E_F 的位置，因此为了更准确地求解二维电子气电荷密度 n_s 和费米能级电压 V_f，将费米能级电压 V_f 随栅压 V_g 的变化分为三个区域：

(1) $V_g < V_{off}$ 区域

在该区域中，$|E_F| \gg E_{0,1}$ 且 $V_f \approx V_{go}$，进而有 $E_F - E_{0,1} \approx E_F$，将其代入式(5.23)、式(5.24)可以得到：

$$n_s^1 = 2DV_t e^{\frac{V_{go}}{V_t}} \tag{5.26}$$

$$V_f^1 = V_{go} - \frac{2qDV_t}{C_g} e^{\frac{V_{go}}{V_t}} \tag{5.27}$$

(2) $V_g > V_{off}$ 且 $E_F < E_0$ 区域

在该区域中，$E_1 \gg E_F$，此时 $e^{\frac{E_F - E_1}{V_t}}$ 可以被忽略。用 $e^{\frac{E_F - E_0}{V_t}}$ 代替 $\ln\left(1 + e^{\frac{E_F - E_0}{V_t}}\right)$，可以得到：

$$n_s^2 = DV_t e^{\frac{E_F - E_0}{V_t}} \tag{5.28}$$

$$V_f^2 = V_{go}\left(\frac{V_t \ln(\beta V_{go}) + \gamma_0 \left(\dfrac{C_g V_{go}}{q}\right)^{\frac{2}{3}}}{V_{go} + V_t + \dfrac{2\gamma_0}{3}\left(\dfrac{C_g V_{go}}{q}\right)^{\frac{2}{3}}} \right) \tag{5.29}$$

其中，$\beta = C_g/(qDV_t)$，γ_0 是常数。

(3) $V_g > V_{off}$ 且 $E_F > E_0$ 区域

在该区域中，$E_1 \gg E_F$，此时 $e^{\frac{E_F - E_1}{V_t}}$ 可以被忽略。用 $\frac{E_F - E_0}{V_t}$ 代替 $\ln\left(1 + e^{\frac{E_F - E_0}{V_t}}\right)$，可以得到：

$$n_s^3 = D(E_F - E_0) \tag{5.30}$$

$$V_f^3 = V_{go}\left(\frac{\beta V_t V_{g0} + \gamma_0 \left(\dfrac{C_g V_{go}}{q}\right)^{\frac{2}{3}}}{V_{go}(1 + \beta V_t) + \dfrac{2\gamma_0}{3}\left(\dfrac{C_g V_{go}}{q}\right)^{\frac{2}{3}}} \right) \tag{5.31}$$

通过整合三个区域求得的费米能级电压的三个表达式——式(5.27)、式(5.29)及式(5.31),可以得到费米能级电压 V_f 的统一表达式为:

$$V_f = V_{go} - \frac{2V_t \ln\left(1 + e^{\frac{V_{go}}{2V_t}}\right)}{\frac{1}{H(V_{go,eff})} + \left(\frac{C_g}{qD}\right) e^{\frac{-V_{go}}{2V_t}}} \tag{5.32}$$

$$H(V_{go}) = \frac{V_{go} + V_t[1 - \ln(\beta V_{gon})] - \frac{\gamma_0}{3}\left(\frac{C_g V_{go}}{q}\right)^{\frac{2}{3}}}{V_{go}\left(1 + \frac{V_t}{V_{god}}\right) + \frac{2\gamma_0}{3}\left(\frac{C_g V_{go}}{q}\right)^{\frac{2}{3}}} \tag{5.33}$$

$$V_{gon(d)} = \frac{V_{go}\alpha_{(d)}}{\sqrt{V_{go}^2 + \alpha_{(d)}^2}} \tag{5.34}$$

$$V_{go,eff} = \frac{1}{2}\left(V_{go} + \sqrt{V_{go}^2 + 0.36}\right) \tag{5.35}$$

其中,$V_{go,eff}$ 是施加到沟道表面的有效栅电压,$V_{gon(d)}$ 是关于 V_{go} 的插值函数,$\alpha_{(d)} = 1/\beta$,$\beta = C_g/(qDV_t)$。

最终,得到的源端表面势 ψ_s 和漏端表面势 ψ_d 分别为:

$$\psi_s = V_f + V_s \tag{5.36}$$

$$\psi_s = V_f + V_{d,eff} \tag{5.37}$$

$$V_{d,eff} = V_{ds}\left(1 + \left(\frac{V_{ds}}{V_{dsat}}\right)^2\right)^{-\frac{1}{2}} \tag{5.38}$$

其中,$V_{d,eff}$ 是有效漏源电压,V_{ds} 是漏源电压,V_{dsat} 是漏端饱和电压。

进一步建立漂移扩散方程,AlGaN/GaN HEMT 器件中沿着沟道任意位置 x 处的漏极电流 I_d 表达式可以表示为:

$$I_d = -\mu W Q_{ch}\frac{d\psi}{dx} + \mu W V_t\frac{dQ_{ch}}{dx} \tag{5.39}$$

$$Q_{ch} = C_g(V_{go} - \psi) \tag{5.40}$$

其中,μ 是迁移率,W 是器件沟道宽度,Q_{ch} 是沟道电荷,ψ 是电势。将电势从器件源极积分到漏极,得到漏极电流方程为:

$$I_d = \frac{W}{L}\mu C_g(V_{go} - \psi_m + V_t)\psi_{ds} \tag{5.41}$$

$$\psi_m = \frac{\psi_d + \psi_s}{2} \tag{5.42}$$

$$\psi_{ds} = \psi_d - \psi_s \tag{5.43}$$

5.2.2　端口电容模型

为了准确地表征电容以及进行正确的瞬态仿真,必须精确计算器件中的本征栅极、漏极和源极电荷。本征电荷的建模要求将沟道电荷适当分配到器件的终端,通常将漏端

电荷分配为 $Q_d = x_p Q_{ch}$,将源端电荷分配为 $Q_s = (1-x_p)Q_{ch}$,其中 Q_{ch} 是沟道电荷,x_p 是分区因子。Ward 提出的一种严格的物理划分 Q_{ch} 的方法是:定义 $Q_d = \int_0^L \dfrac{x}{L} q n_s(V_g, V_x) dx$, $Q_s = \int_0^L \left(1-\dfrac{x}{L}\right) q n_s(V_g, V_x) dx$,以及总栅电荷 $Q_g = -Q_s - Q_d$。通过这种方法定义电荷,可以保证电荷守恒。

根据定义,Q_g 的计算公式为:

$$Q_g = -\int_0^L q W n_s(V_g, V_x) dx = -\int_0^L q W C_g(V_{go} - \psi(x)) dx \tag{5.44}$$

$$x = \frac{L(V_{go} - \psi + V_t)}{V_{go} - \psi_m + V_t}(\psi_d - \psi_s) \tag{5.45}$$

Q_d 的计算公式为:

$$Q_d = \int_0^L \frac{x}{L} q n_s(V_g, V_x) dx \tag{5.46}$$

$$x = \frac{L(\psi(x) - \psi_s)}{V_{go} + V_t - \psi_m}\left(V_{go} + V_t - \frac{\psi(x) + \psi_s}{2}\right) \tag{5.47}$$

最后,通过积分可以得到:

$$Q_g = \frac{WLC_g}{V_{go} + V_t - \psi_m}\left((V_{go} - \psi_m)(V_{go} + V_t - \psi_m) + \frac{1}{12}\psi_{ds}^2\right) \tag{5.48}$$

$$Q_d = -\left(\frac{1}{2}C_g WL\right)\left(V_{go} - \frac{\psi_s + 2\psi_d}{3} + \frac{\psi_d^2}{12(V_{go} + V_t - \psi_m)} + \frac{\psi_d^3}{120(V_{go} + V_t - \psi_m)^2}\right) \tag{5.49}$$

$$Q_s = -Q_g - Q_d \tag{5.50}$$

其中,L 是沟道长度。

5.2.3　P-GaN 栅帽层模型

图 5.13(a)是常规耗尽型 GaN HEMT 器件结构截面示意图,图 5.13(b)是 P-GaN HEMT 器件结构截面示意图。从图中可见,增强型 P-GaN HEMT 器件结构是在常规耗尽型 GaN HEMT 器件结构的基础上插入了一个 P-GaN 层,而 P-GaN 层的插入又引入了栅极金属/P-GaN 形成的肖特基结和 P-GaN/AlGaN/GaN 形成的 PIN 结。

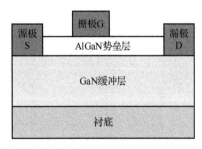
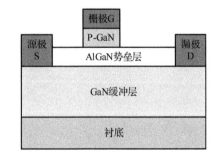

　　(a) GaN HEMT 器件结构截面示意图　　　　　(b) P-GaN HEMT 器件结构截面示意图

图 5.13　GaN HEMT 器件与 P-GaN HEMT 器件结构对比

当对 GaN HEMT 器件和 P-GaN HEMT 器件的栅极施加相同的电压时,增强型 P-GaN HEMT 器件比 GaN HEMT 器件多了一个能用来分压的 P-GaN 层,施加到 P-GaN 层以下任意一处的电压 $V_{\text{PGaN}x}$ 为:

$$V_{\text{PGaN}x} = V_{\text{GaN}x} - V_{\text{PGaN}} \tag{5.51}$$

其中,$V_{\text{GaN}x}$ 是 GaN HEMT 器件中施加到栅以下任意一处的电压(与增强型 P-GaN HEMT 器件中 P-GaN 层以下任意一处相对应),V_{PGaN} 是 P-GaN 层的电压降。

对于耗尽型 GaN HEMT 器件,目前已经建立了一套标准化的 ASM-HEMT 模型,而对于增强型 P-GaN HEMT 器件,只需用 $V_{\text{g}} - V_{\text{PGaN}} - V_{\text{off}}$ 代替耗尽型 GaN HEMT 器件中的 $V_{\text{g}} - V_{\text{off}}$ 即可建立 P-GaN HEMT 器件的增强型 ASM-HEMT 模型,建模流程图如图 5.14 所示。

图 5.14　增强型 ASM 建模流程图

因此,有:

$$V_{\text{goeff}} = V_{\text{g}} - V_{\text{PGaN}} - V_{\text{off}} \tag{5.52}$$

$$I_{\text{ds}} = \frac{W\mu C_{\text{AlGaN}}}{L}(V_{\text{goeff}} - \psi_{\text{m}} + V_{\text{t}})\psi_{\text{ds}} \tag{5.53}$$

其中,V_{goeff} 是有效栅压,V_{off} 是截止电压,V_{g} 是栅极电压,V_{PGaN} 是 P-GaN 层的电压降,C_{AlGaN} 是 AlGaN 势垒层单位面积电容且 $C_{\text{AlGaN}} = \varepsilon_{\text{AlGaN}}/t_{\text{AlGaN}}$,$t_{\text{AlGaN}}$ 是 AlGaN 势垒层的厚度,$\varepsilon_{\text{AlGaN}}$ 是 AlGaN 的介电常数。

然而,在增强型 P-GaN HEMT 器件中 P-GaN 层的插入会影响 AlGaN/GaN 异质结处二维电子气的分布,因此耗尽型 GaN HEMT 器件中的截止电压 V_{off} 不再适用于增强型 P-GaN HEMT 器件,需要对 P-GaN HEMT 器件中的截止电压 V_{off} 进行重新定义。

P-GaN HEMT 器件 P-GaN/AlGaN/GaN 异质结的能带图如图 5.15 所示。从能带图中可以得到:

$$q\phi_{\text{B}} + qV_{\text{bi}} + \Delta E_{\text{C1}} = qV_{\text{b}} + \Delta E_{\text{C2}} + qV_{\text{off}} \tag{5.54}$$

进而可以推导出 P-GaN HEMT 器件的截止电压 V_{off} 为:

$$V_{\text{off}} = \phi_{\text{B}} + V_{\text{bi}} + \frac{\Delta E_{\text{C1}}}{q} - \frac{\Delta E_{\text{C2}}}{q} - V_{\text{b}} \tag{5.55}$$

其中,ϕ_{B} 是肖特基金属的势垒高度,V_{bi} 是肖特基金属/P-GaN 接触的内建电势,ΔE_{C1} 是 P-GaN 和 AlGaN 势垒层之间的导带差,ΔE_{C2} 是 AlGaN 势垒层和 GaN 缓冲层之间的导带差,V_{b} 是 AlGaN 势垒层上的电压降。

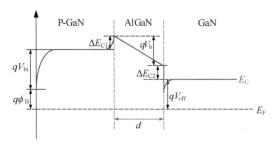

图 5.15　P-GaN HEMT 器件异质结能带图

通过求解 P-GaN 层电压降表达式便能得到 P-GaN HEMT 器件漏源电流表达式。因此,在增强型 P-GaN HEMT 器件模型建立的过程中,P-GaN 层电压降的求解尤为重要。同时,P-GaN 层电压降的求解可以辅助建立 P-GaN HEMT 器件的栅电容模型和栅电流模型。

5.3　具有器件寿命预测功能的模型嵌入

5.3.1　SiC MOSFET 器件寿命模型

作为由栅极控制工作行为的 MOS 器件,SiC 功率 MOSFET 的栅氧可靠性至关重要。在实际应用过程中,器件栅氧化层的退化往往会造成器件电学特性的变化,因此有必要建立带退化的 SPICE 模型。

长沟道阈值电压 V_{th0}、阈值电压一阶体效应系数 K_1、零偏电场下迁移率 μ_0、体硅电荷效应的沟道长度调制参数 A_0、体硅电荷效应的栅偏压调制参数 A_{gs},这五个参数可以表征栅压和时间对器件参数的影响。碳化硅基功率 MSOFET 承受正偏置温度应力产生的 V_{th0}、K_1、μ_0、A_0、A_{gs} 退化量关于应力时间 T 遵循简单幂次关系,该退化模型可以反映 SiC 功率 MOSFET 栅氧中注入的负电荷量导致的阈值电压退化 ΔV_{th} 与应力时间 T 的关系(公式中 B,n 为参数项):

$$\Delta V_{th} = B \cdot T^n \tag{5.56}$$

然而幂指模型的形式过于简单,只考虑了由栅压应力产生的电场对电荷注入产生的持续作用,却忽略了如氧空位等快界面态在应力初期被激活产生的电压漂移分量,这使得简单幂指模型会低估长时间应力产生的阈值退化量。Matsumura M 等人对简单幂指模型进行了改进,提出了二分量模型:

$$\Delta V_{th} = A + B \cdot T^n \tag{5.57}$$

式中 A 为常数项,表征应力初期快界面态的作用效果。

这里尝试提取 A、B、n 关于时间 T 和栅压 V_{gs} 的函数关系,使二分量模型能够预测器件的退化,该方法也适用于其他参数的拟合。图 5.16 和图 5.17 分别展示了该方法针对参数退化情况和器件转移与输出特性的拟合效果。

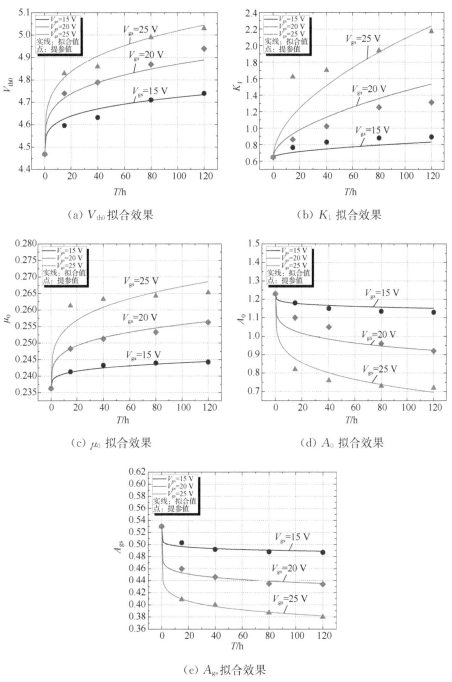

（a）V_{th0} 拟合效果　　　　　　　　　（b）K_1 拟合效果

（c）μ_0 拟合效果　　　　　　　　　（d）A_0 拟合效果

（e）A_{gs} 拟合效果

图 5.16　使用二分量模型的参数拟合效果

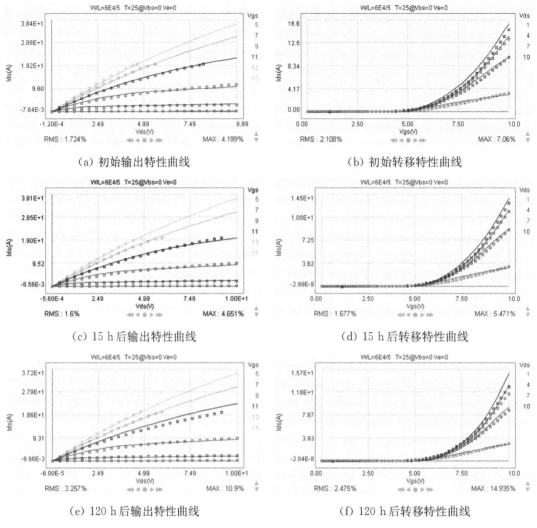

（a）初始输出特性曲线　　　　　　　　　（b）初始转移特性曲线

（c）15 h 后输出特性曲线　　　　　　　　（d）15 h 后转移特性曲线

（e）120 h 后输出特性曲线　　　　　　　　（f）120 h 后转移特性曲线

图 5.17　V_{gs}＝20 V 时不同应力时间的器件输出特性和转移特性拟合结果

5.3.2　GaN HEMT 器件寿命模型

（1）失效激活能的提取

由于电力电子器件的固有寿命可能会长达 100 000 h 以上，在如此长的时间内进行寿命测试是不切实际的，因此为了快速准确地评估器件的长期可靠性及其寿命，加速老化与寿命预测模型被广泛采用。

半导体器件参数的退化是由器件内部物理和化学变化引起的，当这种变化积累到一定程度时器件将失效，退化所经历的时间即产品的寿命。对半导体器件而言，晶体中晶格点阵上的原子运动到另一点阵或间隙位置时需要消耗一定的能量，该能量值的大小可以用激活能表示。同理，半导体器件由正常状态向失效状态转换的过程中存在能量势垒，该能量势垒即为失效激活能，它与器件的失效模式和失效机理有关，是反应外加应力对产品寿命影响的一种指标,其大小反映了器件抗拒某种失效的能力。

器件的失效激活能对器件寿命预测具有重要意义,而加速试验可以用来发现并识别半导体器件潜在的失效机制,并对其发生概率进行评估。其基本原理是在不改变器件失效机理的前提下,通过适当提高诱发器件失效的应力条件,如温度、湿度、电压、电流等来加速器件的退化和失效。而温度可以改变物理、化学反应速率,因此常被用作寿命试验中的加速应力。

一般在温度小于 500 K 工作条件下,器件的主要失效机理不会发生变化,激活能是不随温度变化的常数。需要注意的是,不同器件的失效激活能可能不同,对于同一批器件,失效激活能也可能存在差异。此外,同一器件在不同失效机理下,激活能可能也不相同,此时需要根据具体的加速试验结果加以判定和推测。

通常情况下,当同一批器件处于相仿的工作条件下时,其失效机理基本保持一致,可以通过加速应力测试的方法提取器件的失效激活能,也可以通过失效激活能反推器件在某一工作条件下的失效时间。可以根据失效激活能的值预测器件寿命,对失效激活能进行鉴别,从而得到加速条件下失效机理保持一致的应力范围,并求得不同应力条件下的加速因子,节约评价器件可靠性的时间。

在满足失效机理一致的前提下,器件在加速应力作用下的寿命均服从 Weibull 分布,即

$$F(t) = 1 - \exp\left[-\left(\frac{t-\gamma}{\eta}\right)^m\right] \tag{5.58}$$

其中,t 为应力时间,m 为形状参数,γ 为位置参数,η 为尺度参数,$F(t)$ 代表应力时间为 t 时的失效百分比。对半导体器件来说,器件有可能从 $t=0$ 时刻即失效,因此 $\gamma=0$。那么,由 Weibull 分布函数得到失效概率密度函数,即

$$f(t) = \frac{m}{\eta}\left(\frac{t}{\eta}\right)^{m-1} \exp\left[-\left(\frac{t}{\eta}\right)^m\right] \tag{5.59}$$

那么,器件在该应力条件下的特征寿命(即失效率达到 63.2% 时)可通过预测曲线直接读出。可通过 Weibull 分布函数计算形状参数和分布尺度参数,曲线斜率即形状参数,根据截距可以计算出分布尺度参数。

根据艾琳(Eyring)模型可以得到器件参数的退化速率与加速应力之间的关系:

$$\frac{\mathrm{d}M}{\mathrm{d}t} = A \times V^\beta \mathrm{e}^{\frac{-E_a}{kT}} \tag{5.60}$$

其中,M 表示器件的失效敏感参数,t 代表试验时间,$\frac{\mathrm{d}M}{\mathrm{d}t}$ 表示器件失效敏感参数的退化速率,A 为常数,V 指电压,E_a 是器件的失效激活能,k 表示玻尔兹曼常数,T 指绝对温度,β 为电压幂指数因子。

由式(5.58)可知,在同一失效机理下,器件的失效激活能只与温度有关,不妨将式(5.58)进行适当变形,得到近似的 Arrhenius 模型:

$$\frac{dM}{dt} = B \times e^{\frac{-E_a}{kT}} \qquad (5.61)$$

由式(5.59)可得

$$dt = \frac{dM}{B} \times e^{\frac{E_a}{kT}} \qquad (5.62)$$

那么,有

$$t = e^{\frac{E_a}{kT}} \int_0^t \frac{dM}{B} \qquad (5.63)$$

两边取对数,得到

$$\ln t = \frac{E_a}{kT} + \ln \int_0^t \frac{dM}{B} \qquad (5.64)$$

令 $\ln \int_0^t \frac{dM}{B} = m$,即

$$\ln t = m + \frac{E_a}{k} \times \frac{1}{T} \qquad (5.65)$$

试验中,器件漏压应保持恒定以确保(5.59)式的合理性,我们通过给待测器件施加多组恒温应力来加速其退化过程,预测器件的平均失效时间并作出特征寿命曲线,从中提取器件的失效激活能,如图5.18所示。

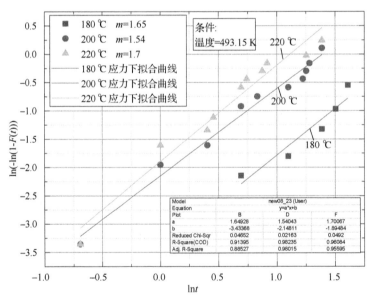

图 5.18　温度应力下器件 V_{th} 累积失效率 Weilbull 分布图

（2）电压加速因子的提取

由(5.60)式可知,在电压加速老化测试中,器件失效时间与加速电压关系如下:

$$\frac{dM}{dt} = AV^\beta \qquad (5.66)$$

那么,有

$$t = V^{-\beta} \mathrm{e}^{\frac{E_a}{kT}} \int_0^t \frac{\mathrm{d}M}{A} \tag{5.67}$$

在已知器件失效激活能的前提下,式(5.67)可简化为:

$$t = V^{-\beta} \mathrm{e}^{\frac{b}{T}} \int_0^t \frac{\mathrm{d}M}{A} \tag{5.68}$$

两边取对数,得到

$$\ln t = \frac{b}{T} - \beta \ln V + \ln \int_0^t \frac{\mathrm{d}M}{A} \tag{5.69}$$

令 $\ln \int_0^t \frac{\mathrm{d}M}{A} = a$($a$、$b$ 可称为器件在该加速应力条件下的加速系数)即

$$\ln t = a + b \times \frac{1}{T} - \beta \ln V \tag{5.70}$$

试验中,器件温度应保持恒定以确保式(5.66)的合理性,可通过给待测器件施加多组电压应力来加速其退化过程,预测器件的平均失效时间并作出特征寿命曲线,从中提取器件的电压加速因子,如图 5.19 所示。

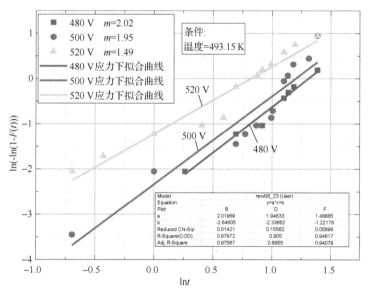

图 5.19　高压应力下器件累积失效率 Weilbull 分布图

（3）寿命预测模型的构建

Weibull 分布能充分反映各种应力和相应的失效机理对半导体器件寿命的影响,以电压为例,根据公式(5.61)所示的 Weibull 分布函数对三组温度加速老化试验结果进行了拟合,高温应力下器件累积失效率 Weibull 分布图如图 5.20 所示。不同电压应力下（电压条件一定）的失效分布具有不同的形状参数 m:180 ℃下的失效分布 m 值为 1.65;200 ℃下的失效分布 m 值为 1.54;220 ℃下的失效分布 m 值为 1.7。在浴盆曲线中,不同的 m 值表示器件处于不同的失效阶段。当 $m<1$ 时,器件处于早期失效阶段;当 $m=1$ 时,器件处于偶然失效阶段;当 $m>1$ 时,器件处于损耗失效阶段。因此在本次的电压加

速寿命老化试验中,在 180 ℃、200 ℃、220 ℃ 条件下进行器件老化试验的样本均在损耗失效阶段失效。这表明,在该试验条件下,器件的老化是由损耗失效引起的,从而说明了建立的寿命预测模型的可靠性。在实验过程中,个别器件样品存在早期失效的现象,即部分器件在施加应力后不到十分钟失效,应当认为该样品本身存在缺陷。为了不影响试验结果的准确性,在处理数据的过程中应将个别早期失效样品数据剔除。

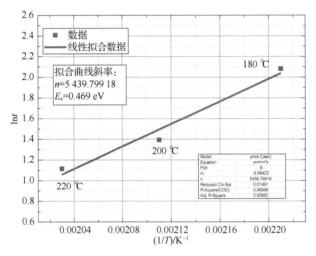

图 5.20　高温应力下器件特征寿命分布图

将根据高温、高压特征寿命分布图的斜率分别求得的失效激活能 E_a 和电压加速因子 β 代入式(5.60)中,可以得到敏感参数随时间变化关系:

$$\Delta M = A + E V_{ds}^{m} \cdot \exp\left(\frac{-E_a}{kT}\right) t^n \tag{5.71}$$

式(5.71)反映了不同电压应力下敏感参数退化量与应力时间的关系,基于 480 V、520 V 退化量数据,进行曲线拟合可提取模型中的模型参数 A、E、n,如图 5.21 所示。将拟合好的参数代入公式(5.71)即得到寿命预测模型。图 5.22 展示了在 500 V 应力下,阈值电压退化率预测值与实测值的对比。

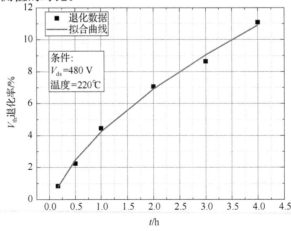

(a) 480 V

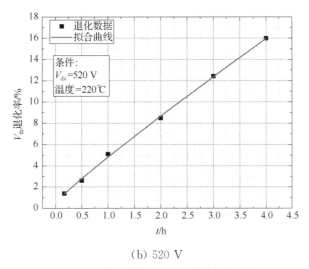

(b) 520 V

图 5.21　高压应力下 V_{th} 退化率拟合曲线

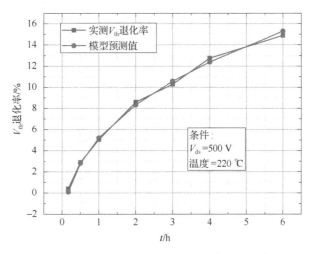

图 5.22　500 V 应力下 V_{th} 退化率预测值与实测值对比

5.4　可靠性寿命预测模型软件集成

5.4.1　SiC MOSFET 可靠性预测模型软件集成

SiC MOSFET SPICE 模型在 TJSPICE 软件中的实现如下：

第一步是 SPICE 模型的导入。打开 PowerExpert—Project—Model Library Man-agement，如图 5.23 所示；Device 栏选择 NMOS—NMOS with base，Models 栏选择 Add By File，点击 View 可以预览模型代码参数，如图 5.24 所示；导入符合格式的模型文件，文件名后缀为“.l”，如图 5.25 所示；导入成功的模型将会显示在 Models 栏，如图 5.26 所示。

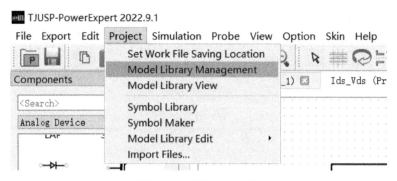

图 5.23　模型导入界面

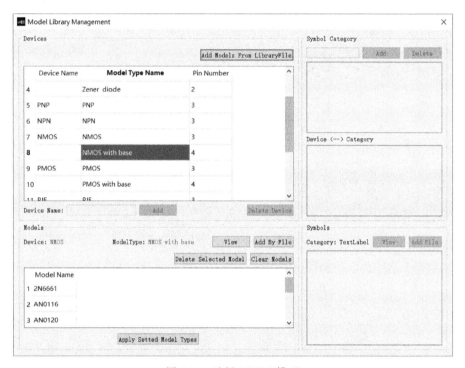

图 5.24　选择 NMOS 模型

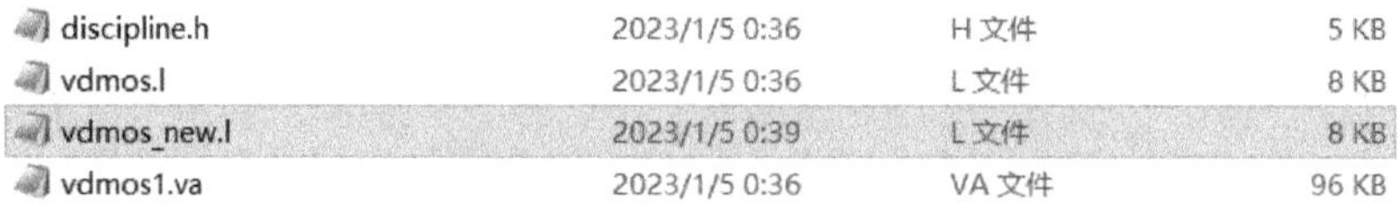

discipline.h	2023/1/5 0:36	H 文件	5 KB
vdmos.l	2023/1/5 0:36	L 文件	8 KB
vdmos_new.l	2023/1/5 0:39	L 文件	8 KB
vdmos1.va	2023/1/5 0:36	VA 文件	96 KB

图 5.25　导入模型文件

图 5.26　Models 栏显示导入成功的模型文件

第二步，使用导入的 SiC MOSFET SPICE 模型对其电学参数进行仿真。首先是模型的使用，如图 5.27 所示，在 Components 栏的 Analog Device 中选择 NMOS，出现图 5.28 所示的 MOSFET 元件图标，双击器件图标会出现模型代码，点击图 5.29 中的Select Model 可以选择导入的 SiC MOSFET SPICE 模型，图 5.30 所示为导入的器件模型。

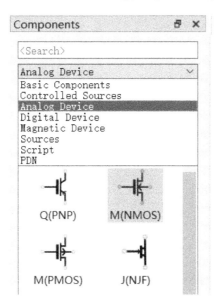

图 5.27　Component 中调用 NMOS

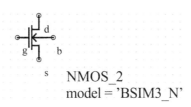

图 5.28　NMOS 元件图标

图 5.31 所示为 MOSFET 的输出特性仿真电路，电路中使用到的模块为 DC 仿真模块与可靠性寿命预测模块。

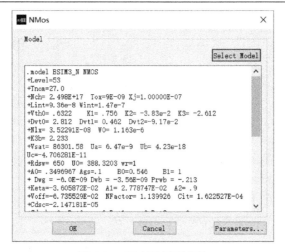

图 5.29　NMOS 模型参数

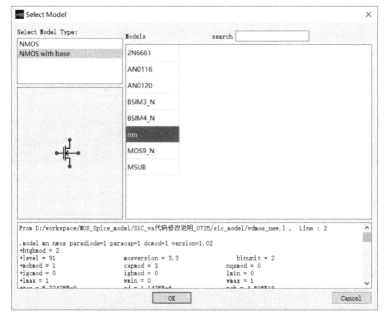

图 5.30　选择导入的模型

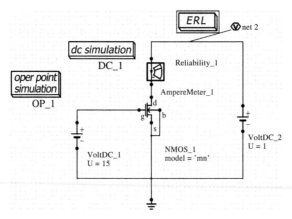

图 5.31　输出特性仿真电路

图 5.32 所示为 DC 仿真模块图标,图 5.33 所示为
DC 仿真设置界面,软件会在此处显示所有原理图中的
独立源,用户本次仿真需要设置 DC Sweep 的电源名
称,然后设置初始值、终止值以及步长。Sweep 是设置
扫描分析的选项,可以设置起始值、终止值与步长。输
出特性的 Sweep 变量为 MOSFET 栅源电压 V_{gs},DC
仿真的变量为源漏电压 V_{ds}。

DC_1

图 5.32 DC 仿真模块

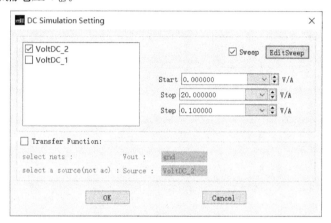

图 5.33 DC 仿真设置界面

可靠性寿命预测模块为 REL 模块,如图 5.34 所示。
该模块可用于修改可靠性模型的版本,调整可靠性模型开
关以及可靠性模型参数。参数配置界面如图 5.35 所示,可
以手动增加可靠性模型参数,包括栅应力 vgstress、漏应力
vdstress、应力时间 tstress 以及 HTGB 温度 tempstress。

Reliability_1

图 5.34 可靠性寿命预测模块

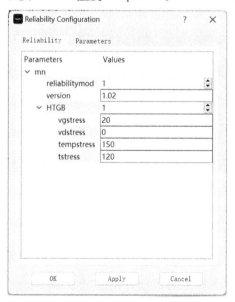

图 5.35 可靠性寿命预测模块配置界面

仿真结果输出界面如图 5.36 以及图 5.37 所示。图 5.36 所示为不同栅压情况下的 SiC MOSFET 输出特性仿真;图 5.37 为增加 HTGB 应力后的输出特性与未加应力的输出特性对比图。

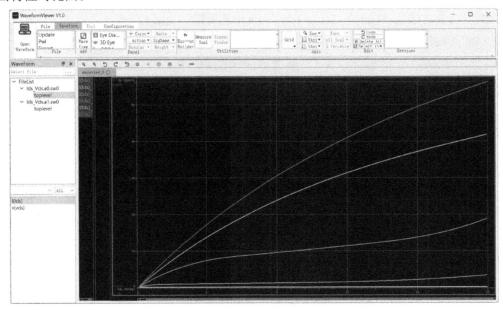

图 5.36　不同栅压的输出特性曲线

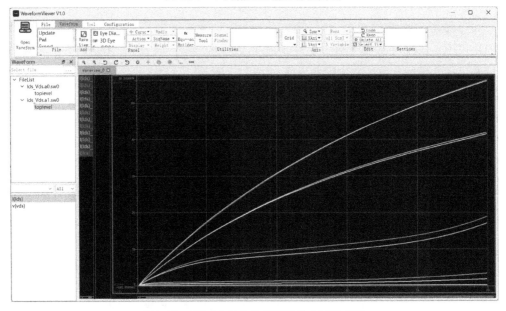

图 5.37　HTGB 应力前后器件输出特性对比

5.4.2　GaN HEMT 可靠性预测模型软件集成

以上寿命预测模型是基于碳化硅器件栅氧层界面态变化原理实现的。由前几章的机理分析可知,与对 Si 基、SiC 基功率器件性能考核依据的是静态特性不同的是,对于

GaN 功率器件而言,其电学特性受沟道迁移率的影响较大,在高压等应力的作用下,GaN HEMT 器件的势垒层表面和缓冲层陷阱的大量缺陷使得 GaN 功率器件在瞬态开关过程中会产生电子的捕获(Trapping)及释放(Detrapping)过程,如图 5.38 所示,这些缺陷散射使得 GaN HEMT 器件沟道迁移率发生变化,进而使导通电阻发生动态变化,图 5.39 展示了 GaN 功率器件在瞬态开关过程中,常规 SPICE 仿真器所计算的静态导通电阻值与实际动态电阻的变化区别,可以看出使用常规 SPICE 仿真器进行 GaN 电路设计时无法预估动态电阻所带来的损耗与危害。在电子捕获(陷阱)效应的影响下,器件的导通电阻将高于理论值,这会导致电流崩塌等一系列可靠性问题,限制器件在实际应用中的性能表现,图 5.40 展示了不同电压和温度对器件动态电阻的影响。因此,基于表面势建模,对上述行为进行迁移率建模,引入器件寿命预测功能的模型可以更精确地模拟 GaN 功率器件在各种工作条件下瞬态开关、动态导通电阻变化及其所带来的功率损耗情况。

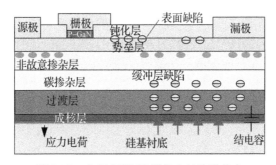

图 5.38　GaN HEMT 器件中的陷阱分布

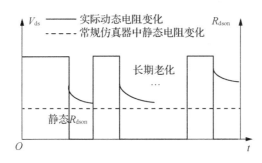

图 5.39　GaN HEMT 器件在仿真器中的瞬态求解过程

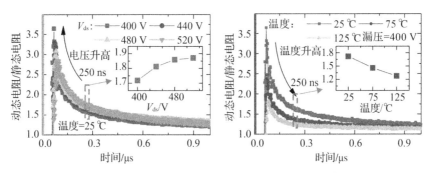

(a) 动态电阻退化率随漏压的变化　　(b) 动态电阻退化率随温度的变化

图 5.40　GaN HEMT 动态电阻退化率随漏压、温度的变化

迁移率模型公式如下：

$$\mu = \frac{\mu_0(T)}{1 + \mu_A E_{y,eff} + U_B E_{y,eff}^2} \tag{5.72}$$

其中，$E_{y,eff}$ 表示垂直电场强度，μ_0 是低场迁移率，U_A 和 U_B 是对垂直电场的修正参数。基于此可以对 GaN HEMT 高应力下产生的缺陷散射进行修正。修正公式如下：

$$\mu_{eff} = \frac{\mu}{1 + \Delta\mu_{eff}} \tag{5.73}$$

$$\Delta R_{on,dy} \propto \Delta\mu_{eff} \tag{5.74}$$

基于失效激活能、电压加速理论，在高压关态下，GaN 功率器件的动态电阻退化情况可以用公式表示为：

$$\Delta\mu_{eff} = k(t_{stress} + t_s)^n \cdot V_{stress} \cdot \beta_s \exp\left(\frac{E_{a,s}}{kT}\right) \tag{5.75}$$

其中，k 是影响因子，t_s 是瞬态应力时间，n 是时间加速因子，V_{stress} 是应力电压，β_s 是应力电压加速因子，T 是应力温度，t_{stress} 为器件瞬态退化时间，通过 Arrhenius 模型及 Eyring 模型提取时间加速因子 n 及应力电压加速因子 β_s；$E_{a,s}$ 为应力过程中的失效激活能，可由试验所测动态电阻通过数据拟合提取，提取公式为：

$$\ln(\tau T^2) = A + \frac{E_{a,s}}{kT} \tag{5.76}$$

动态电阻恢复公式为：

$$\Delta\mu_{eff} = \Delta\mu_{eff,recovery} - \Delta\mu \exp\left(-\frac{t_r + t_{recovery}}{\tau}\right) \tag{5.77}$$

$$\Delta\mu_{eff,recovery} = A\exp\left(c \cdot \frac{T}{T_{use}}\right) + br \tag{5.78}$$

$$e_n = \gamma_n \sigma_n T^2 \exp\left(-\frac{E_{a,r}}{kT}\right) \tag{5.79}$$

$$\tau = e_n^{-1} \tag{5.80}$$

$$\ln(\tau T^2) = m + \frac{E_{a,r}}{kT} + nV_g^{\beta_r} \tag{5.81}$$

其中，$\Delta\mu_{eff,recovery}$ 是恢复的有效迁移率，$\Delta\mu_{eff}$ 是迁移率变化量，t_r 是恢复时间，$t_{recover}$ 是瞬态恢复时间，T 是恢复温度，T_{use} 是使用温度，β_r 为恢复电压加速因子，$E_{a,r}$ 为恢复过程中的失效激活能，m、n 为拟合系数。退化与恢复过程建模结果如图 5.41 所示。

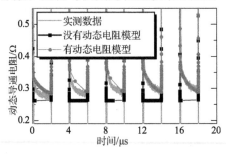

图 5.41　重复脉冲下的动态电阻模型结果

对于 GaN 动态电阻的瞬态仿真来说,其难点在于:(1) 瞬态仿真前的长时间应力建模与瞬态建模具有连续性;(2) 瞬态过程中,退化过程与恢复过程具有连续性,如图 5.42 所示。

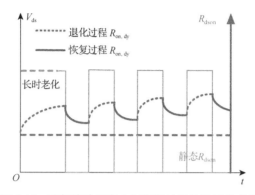

图 5.42　重复脉冲下应力与恢复过程的连续性变化

为解决上述问题,通过引入等效退化因子与等效失效因子,如图 5.43 所示,并通过判断栅极电压 V_{gs} 值大小来判断退化过程与恢复过程。

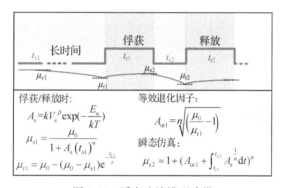

图 5.43　瞬态连续模型建模

解决上述问题后,将可靠性模型集成到 EDA 软件中。通过可靠性工具对可靠性模型开关、参数进行设置的界面如图 5.44(a)所示,通过可靠性波形查看对有无可靠性模型输出结构进行对比,最终实现了可靠性寿命预测模型的软件集成的界面如图 5.44(b)所示。

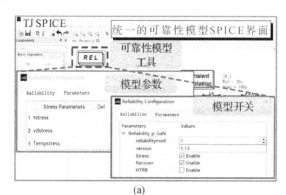

(a)

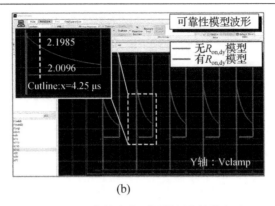

(b)

图 5.44　可靠性寿命预测模型的软件实现

参考文献

[1] Khandelwal S, Chauhan Y S, Fjeldly T A. Analytical modeling of surface-potential and intrinsic charges in AlGaN/GaN HEMT devices[J]. IEEE Transactions on Electron Devices, 2012, 59(10): 2856 - 2860.

[2] Kola S, Golio J M. An analytical expression for Fermi level versus sheet carrier concentration for HEMT modeling[J]. IEEE Electron Device Letters, 1988, 9(3): 136 - 138.

[3] Modolo N, Tang S W, Jiang H J, et al. A Novel Physics-Based Approach to Analyze and Model E-Mode P-GaN Power HEMTs[J]. IEEE Transactions on Electron Devices, 2020, 59(10):2856 - 2860.

[4] 魏家行. 碳化硅基功率 MOSFET 可靠性机理及模型研究[D]. 南京：东南大学, 2019.

[5] Matsumura M, Kobayashi K, Mori Y, et al. Two-component model for long-term prediction of threshold voltage shifts in SiC MOSFETs under negative bias stress [J]. Japanese Journal of Applied Physics, 2015, 54(4S): 4DP12. 1 - 4DP12. 5.

[6] Lelis A J, Green R, Habersat D, et al. Effect of threshold-voltage instability on SiC DMOSFET reliability [C]//2008 IEEE International Integrated Reliability Workshop Final Report. South Lake Tahoe, CA, USA. IEEE, 2008: 72 - 76.

[7] Santini T, Sebastien M, Florent M, et al. Gate oxide reliability assessment of a SiC MOSFET for high temperature aeronautic applications[C]//2013 IEEE ECCE Asia Downunder. Melbourne, VIC, Australia. IEEE, 2013: 385 - 391.

[8] Li K, Evans P L, Johnson C M. Characterisation and modeling of Gallium nitride power semiconductor devices dynamic on-state resistance[J]. IEEE Transactions on Power Electronics, 2018, 33(6): 5262 - 5273.

[9] Yang S, Han S, Sheng K, et al. Dynamic On-Resistance in GaN Power Devices: Mechanisms, Characterizations and Modeling[J]. IEEE Journal of Emerging and Selected Topics in Power Electronics, 2019, 7(3):1425 - 1439.